Praxishandbuch Debitorenbuchhaltung mit SAP S/4HANA® (FI-AR)

Karlheinz Weber
Christine Werschitz

Willkommen bei Espresso Tutorials!

Unser Ziel ist es, SAP-Wissen wie einen Espresso zu servieren: Auf das Wesentliche verdichtete Informationen anstelle langatmiger Kompendien – für ein effektives Lernen an konkreten Fallbeispielen. Viele unserer Bücher enthalten zusätzlich Videos, mit denen Sie Schritt für Schritt die vermittelten Inhalte nachvollziehen können. Besuchen Sie unseren YouTube-Kanal mit einer umfangreichen Auswahl frei zugänglicher Videos:

https://www.youtube.com/user/EspressoTutorials.

Kennen Sie schon unser Forum? Hier erhalten Sie stets aktuelle Informationen zu Entwicklungen der SAP-Software, Hilfe zu Ihren Fragen und die Gelegenheit, mit anderen Anwendern zu diskutieren:

http://www.fico-forum.de.

Eine Auswahl weiterer Bücher von Espresso Tutorials:

- Claus Wild:
  Praxishandbuch Cash Management in SAP S/4HANA® Finance
  http://5250.espresso-tutorials.de
- Karlheinz Weber:
  Schnelleinstieg ins Finanzwesen (FI) mit SAP S/4HANA®
  http://5339.espresso-tutorials.de
- Sebastian Brunner, Philipp Reichhardt, Martin Munzel:
  Schnelleinstieg in SAP S/4HANA®
  http://5341.espresso-tutorials.de
- Robin Schneider: **Praxishandbuch SAP®-Geschäftspartner (Business Partner) – Funktionen und Integration in SAP S/4HANA® – 2., erweiterte Auflage** *http://5468.espresso-tutorials.de*
- Karlheinz Weber, Christine Frühwirth:
  Praxishandbuch Kreditorenbuchhaltung in SAP S/4HANA®
  http://5471.espresso-tutorials.de
- Janet Salmon:
  Schnelleinstieg in SAP S/4HANA® Finance – 2., erweiterte Auflage
  http://5554.espresso-tutorials.de

Bibliografische Information der Deutschen Nationalbibliothek
Die Deutsche Nationalbibliothek verzeichnet diese Publikation in der Deutschen Nationalbibliografie; detaillierte bibliografische Daten sind im Internet über https://portal.dnb.de abrufbar.

Karlheinz Weber, Christine Werschitz
Praxishandbuch Debitorenbuchhaltung mit SAP S/4HANA® (FI-AR)

ISBN: 978-3-96012-157-2

Lektorat: Anja Achilles

Korrektorat: Team Wallmow 65

Coverdesign: Philip Esch

Coverfoto: © crevis | ID 315349526 – stock.adobe.com

Satz & Layout: Johann-Christian Hanke

1. Auflage 2022

URL: *www.espresso-tutorials.de*

Feedback:
Wir freuen uns über Fragen und Anmerkungen jeglicher Art. Bitte senden Sie diese an: *info@espresso-tutorials.com*.

Inhaltsverzeichnis

Vorwort

Mit SAP S/4HANA hat sich für den Debitorenbuchhalter als SAP-Anwender vieles geändert. Finanzbuchhaltung und Controlling wie auch die Hauptbuchhaltung mit ihren Nebenbüchern (Kreditoren, Debitoren und Anlagen) wachsen im Universal Journal zum gemeinsamen Rechnungswesen (Universal Accounting) zusammen. Zusätzlich werden dem Anwender mit dem Fiori Launchpad eine komplett neue Benutzeroberfläche sowie mit »Embedded Analytics« zahlreiche weitere Analysemöglichkeiten angeboten.

Sie sind Debitorenbuchhalter, Key-User im Bereich des Rechnungswesens oder SAP-Berater, Sie kennen bereits SAP ERP und sind daran interessiert, wie die Debitorenbuchhaltung in SAP S/4HANA funktioniert, oder sind gar Neueinsteiger in SAP? Sie alle liegen mit diesem Buch genau richtig.

Wir werden Ihnen in der Sprache des Buchhalters das Konzept von SAP S/4HANA und die daran angepasste Debitorenbuchhaltung näherbringen. Sie werden den Vertriebsprozess »Order to Cash« und die damit verbundenen Teilprozesse primär aus der Sicht des Debitorenbuchhalters kennenlernen, aber auch die Integration zur Hauptbuchhaltung, Anlagenbuchhaltung, Materialwirtschaft und zum Vertrieb Schritt für Schritt verfolgen. Leser unserer Bücher zum Schnelleinstieg ins Finanzwesen und zur Kreditorenbuchhaltung werden hier der fiktiven deutschen Firma »Fair Trade Coffee GmbH« wiederbegegnen, die uns als durchgängiges, nachvollziehbares und praxisbezogenes Fallbeispiel dient.

Wann immer es uns möglich ist, werden wir Ihnen das Thema anhand von Grafiken, anschaulichen Screenshots und Schritt-für-Schritt-Anleitungen aus dem SAP-System auch visuell näherbringen. Zusätzlich stellen wir Ihnen im Anhang eine Übersicht aller im Buch verwendeten Apps mit App-ID bzw. GUI-Transaktionscode zur Verfügung.

Zudem finden Sie zahlreiche Tipps sowie Hinweise auf vermeidbare Fallstricke.

> **☛ Das sollten Sie mitbringen**
>
> Wir gehen davon aus, dass Sie allgemein bestens mit der Buchhaltung vertraut sind, sodass wir Ihnen in diesem Buch die Grundsätze der Buchhaltung nicht erst beibringen müssen.

Danksagung

Wir danken allen, die zum Gelingen dieses Buches beigetragen haben. Besonders bedanken wollen wir uns bei Anja Achilles für das professionelle Lektorat, Johann Hanke für den perfekten Satz und dem ganzen Verlagsteam für die gute Zusammenarbeit.

In den Text sind Kästen eingefügt, um wichtige Informationen besonders hervorzuheben. Jeder Kasten ist zusätzlich mit einem Piktogramm versehen, das diesen genauer klassifiziert:

Hinweis

Hinweise bieten praktische Tipps zum Umgang mit dem jeweiligen Thema.

Beispiel

Beispiele dienen dazu, ein Thema besser zu illustrieren.

! Achtung

Warnungen weisen auf mögliche Fehlerquellen oder Stolpersteine im Zusammenhang mit einem Thema hin.

Übungsaufgabe

Übungsaufgaben helfen Ihnen, Ihr Wissen zu festigen und zu vertiefen.

Die Form der Anrede

Um den Lesefluss nicht zu beeinträchtigen, verwenden wir im vorliegenden Buch bei personenbezogenen Substantiven und Pronomen zwar nur die gewohnte männliche Sprachform, meinen aber gleichermaßen Personen weiblichen und diversen Geschlechts.

Hinweis zum Urheberrecht

Sämtliche in diesem Buch abgedruckten Screenshots unterliegen dem Copyright der SAP SE. Alle Rechte an den Screenshots hält die SAP SE. Der Einfachheit halber haben wir im Rest des Buches darauf verzichtet, dies unter jedem Screenshot gesondert auszuweisen.

1 Praxisbeispiel, das Sie durch das Buch begleiten wird

Zunächst stellen wir Ihnen das leicht nachvollziehbare Beispiel aus dem Alltag eines Unternehmens vor, anhand dessen wir Sie im Buch durch den Vertriebsprozess »Order to Cash«, also vom Kundenauftrag bis zum Zahlungseingang, sowie durch weitere Prozesse der Debitorenbuchhaltung führen werden.

Die *Fair Trade Coffee GmbH* ist eine neu gegründete deutsche Firma, deren Fokus auf dem fairen Handel von Kaffee liegt. Parallel zu ihrem deutschen Hauptstandort betreibt sie eine Tochterfirma in den USA (siehe Abbildung 1.1).

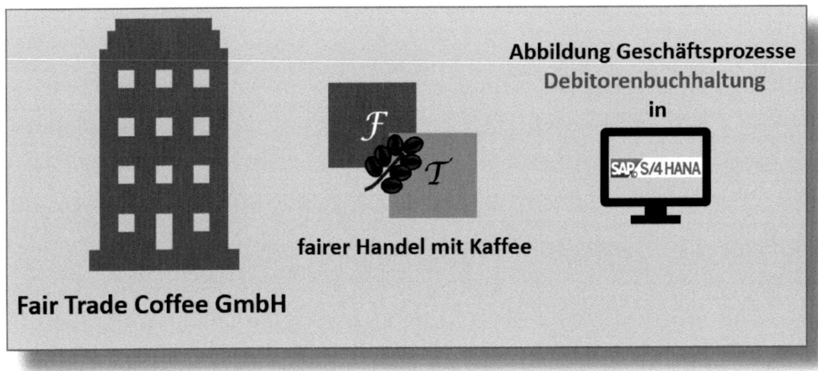

Abbildung 1.1: Fair Trade Coffee GmbH

Neben den Beschaffungsprozessen »Source to Pay« bzw. »Purchase to Pay« spielen die Vertriebsprozesse »Lead to Cash« bzw. »Order to Cash« in jedem Unternehmen eine zentrale Rolle. Viele Teilprozesse des Vertriebs sind auch in der Debitorenbuchhaltung zu berücksichtigen (siehe Abbildung 1.2).

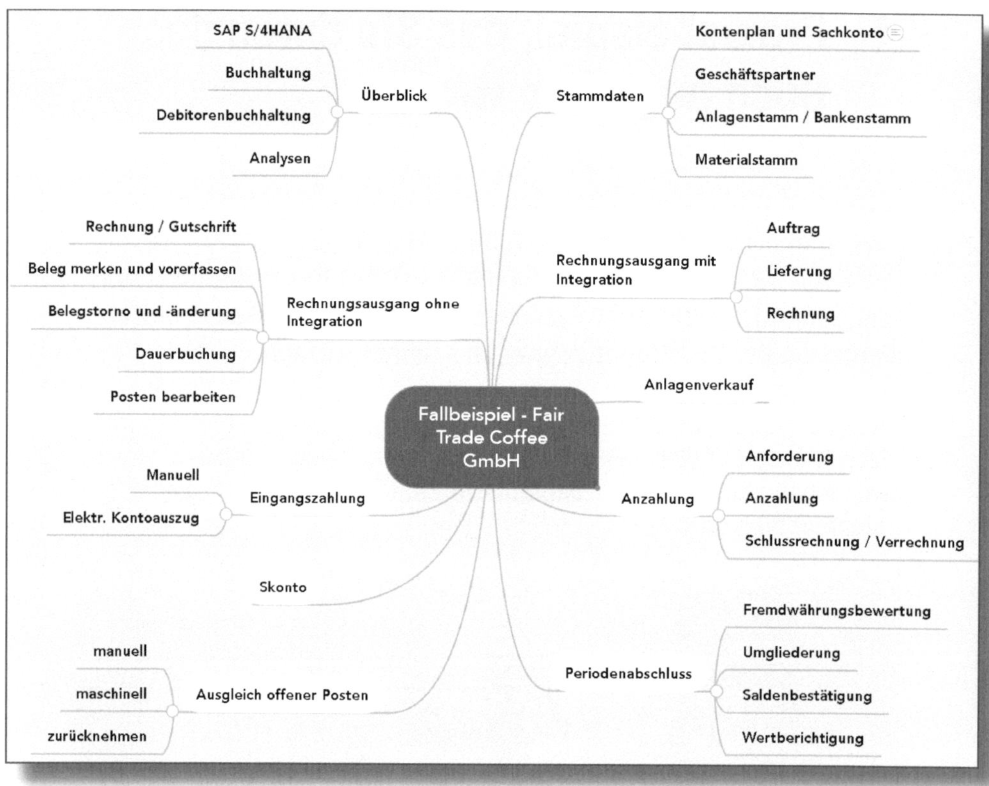

Abbildung 1.2: Fallbeispiel Debitorenbuchhaltung der Fair Trade Coffee GmbH

Als Handelsfirma hat die »Fair Trade Coffee GmbH« bereits von verschiedenen Fair-Trade-Lieferanten Kaffee eingekauft. Dieser Beschaffungsprozess ist in unserem Buch »Praxishandbuch Kreditorenbuchhaltung in SAP S/4HANA« (Espresso Tutorials, 2021) ausführlich dargestellt. In dem sich anschließenden Verkaufsprozess, den wir in diesem Buch behandeln, vertreibt, liefert und verrechnet unsere Beispielfirma den Kaffee an verschiedene Kunden, die wiederum die erhaltenen Rechnungen bezahlen. Manchmal kommt es zu Teilzahlungen oder Anzahlungen, Gutschriften oder Storno, und säumige Kunden müssen gemahnt werden. Neben dem Verkauf von Kaffee werden außerdem Anlagen veräußert und ein längerfristiger Lizenzvertrag wird abgeschlossen. Für all diese Vorgänge sind Stammdaten anzulegen und für die meisten Teilprozesse auch entsprechende Buchungen im Finanzwesen vorzunehmen.

Am Perioden- bzw. Jahresende sind zudem Abschlussarbeiten für die Debitorenbuchhaltung durchzuführen.

Damit Sie das Fallbeispiel der »Fair Trade Coffee GmbH« in allen Schritten gut nachvollziehen können, haben wir in jedem Kapitel bzw. Abschnitt die angesprochenen Geschäftsfälle mit den damit verbundenen Stammdaten und Buchungen in Form von 16 *Szenarien* dargestellt:

- Szenario 1: Sachkontenbuchung Hauptbuch
- Szenario 2: Anlage Sachkonto
- Szenario 3: Anlage Geschäftspartner
- Szenario 4: Anzeige Anlagenstamm
- Szenario 5: Anlage Hausbank und Hausbankkonto
- Szenario 6: Anzeige Materialstamm
- Szenario 7: Ausgangsrechnungen ohne Integration
- Szenario 8: Ausgleich Debitorenkonto
- Szenario 9: Zahlungseingang
- Szenario 10: Mahnung
- Szenario 11: Anlagenverkauf
- Szenario 12: Anzahlung
- Szenario 13: Vertriebsprozess mit Integration zum Vertrieb und zur Materialwirtschaft
- Szenario 14: Periodenabschluss Debitoren
- Szenario 15: Analysen in der Debitorenbuchhaltung
- Szenario 16: Periodenabschluss Hauptbuch

Für alle in den Szenarien näher beschriebenen Stammdaten und Buchungen ist der jeweilige Abschnitt mit angegeben. So wird beispielsweise in Szenario 1 die Verbuchung der Stammeinlage in Abschnitt 3.1 genauer besprochen, während Sie in Szenario 3 die Anlage eines neuen Kunden als Geschäftspartner im Abschnitt 4.2.1 finden.

☛ Nutzen Sie die Szenario-Übersichten

Die Idee der Szenario-Übersichten ist folgende: Springen Sie von den dargestellten Geschäftsfällen eines Szenarios direkt in den zugehörigen Abschnitt bzw. von ebendiesem Abschnitt in die für das Szenario ausgewiesenen Stammdaten und Buchungen. Dieses Vorgehen wird Ihnen helfen, stets den Praxisbezug herzustellen.

2 SAP S/4HANA

Einleitend zu diesem Kapitel geben wir Ihnen einen Überblick über die wesentlichen Neuerungen in SAP S/4HANA. Anschließend gehen wir auf die für die Debitorenbuchhaltung erforderlichen SAP-Module und Organisationseinheiten ein und stellen Ihnen die neuen Möglichkeiten von Embedded Analytics vor.

2.1 Überblick SAP S/4HANA

SAP S/4HANA stellt die neueste Business Suite der Softwarefirma SAP dar. Vergleicht man SAP S/4HANA mit den Vorgängerversionen SAP ERP bzw. SAP R/3, so sind aus der Sicht des Rechnungswesens und speziell der Debitorenbuchhaltung die nachfolgend beschriebenen Unterschiede festzustellen (siehe auch Abbildung 2.1).

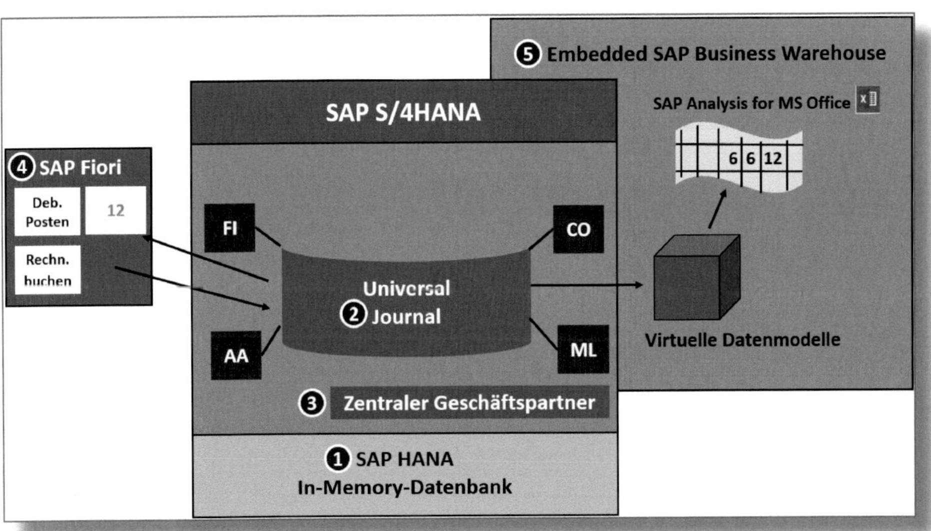

Abbildung 2.1: Überblick SAP S/4HANA

➊ SAP-HANA-Datenbank

SAP S/4HANA fußt auf der von der SAP selbst entwickelten In-Memory-Datenbank SAP HANA, bei der die gesamten Daten eines Unternehmens statt auf Festplatten in einem riesigen Hauptspeicher abgelegt und durch den Einsatz von leistungsfähigeren Prozessoren parallel verarbeitet werden können.

Die damit einhergehende erhebliche Performancesteigerung versetzt die Anwender in die Lage, ihre Tätigkeiten effizienter auszuführen. So ist es beispielsweise möglich, eine umfangreiche Offene-Posten-Liste, deren Verarbeitung bisher eine Minute dauerte, in wenigen Sekunden zu erstellen.

➋ Universal Journal

Mit der Einführung von SAP S/4HANA kommt es zum Wegfall des hierarchischen Datenmodells und somit auch aller aggregierter Tabellen für die Buchhaltung.

Sämtliche Informationen des externen und internen Rechnungswesens werden nun in einer gemeinsamen Tabelle, dem *Universal Journal*, gespeichert. Der technische Tabellenname lautet ACDOCA (siehe Abbildung 2.2).

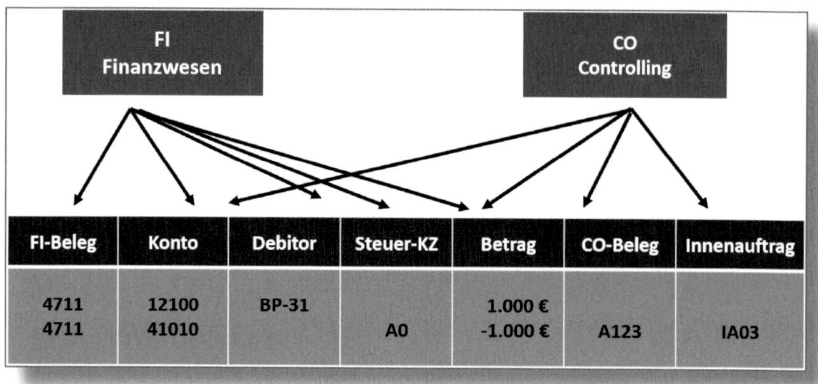

Abbildung 2.2: Universal Journal

In dieser Tabelle sind alle Informationen der Hauptbuchhaltung, der Debitorenbuchhaltung, der Anlagenbuchhaltung, der Kostenrechnung und des Material-Ledgers gemeinsam gespeichert. Bildlich ausgedrückt bedeutet dies, dass zukünftig die Buchhaltung mit Haupt- und Nebenbüchern sowie die Kostenrechnung in demselben Großraumbüro sitzen.

SAP-technisch bedeutet dies, dass nun jede Kostenart ein FI-Konto ist, dieses FI-Konto das Kennzeichen »primäre« oder »sekundäre Kostenarten« trägt und jede interne CO-Buchung auch einen FI-Beleg erzeugt.

Buchung in FI mit Eingabe des Innenauftrags

Bucht die Buchhaltung 1.000 EUR auf ein Ertragskonto, das das Kennzeichen »Primäre Erlösart« trägt, und erfasst in der Buchungsmaske den Innenauftrag IA03, wird neben dem FI-Beleg 4711 zusätzlich ein künstlicher CO-Beleg A123 erzeugt (siehe Abbildung 2.2). Alle Informationen für die Buchhaltung und Kostenrechnung werden in demselben Datensatz dieser Tabelle gespeichert.

Buchung in FI mit Eingabe des Debitors

Bucht die Buchhaltung 1.000 EUR auf einen Debitor, wird nicht nur der Debitor, sondern auch das dahinterliegende Hauptbuchkonto fortgeschrieben, sodass eine Auswertung sowohl nach Debitor als auch nach Hauptbuchkonto möglich ist. Zusätzlich kann in der gleichen Belegzeile auch das Ertragskonto als Gegenkonto abgeleitet und gespeichert werden.

Zudem entfallen sämtliche Abstimmtätigkeiten zwischen externem Rechnungswesen (FI) und internem Rechnungswesen (CO) sowie zwischen Haupt- und Nebenbuch, da es mit dem Universal Journal nur noch »eine einzige Quelle der Wahrheit« gibt.

❸ Zentraler Geschäftspartner

Ist ein Geschäftspartner sowohl Debitor als auch Kreditor, werden nicht ein Debitoren- und ein Kreditorenstammsatz, sondern nur ein zentraler *Geschäftspartner* angelegt, dem dann verschiedene Rollen wie Lieferant, Kreditor, Kunde, Debitor oder Spediteur zugeordnet werden.

❹ Benutzeroberfläche SAP Fiori

SAP S/4HANA stellt dem Anwender mit *SAP Fiori* eine neue, bedienungsfreundliche und flexible Benutzeroberfläche zur Verfügung. Als Anwender haben Sie die Möglichkeit, sämtliche Funktionen über Apps auszuführen, unabhängig vom verwendeten Endgerät (Personal Computer, Tablet, Smartphone).

Im Anhang des Buches finden Sie eine Beschreibung, wie Sie sich am Fiori Launchpad anmelden, welche Navigationsmöglichkeiten es Ihnen bietet und welche persönlichen Einstellungen Sie vornehmen können.

❺ Embedded Business Warehouse und Embedded Analytics

Mit S/4HANA hat die SAP das ERP-System mit dem Business Warehouse zu einem einheitlichen System verbunden. Man spricht in diesem Zusammenhang von *Embedded BW*.

Außerdem werden zahlreiche neue Reportingmöglichkeiten angeboten, die unter dem Begriff *Embedded Analytics* zusammengefasst sind.

2.2 SAP-Module und Organisationseinheiten

2.2.1 SAP-Module

In der Debitorenbuchhaltung sind primär die SAP-Module Finanzwesen (FI), Controlling (CO) und Vertrieb (SD) relevant. Für das Modul bzw. den Begriff Finanzwesen werden häufig die Synonyme Finanzbuchhaltung oder Buchhaltung sowie externes Rechnungswesen verwendet.

Innerhalb des Moduls FI sind für den Debitorenbuchhalter – neben der Debitorenbuchhaltung – die Haupt-, Anlagen- und ggf. auch die Bankbuchhaltung relevant. Tabelle 2.1 zeigt die jeweiligen Kürzel und Bezeichnungen dieser Komponenten.

Kürzel	Modul	Modul (engl.)
FI-GL	Hauptbuchhaltung	General Ledger
FI-AR	Debitorenbuchhaltung	Accounts Receivable
FI-AA	Anlagenbuchhaltung	Asset Accounting
FI-BL	Bankbuchhaltung	Bank Ledger
...	weitere	

Tabelle 2.1: Komponenten des Moduls »Finanzwesen«

Die Debitoren- und Anlagenbuchhaltung stellen Nebenbücher der Hauptbuchhaltung dar und sind mit dieser über Abstimmkonten verbunden.

Zudem sind die Komponenten der Buchhaltung nicht nur untereinander, sondern auch mit anderen Modulen verknüpft (siehe Abbildung 2.3).

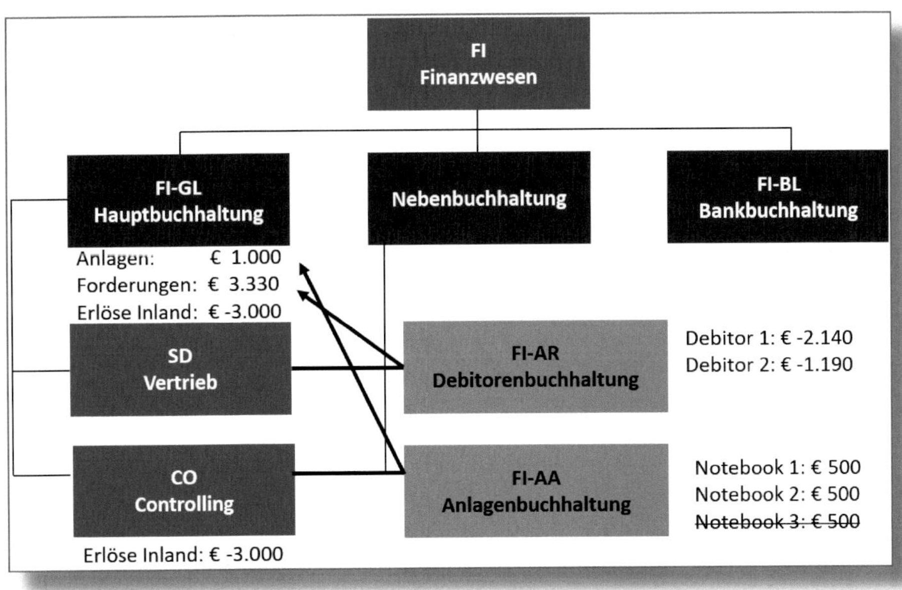

Abbildung 2.3: Module und deren Integration

Verzahnung zwischen den Modulen SD und FI/CO (Vertrieb und externes/internes Rechnungswesen)

Im Vertrieb (Modul SD) wird eine Rechnung über 40 kg Kaffee Premium zu 50 EUR je kg zzgl. 7 % Mehrwertsteuer erstellt. Zeitgleich entstehen in der Buchhaltung (bzw. im Modul FI) ein Buchungsbeleg mit einem Ertrag von 2.000 EUR, die Mehrwertsteuer von 140 EUR und eine Forderung gegenüber dem Debitor 1 in Höhe von 2.140 EUR.

Nehmen wir außerdem an, wir haben eines unserer Notebooks zu 1.000 EUR + 190 EUR Mehrwertsteuer veräußert und erfassen diesen Anlagenabgang integriert mit der Debitorenbuchhaltung. Dann werden in der Anlagenbuchhaltung (FI-AA) und in der Debitorenbuchhaltung (FI-AR) die folgenden Belege erzeugt:

1. In FI-AA: der Anlagenabgang über das Ausbuchen des Notebooks in Höhe von 500 EUR
2. In FI-AR: am Debitor 2 der Gesamtbetrag inklusive Mehrwertsteuer in Höhe von 1.190 EUR
3. In FI-GL: am entsprechenden Abstimmkonto sowohl die Forderung über 1.190 EUR als auch der Erlös von 1.000 EUR und die Mehrwertsteuer von 190 EUR

Aus Gründen der Vereinfachung werden beide Geschäftsvorfälle auf demselben Erlöskonto dargestellt.

Zusätzlich kann der aus beiden Geschäftsvorfällen resultierende Erlös in Höhe von 3.000 EUR in der Kostenrechnung (CO) analysiert werden.

2.2.2 SAP-Organisationseinheiten

Die SAP-Organisationseinheiten spiegeln die Aufbauorganisation des Unternehmens wider. Für jedes SAP-Modul existieren unterschiedliche

Organisationseinheiten. Indem diese einander zugeordnet werden, entsteht eine hierarchische und integrierte Organisationsstruktur.

Für die Debitorenbuchhaltung sind vor allem die SAP-Organisationseinheiten *Buchungskreis, Kostenrechnungskreis* und *Werk* relevant. Für jede selbstständig bilanzierende Einheit wird in SAP ein Buchungskreis und für jeden Standort ein Werk angelegt. Für den gesamten Konzern ist idealerweise ein Kostenrechnungskreis definiert. Die Zuordnung der einzelnen Einheiten zueinander wird entweder in einer 1:1- oder 1:n-Beziehung abgebildet.

An dieser Stelle wollen wir erstmals die Brücke zu unserem Praxisbeispiel schlagen. Der »Fair Trade Coffee«-Konzern besteht aus einer deutschen und einer amerikanischen Firma, wobei die deutsche Firma zwei Standorte hat, einen in Berlin und Hamburg, während die amerikanische Firma in New York angesiedelt ist. Für die Abbildung beider Firmen und der dazugehörigen Standorte haben wir in SAP die in Abbildung 2.4 gezeigten SAP-Organisationseinheiten definiert.

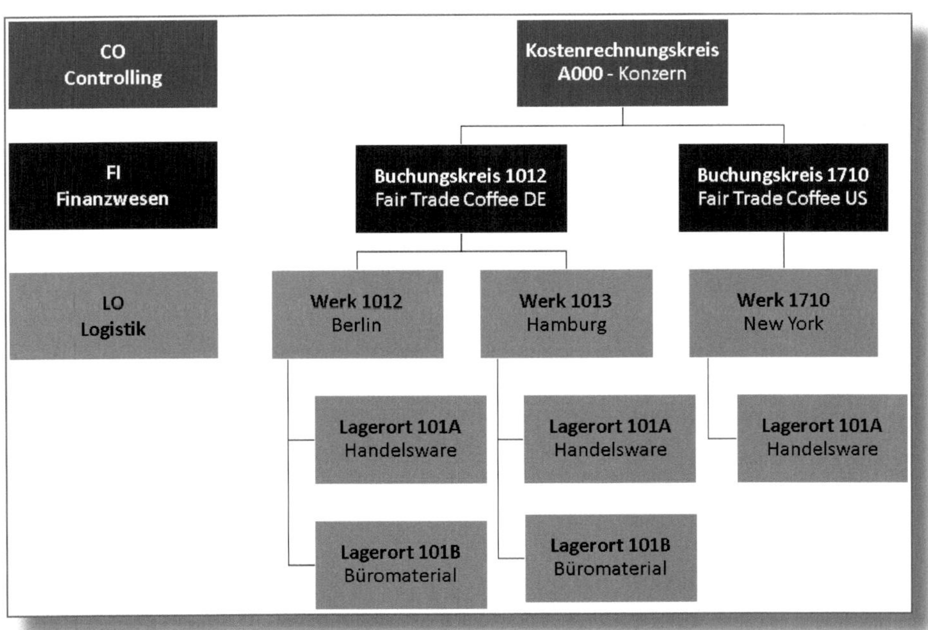

Abbildung 2.4: SAP-Organisationseinheiten

Im Praxisbeispiel des »Fair Trade Coffee«-Konzerns soll das Controlling buchungskreisübergreifend erfolgen. Aus diesem Grund haben wir zunächst den *Kostenrechnungskreis A000* angelegt. In weiterer Folge haben wir für die »Fair Trade Coffee GmbH« in Deutschland den *Buchungskreis 1012* und für die »Fair Trade Coffee Ltd.« in den Vereinigten Staaten den *Buchungskreis 1710* definiert. Um eine buchungskreisübergreifende Kostenrechnung abzubilden, wurden diese beiden Buchungskreise demselben Kostenrechnungskreis A000 zugeordnet. Abschließend haben wir für die verschiedenen Standorte die *Werke 1012* (Berlin), *1013* (Hamburg) und *1710* (New York) angelegt und dem jeweiligen Buchungskreis zugeordnet.

Abgleich der SAP-Organisationseinheiten mit Ihrer Aufbauorganisation

Sorgen Sie zuerst für die zu Ihrem Unternehmen passenden SAP-Organisationseinheiten, sonst können Sie weder Stammdaten anlegen noch Belege richtig buchen.

Wenn Sie sich intensiver mit dem Thema SAP-Module und SAP-Organisationseinheiten befassen wollen, verweisen wir an dieser Stelle auf unser Buch »Schnelleinstieg ins Finanzwesen (FI) mit SAP S/4HANA« (Espresso Tutorials, 2019).

2.3 Embedded Analytics in SAP S/4HANA

In SAP S/4HANA werden Ihnen mit »Embedded Analytics« vollkommen neue und vielfältige Analysemöglichkeiten geboten, die wir Ihnen in diesem Abschnitt vorstellen wollen.

In einem herkömmlichen ERP-System wurden die gebuchten Werte meist täglich, vorzugsweise in der Nacht, in ein externes Business-Warehouse(BW)-System übertragen, um in weiterer Folge Analysen und Auswertungen durchzuführen.

Mit der Einführung von S/4HANA hat die SAP das ERP mit dem Business Warehouse zu einem einheitlichen System verbunden. Somit bietet sich Ihnen die Möglichkeit, im sogenannten *Embedded BW* Ihre gebuchten Werte innerhalb desselben Systems zu analysieren.

Abbildung 2.5 stellt die Unterschiede zwischen dem herkömmlichen und dem neuen Ansatz schematisch dar.

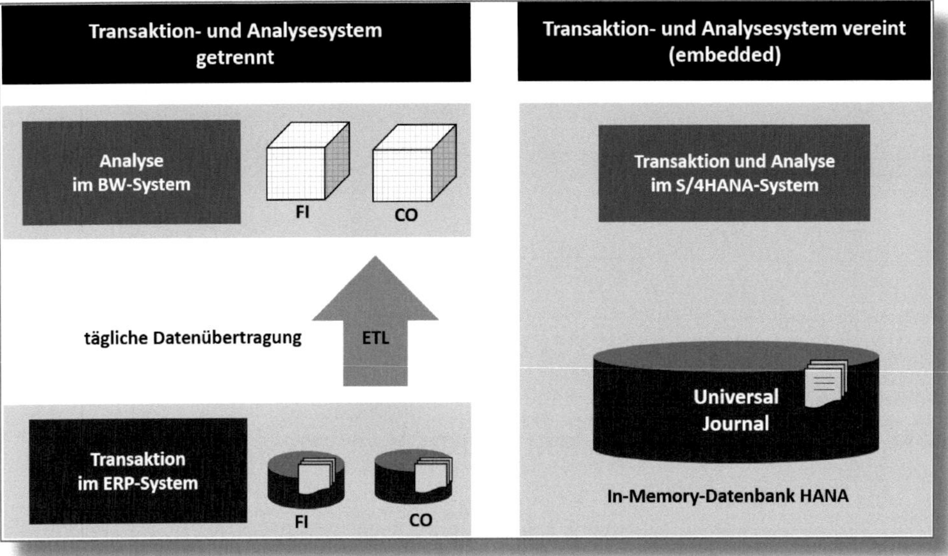

Abbildung 2.5: Analysesystem einst (links) und heute (rechts)

Mit »Embedded Analytics« stehen Ihnen verschiedene alte und neue Berichtswerkzeuge in ein und demselben System zur Verfügung (siehe Abbildung 2.6).

Die Architektur von Embedded Analytics ist so konzipiert, dass die unterschiedlichen Berichtswerkzeuge über ein »virtuelles« Datenmodell, das selbst ohne Speicherfunktion ist, auf die Daten in der Datenbanktabelle zugreifen. Das virtuelle Datenmodell kann aus sogenannten *CDS-Views* oder *virtuellen BW-Infoprovidern* bestehen. Dies ermöglicht,

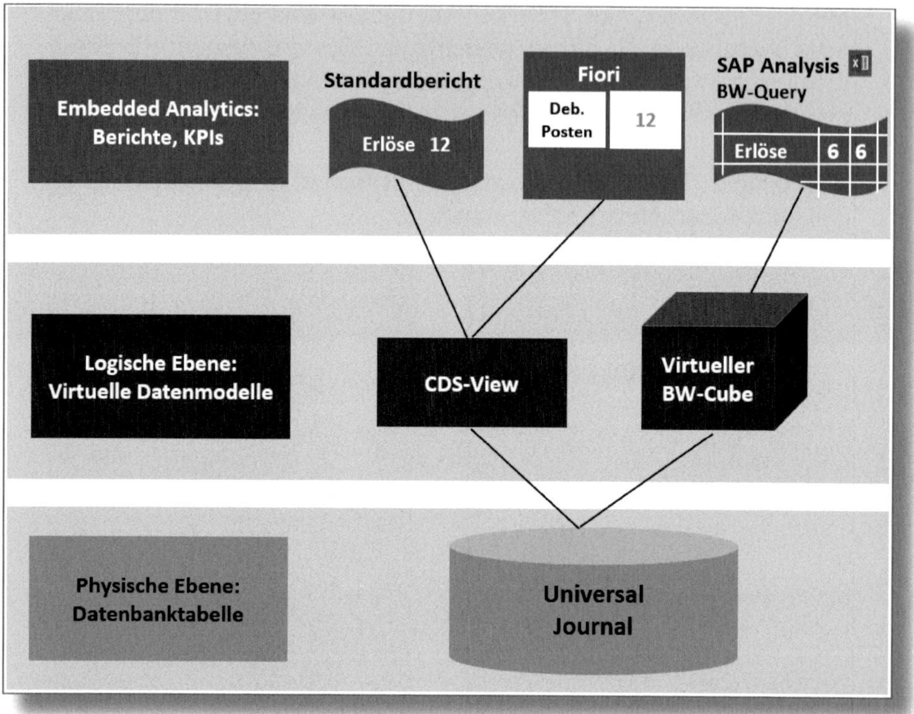

Abbildung 2.6: Embedded Analytics

dass nicht nur die bestehenden Standardberichte, sondern auch neue *analytische Fiori-Apps* und moderne BW-Berichtswerkzeuge wie *SAP Analysis for Microsoft Excel* oder *Lumira* über das virtuelle Datenmodell die Daten des Universal Journals abrufen können.

2.3.1 Analytische Fiori-Apps

In SAP S/4HANA stehen Ihnen zahlreiche neue Apps mit *analytischen Funktionen* zur Verfügung, die wir Ihnen nun speziell für den Bereich der Debitorenbuchhaltung vorstellen werden (siehe Abbildung 2.7).

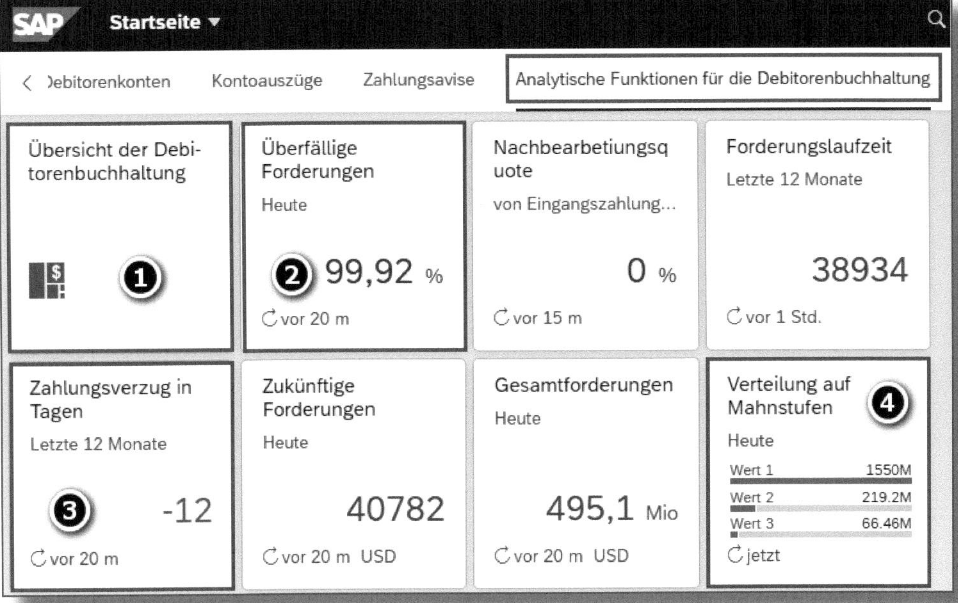

Abbildung 2.7: Analytische Funktionen für die Debitorenbuchhaltung

Mithilfe der in den Apps dargestellten Kennzahlen (Englisch: Key Performance Indicator, kurz KPI) kann jeder Manager sofort erfreuliche bzw. kritische Situationen erkennen. Wir möchten nur kurz anmerken, dass die dargestellten Zahlen nicht zu unserem Beispielszenario der Fair Trade Coffee GmbH gehören.

Die App ÜBERSICHT DER DEBITORENBUCHHALTUNG ❶ bietet dem Manager einen grafischen Überblick über die verschiedenen Bereiche und Aspekte der Debitorenbuchhaltung (Details zur App siehe Abschnitt 14.1).

Die App ÜBERFÄLLIGE FORDERUNGEN ❷ zeigt den Prozentsatz der Forderungen, der bereits von den Kunden hätte bezahlt werden müssen. Da aktuell (vor 20 Minuten ermittelt) *99,92 Prozent* der offenen Forderungen überfällig sind, lässt dies die Alarmglocken beim Management läuten. Klickt der Manager auf die App, werden ihm Details zu dieser Kennzahl in grafischer oder tabellarischer Form angezeigt, und er kann die überfälligen Forderungen nach Fälligkeitsintervallen, Debitoren oder anderen Kriterien analysieren.

In der App ZAHLUNGSVERZUG IN TAGEN ❸ erhalten Sie eine zusammenfassende Darstellung des Zahlungsverhaltens Ihrer Debitoren. In diesem Fall bedeutet ein Zahlungsverzug von *-12 Tagen*, dass bisherige Forderungen im Schnitt 12 Tage vor Fälligkeit beglichen wurden.

Die App VERTEILUNG AUF MAHNSTUFEN ❹ gliedert Ihnen beispielsweise die offenen Mahnbeträge nach Mahnstufen oder nach Debitor. In den Details lassen sich die offenen Mahnbeträge grafisch oder tabellarisch aufrufen sowie eine Auswertung über die Top-10-Debitoren mit den höchsten offenen Mahnbeträgen über alle Mahnstufen erstellen.

Durch Doppelklick auf jede dieser Apps kann der Manager weitere Anwendungen aufrufen und hat so die Möglichkeit, die dargestellten Kennzahlen näher zu analysieren.

☛ SAP Smart Business – Ihr eigenes Cockpit

Apps, mit denen sich KPIs darstellen lassen, werden mit *SAP Smart Business* erzeugt. Lassen Sie sich von der IT Ihr eigenes SAP Smart Business Cockpit erstellen.

2.3.2 SAP Analysis for Microsoft Excel

Mittels *SAP Analysis for Microsoft Excel* haben Sie die Möglichkeit, SAP und Excel zu kombinieren. Das bedeutet, dass Sie SAP-Berichte (auch *Queries* genannt) direkt über die Excel-Oberfläche aufrufen können. Dabei stehen Ihnen sämtliche SAP-Standardberichte, aber auch selbst erstellte Berichte zur Verfügung.

Wenn Sie Analysis for Microsoft Excel nutzen wollen, müssen Sie diese Anwendung im Vorfeld auf Ihrem PC installieren, wodurch Ihnen anschließend das gleichlautende Icon als Windows-Anwendung zur Verfügung steht. Nachdem Sie Microsoft Excel gestartet haben, wird Ihnen auf der Excel-Oberfläche eine zusätzliche Schaltfläche Analysis ➊ angezeigt (siehe Abbildung 2.8). Um einen SAP-Bericht aufzurufen, klicken Sie auf die Schaltfläche Einfügen ➋ und wählen die Option Select Data Source for Analysis ➌, woraufhin Sie das SAP-S/4HANA-System auswählen und sich mit Ihrem User und Passwort anmelden können. Alternativ werden Ihnen alle BW-Queries vorgeschlagen, die Sie zuvor schon einmal aufgerufen haben. In unserem Fall sehen Sie, dass wir zuletzt die Query GuV – Istdaten aus der Hauptbuchhaltung sowie die Berichte Überfällige Forderungen und Forderungslaufzeit aus der Debitorenbuchhaltung aufgerufen haben.

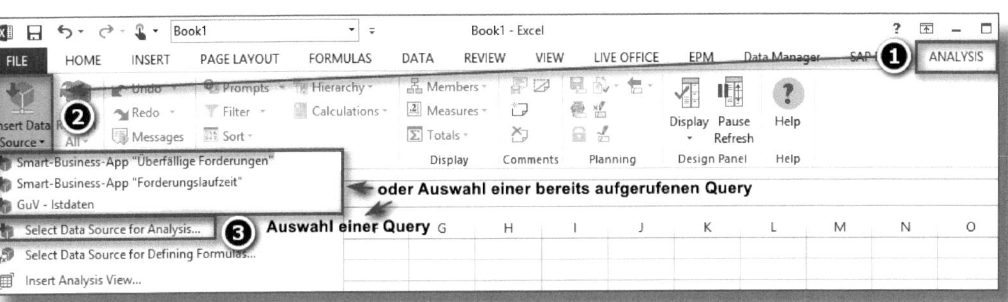

Abbildung 2.8: Einfügen von Datenquelle und Systemanmeldung

Wählen Sie einen Bericht aus, in unserem Fall die Query *GuV – Istdaten*, und erfassen Sie die gewünschten Selektionskriterien (siehe Abbildung 2.9), beispielsweise das Geschäftsjahr ➊, den Buchungskreis ➋ und die Sachkontenhierarchie ➌.

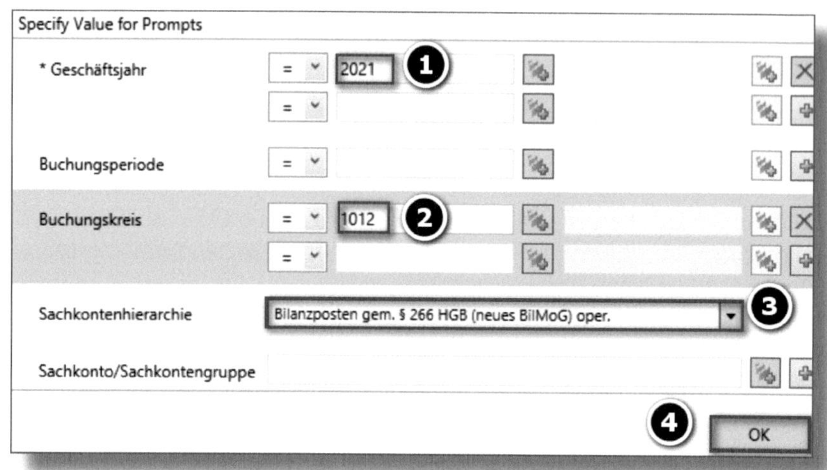

Abbildung 2.9: Selektionsbildschirm Analysis

Nachdem Sie die Selektionskriterien über die OK-Schaltfläche ❹ bestätigt haben, wird der Bericht im Feld A1 bzw. dort, wo der Cursor zum Zeitpunkt des Aufrufs steht, eingefügt (siehe Abbildung 2.10).

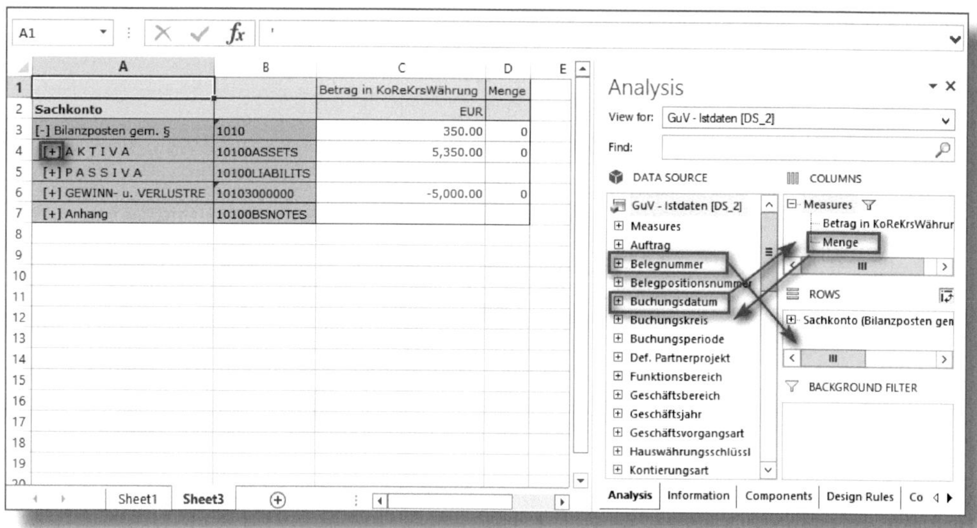

Abbildung 2.10: Query »GuV – Istdaten«

Mittels Drag-and-drop können Sie die gewünschten Berichtsdimensionen in die Zeilen oder Spalten ziehen. In unserem Fall haben wir das BUCHUNGSDATUM in die Spalten und die BELEGNUMMER in die Zeilen gezogen sowie das Feld MENGE entfernt. Außerdem reißen wir im Bericht mit Klick auf das Pluszeichen die AKTIVA bis zum bebuchten Konto *12100 – Forderungen Inland* auf. Wie Sie anhand der Abbildung 2.11 erkennen können, wurden auf dem Konto FORDERUNG INLAND zwei Ausgangsrechnungen gebucht.

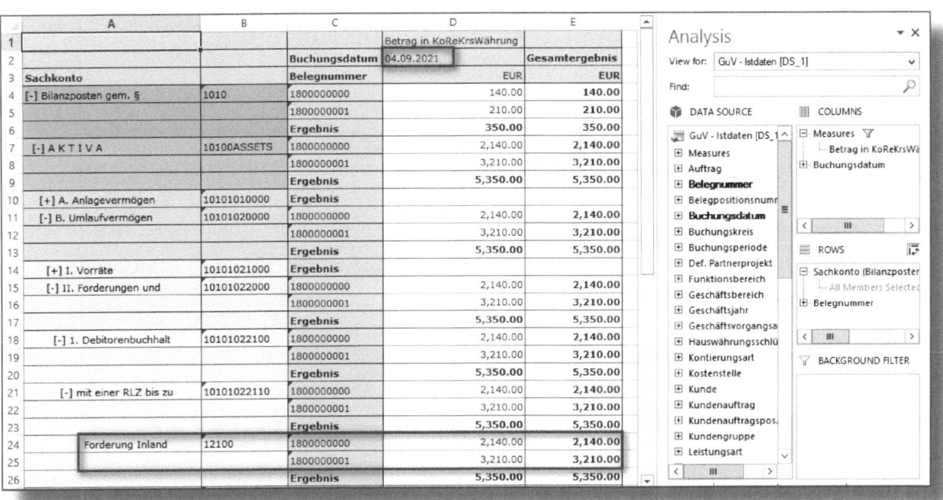

A	B	C	D	E
			Betrag in KoReKrsWährung	
		Buchungsdatum	04.09.2021	Gesamtergebnis
Sachkonto		Belegnummer	EUR	EUR
[-] Bilanzposten gem. §	1010	1800000000	140.00	140.00
		1800000001	210.00	210.00
		Ergebnis	350.00	350.00
[-] A K T I V A	10100ASSETS	1800000000	2,140.00	2,140.00
		1800000001	3,210.00	3,210.00
		Ergebnis	5,350.00	5,350.00
[+] A. Anlagevermögen	10101010000	Ergebnis		
[-] B. Umlaufvermögen	10101020000	1800000000	2,140.00	2,140.00
		1800000001	3,210.00	3,210.00
		Ergebnis	5,350.00	5,350.00
[+] I. Vorräte	10101021000	Ergebnis		
[-] II. Forderungen und	10101022000	1800000000	2,140.00	2,140.00
		1800000001	3,210.00	3,210.00
		Ergebnis	5,350.00	5,350.00
[-] 1. Debitorenbuchhalt	10101022100	1800000000	2,140.00	2,140.00
		1800000001	3,210.00	3,210.00
		Ergebnis	5,350.00	5,350.00
[-] mit einer RLZ bis zu	10101022110	1800000000	2,140.00	2,140.00
		1800000001	3,210.00	3,210.00
		Ergebnis	5,350.00	5,350.00
Forderung Inland	12100	1800000000	2,140.00	2,140.00
		1800000001	3,210.00	3,210.00
		Ergebnis	5,350.00	5,350.00

Abbildung 2.11: Aufriss »Forderung Inland«

☛ Fehlende Erfahrung mit SAP Analysis for Excel

Eine detaillierte Schritt-für-Schritt-Beschreibung für Ihre ersten eigenen Schritte mit SAP Analysis for Excel finden Sie im Buch »Schnelleinstieg ins Finanzwesen (FI) mit SAP S/4HANA« (Espresso Tutorials, 2019).

Für die Debitorenbuchhaltung hat die SAP bisher verhältnismäßig wenige Standard-Queries ausgeliefert. Suchen Sie beispielsweise nach der Auswertung »Forderungslaufzeit«, um sich diese anzeigen zu lassen oder sie als Basis für selbst erstellte Queries zu verwenden.

Erprobe Sie selbst die Möglichkeiten von Analysis

Wir möchten Sie motivieren, sich mit den vielfältigen Funktionen von Analysis zu befassen und diese in Kombination mit Excel einzusetzen.

2.3.3 Benutzerdefinierte analalytische Abfragen

Um einen mehrdimensionalen Bericht über das Fiori Launchpad aufzurufen, können Sie die App »Benutzerdefinierte analytische Abfrage« verwenden (siehe Abbildung 2.12). Wollen Sie beispielsweise einen Bilanz/GuV-Bericht verwenden, geben Sie in das Suchfeld ❶ den englischen Begriff *PROFITANDLOSS* ein und drücken auf START ❷. Daraufhin werden Ihnen zwei analytische Abfragen ❸ zur Auswahl angeboten.

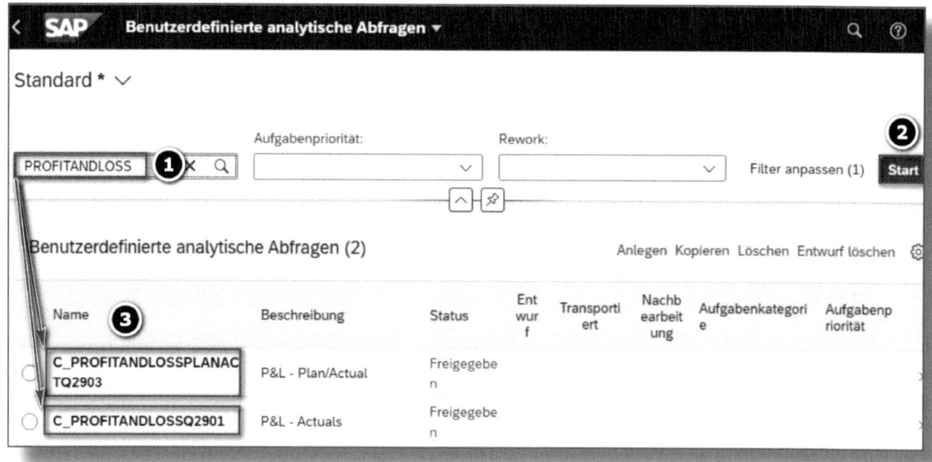

Abbildung 2.12: Benutzerdefinierte analytische Query

3 Hauptbuchhaltung und Nebenbücher

Dieses Kapitel beginnt mit einem Überblick über die SAP-Komponente Hauptbuchhaltung (FI-GL) und die mit ihr verknüpften Nebenbücher. Danach zeigen wir Ihnen für unsere Beispielfirma, die »Fair Trade Coffee GmbH«, anhand der Einzahlung des Stammkapitals auf das Bankkonto die Verbuchung unseres ersten, einfachen Geschäftsprozesses.

Die *Hauptbuchhaltung* ist das Kernmodul der Finanzbuchhaltung. Ihre zentrale Aufgabe besteht darin, die laufenden Geschäftsvorfälle zu dokumentieren und am Jahresende die Bilanz sowie die Gewinn- und Verlustrechnung zu erstellen. Die Debitoren-, Kreditoren- und Anlagenbuchhaltung stellen Nebenbuchhaltungen zur Hauptbuchhaltung dar, was bedeutet, dass sie über Abstimmkonten mit dem Hauptbuch verbunden sind.

Wie bereits in Abschnitt 2.2 erwähnt, sind die Buchhaltungsmodule nicht nur untereinander, sondern auch mit anderen Modulen, wie beispielsweise mit dem Vertrieb integriert. Abbildung 3.1 gibt Ihnen hierzu eine Übersicht und einige Beispiele.

In dem dargestellten Beispiel wurden im Vertrieb eine Rechnung über 200 EUR für Kunde 1 sowie eine Rechnung über 350 EUR für Kunde 2 erstellt und automatisch auf den gleichlautenden Debitoren verbucht. Da bei jeder Ausgangsrechnung nicht nur der Debitor im Nebenbuch, sondern auch das Konto »Forderungen aus Lieferungen und Leistungen« im Hauptbuch fortgeschrieben wird, weist dieses Konto die Gesamtsumme von 550 EUR aus.

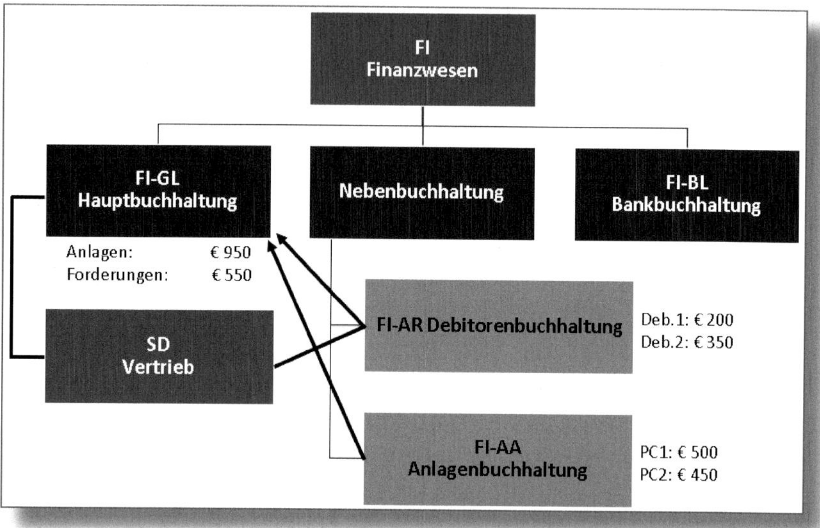

Abbildung 3.1: Komponenten der Finanzbuchhaltung (FI) und Verbindung zum Vertriebsmodul (SD)

Verzahnung zwischen FI-AA sowie FI-AR und FI-GL

Der Verkauf eines Notebooks (Anlage im Modul FI-AA) kann ebenfalls integriert erfolgen, da die gebuchte Ausgangsrechnung und der Anlagenabgang in der Debitoren-, Anlagen- und Hauptbuchhaltung nachvollziehbar sind.

3.1 Buchungen auf Sachkonten

Die zentrale Aufgabe eines Buchhalters besteht in der lückenlosen, zeitlich und sachlich geordneten Aufzeichnung aller Geschäftsvorgänge in Form von *Buchungen* anhand von Belegen. Der *Beleg* stellt die Basis jeder Buchung in der Finanzbuchhaltung dar (manueller Beleg) und ist zudem das Ergebnis der erfolgten Buchung in SAP S/4HANA (gebuchter EDV-Beleg).

Jeder gebuchte Beleg ist in SAP mittels einer eindeutigen *Belegnummer* je Buchungskreis bzw. je Buchungskreis und Jahr identifizierbar. Die Belegnummer wird in der Regel intern durch die Vergabe der nächsten freien Nummer innerhalb eines Belegnummernkreises zugeordnet.

Zudem besteht ein Buchhaltungsbeleg aus einem *Belegkopf* und den zugehörigen *Belegpositionen* (siehe Abbildung 3.2).

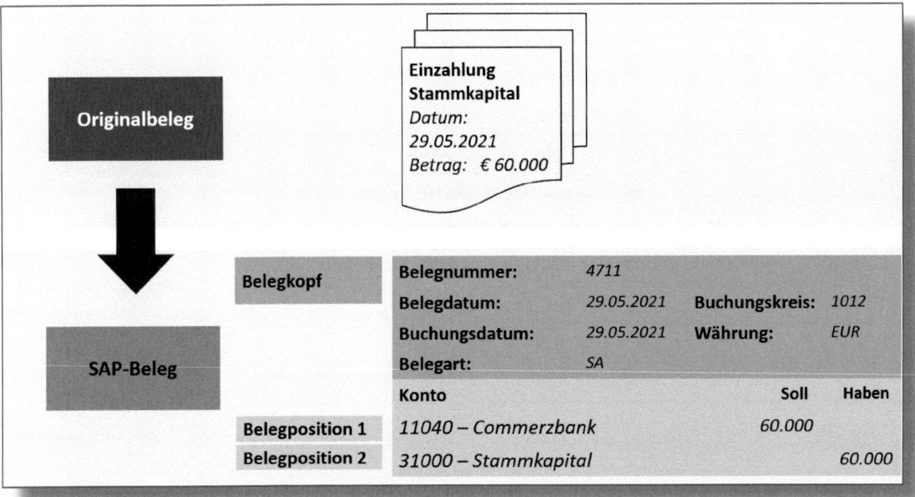

Abbildung 3.2: Originalbeleg und SAP-Beleg

Der Belegkopf umfasst jene Informationen, die für den ganzen Beleg gültig sind. Zentrales Steuerungsmerkmal auf Belegkopfebene stellt die *Belegart* dar. Die unterschiedlichen Belegarten in S/4HANA werden dazu verwendet, zwischen den diversen Geschäftsvorfällen in der Buchhaltung unterscheiden zu können. Zudem steuert die Belegart, welche Kontenarten (S für Sachkonten, K für Kreditoren, D für Debitoren bzw. A für Anlagen) bebucht werden können. Über die Zuordnung eines Belegnummernkreises wird zusätzlich auch die Vergabe der Belegnummer gesteuert. Die von der SAP im Standard ausgelieferten Belegarten können firmenspezifisch angepasst werden. In Tabelle 3.1 finden Sie eine Übersicht der gebräuchlichsten Belegarten. Die primär für den Debitorenbuchhalter relevanten Belegarten sind in Fettschrift dargestellt.

Belegart	Bezeichnung
AA	Anlagenbuchhaltung
DG	**Debitorengutschrift**
DR	**Debitorenrechnung**
DZ	**Debitorenzahlung**
KG	Kreditorengutschrift
KN	Kreditorenrechnung netto
KR	Kreditorenrechnung
KZ	Kreditorenzahlung
RE	Rechnung (MM)
RN	Rechnung netto (MM)
RV	**Fakturenübernahme (SD)**
SA	**Sachkontenbeleg**
WA	Warenausgang (MM)
WE	Wareneingang (MM)
ZP	Zahlungsbuchung
...	Weitere

Tabelle 3.1: Belegarten in SAP

Auf der Belegpositionsebene steuert der *Buchungsschlüssel*, ob Sie ein Sachkonto, einen Debitor, einen Kreditor oder eine Anlage im Soll bzw. im Haben bebuchen wollen.

Die wichtigsten Buchungsschlüssel sind:

- **01 Debitor (Soll)**
- **11 Debitor (Haben)**
- 21 Kreditor (Soll)
- 31 Kreditor (Haben)
- **40 Hauptbuch (Soll)**
- **50 Hauptbuch (Haben)**
- **70 Anlage (Soll)**
- **75 Anlage (Haben)**

Die primär für den Debitorenbuchhalter relevanten Buchungsschlüssel haben wir wieder hervorgehoben. Wenn Sie die neuen Fiori-Apps verwenden, sind die Buchungsschlüssel in der Anwendung bereits fest hinterlegt und müssen nicht mehr eingegeben werden.

Der Gesetzgeber verlangt, dass in der Finanzbuchhaltung die Geschäftsvorfälle systematisch und chronologisch dargestellt werden. In diesem Zusammenhang ist es wichtig, die Bedeutung der verschiedenen Datumsfelder bei der Buchung zu erklären:

- Das *Belegdatum* ist der Tag, an dem der Originalbeleg erstellt wurde. Dieses Datum wird meist vom Belegersteller im Originalbeleg angegeben.
- Das *Buchungsdatum* weist den Tag aus, dem der Beleg in der Buchhaltung wirtschaftlich zuzuordnen ist. Anhand des Buchungsdatums wird automatisch die Buchungsperiode abgeleitet.

  Die SAP-Buchhaltung kennt nicht nur zwölf Buchungsperioden für die zwölf Monate, sondern auch bis zu vier Sonderperioden. Jahresabschlussbuchungen können in Periode 12 oder in eine der Sonderperioden 13 bis 16 gebucht werden. Für den Debitorenbuchhalter sind die Sonderperioden meist nicht relevant.
- Das *Erfassungsdatum* stellt den Tag dar, an dem der Beleg im System erfasst und gespeichert wurde. Dies geschieht **nicht** manuell, sondern systemseitig automatisch bei jeder Buchung.

Daneben gibt es noch weitere Datumsfelder auf Belegpositionsebene, wie beispielsweise das *Valutadatum* für das Cash-Management oder das *Bezugsdatum* für die Anlagenbuchhaltung.

Rechnungsdatum = Belegdatum = Buchungsdatum

Wir empfehlen Ihnen, bei der Verbuchung von Rechnungen das Rechnungsdatum als Belegdatum **und** Buchungsdatum zu verwenden. So ist der Beleg der richtigen Buchungsperiode zugeordnet.

Obwohl der Debitorenbuchhalter wahrscheinlich selten nur im Hauptbuch bucht, wollen wir unser Beispiel mit einer einfachen Buchung beginnen.

In »Szenario 1« unserer Beispielfirma »Fair Trade Coffee GmbH« wird nach der Firmengründung das Stammkapital eingezahlt (Abbildung 3.3). Wir zeigen Ihnen nun, wie Sie die dafür notwendige Buchung durchführen.

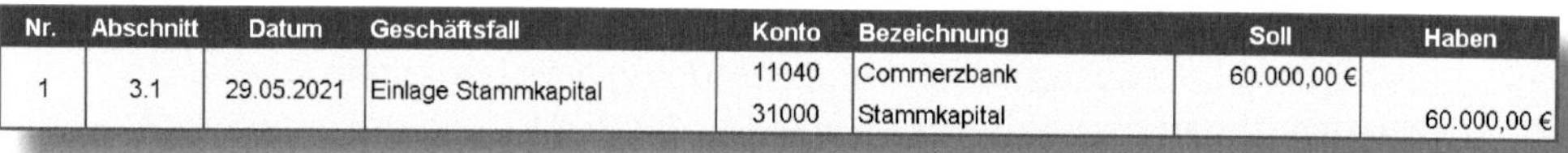

Nr.	Abschnitt	Datum	Geschäftsfall	Konto	Bezeichnung	Soll	Haben
1	3.1	29.05.2021	Einlage Stammkapital	11040	Commerzbank	60.000,00 €	
				31000	Stammkapital		60.000,00 €

Abbildung 3.3: »Szenario 1« – Sachkontenbuchung im Hauptbuch

Um eine Buchung im Hauptbuch vornehmen zu können, rufen Sie die App »Hauptbuchbelege buchen« auf (siehe Abbildung 3.4).

Abbildung 3.4: App »Hauptbuchbelege buchen«

Mit der Auswahl einer geeigneten Erfassungsvariante stehen Ihnen auf Positionsebene genau die benötigten Eingabefelder zur Verfügung. In unserem Fall wählen wir die Erfassungsvariante *Standard 2*, die in der Praxis von vielen Buchhaltern gerne eingesetzt wird (siehe Abbildung 3.5).

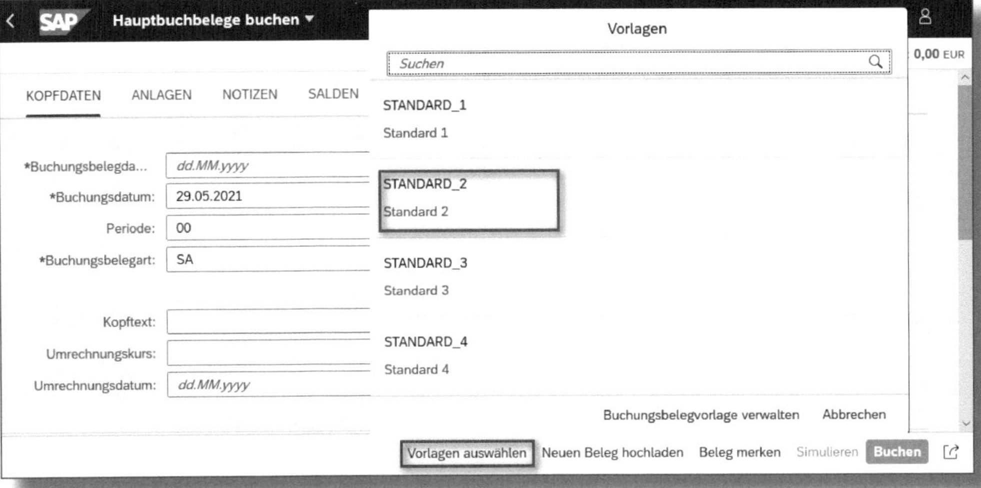

Abbildung 3.5: Auswahl Erfassungsvariante

Anlage von eigenen Erfassungsvarianten

Überlegen Sie sich, welche Eingabefelder Sie und Ihre Kollegen beim Buchen benötigen, und lassen Sie sich von der IT eine oder mehrere kundenspezifische Erfassungsvarianten anlegen. Damit können Sie sich die Arbeit sehr erleichtern. Dies gilt sowohl für die Buchungsmaske für Sachkonten als auch für Ausgangsrechnungen in der Debitorenbuchhaltung.

Im Zuge der ersten Buchung werden wir die Einlage des Stammkapitals vornehmen (siehe Abbildung 3.6).

Die wichtigsten Felder in der Eingabemaske haben wir hervorgehoben. Im Belegkopf erfassen Sie zunächst das BUCHUNGSBELEGDATUM ❶ und das BUCHUNGSDATUM ❷. Die PERIODE (Buchungsperiode) ❸ leitet das System automatisch vom Buchungsdatum ab und muss nur

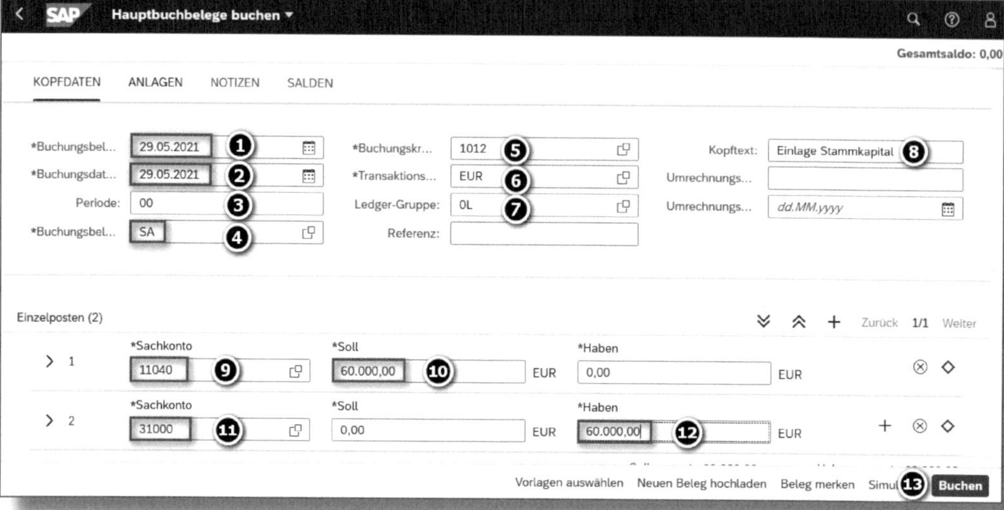

Abbildung 3.6: Buchung der Kapitaleinlage

dann manuell eingetragen werden, wenn Jahresabschlussbuchungen in die Sonderperioden 13 bis 16 gebucht werden. Die BELEGART ❹, der BUCHUNGSKREIS ❺, die WÄHRUNG ❻ und die LEDGER-GRUPPE ❼ können voreingestellt werden. Wir können beispielsweise *Einlage Stammkapital* zur Beschreibung des Geschäftsvorfalls und zur Dokumentation als KOPFTEXT ❽ bzw. Positionstext hinzufügen.

Die Ledger-Gruppe *0L* ist mit dem Ledger »0L« verknüpft und bedeutet führendes Ledger bzw. führende Rechnungslegungsvorschrift. In den meisten Anwendungsfällen können Sie das Feld LEDGER-GRUPPE leer lassen. Dann wird der Beleg in alle Standard-Ledger gebucht.

Ledger: Bedeutung und Verwendung

Der Begriff *Ledger* kommt aus dem Angloamerikanischen und bedeutet »Buch«. Erstellt Ihr Unternehmen die Bilanz nur nach einer Rechnungslegungsvorschrift, so ist für Sie immer nur das Ledger »0L« relevant. Erstellen Sie die Bilanz zusätzlich nach einer zweiten

Rechnungslegungsvorschrift, brauchen Sie ein zweites Ledger, und Sie müssen sich entscheiden, welche Rechnungslegungsvorschrift und welches Ledger führend sein sollen. In unserem Beispiel verwenden wir das Ledger »0L« für »IFRS (International GAAP)« und »2L« für »HGB (Local GAAP)«.

☛ Kontierungsrichtlinien

Erstellen Sie für Ihre Abteilung eine Kontierungsrichtlinie, in der Sie nicht nur vorgeben, welcher Sachverhalt mit welchem Sachkonto gebucht wird, sondern legen Sie auch fest, welche Felder mit welchen Informationen gefüllt werden sollen. Wir haben gute Erfahrungen damit gemacht, die Rechnungsnummer in das Feld Referenz und die nähere Darstellung des Sachverhalts in den Positionstext zu schreiben.

Zudem sollten Sie vorab bestimmen, ob die Beschreibung »Kapitalerhöhung« genügt oder ob ausführlichere Angaben wie »Kapitalerhöhung gemäß Beschluss Aufsichtsrat vom 02.05.2021« zu hinterlegen sind. Eine genauere Beschreibung ist meist nur mit wenig Mehraufwand verbunden, dokumentiert die gebuchten Geschäftsvorfälle aber exakter und erleichtert Ihnen so eine spätere Suche und Analyse.

Nach Eingabe der Daten im Belegkopf ergänzen Sie die Belegpositionen. Für die Verbuchung der Einzahlung des Stammkapitals erfassen wir:

- in der ersten Position (nur) das Sachkonto ❾ und den Betrag unter Soll ❿,
- in der zweiten Position das Sachkonto ⓫ als Gegenkonto und den Betrag unter Haben ⓬.

Sie können jede Belegposition auch aufklappen und weitere Informationen, wie einen den Geschäftsvorfall beschreibenden Positionstext, eingeben. Sobald Sie die Buchung vollständig erfasst haben, können Sie den Buchungsbeleg zunächst simulieren oder über den Button BUCHEN ⓭ sofort buchen.

Verwendung der Hilfefunktion

Wenn Sie mit der Bedienung einer App noch nicht so vertraut sind, können Sie jederzeit die Hilfefunktion aufrufen (siehe Abbildung 3.7). Dazu drücken Sie rechts oben auf das Fragezeichen-Icon. Unser Beispiel zeigt Erklärungen zu den Feldern BUCHUNGSBELEGART und TRANSAKTIONSWÄHRUNG.

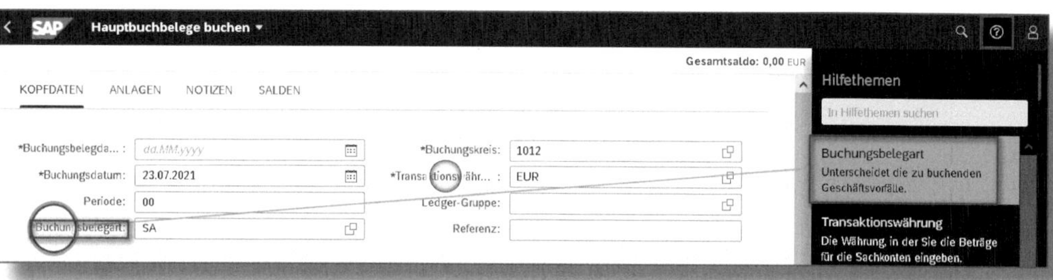

Abbildung 3.7: Hilfefunktion zur App »Hauptbuchbelege buchen«

Wenn Sie sich nicht sicher sind, wie die Buchung anhand Ihrer Eingaben aussehen wird, empfehlen wir Ihnen, diese zunächst zu *simulieren* und die einzelnen Belegpositionen genau zu überprüfen (siehe Abbildung 3.8). Über das Zahnradsymbol ⚙ ❶ können Sie die gewünschten Felder einblenden, über das Symbol rechts davon ❷ die Positionen der Buchung in Excel herunterladen. Sollten Sie feststellen, dass die Buchung fehlerhaft ist, weil Sie sich bei der Eingabe der Kontonummer oder des Betrags vertippt haben, können Sie die Buchung noch anpassen. Ist die simulierte Buchung in Ordnung, klicken Sie auf BUCHEN ❸.

Es erscheint die Meldung »Beleg xx erfolgreich gebucht«, und der gebuchte Beleg wird automatisch angezeigt (siehe Abbildung 3.9).

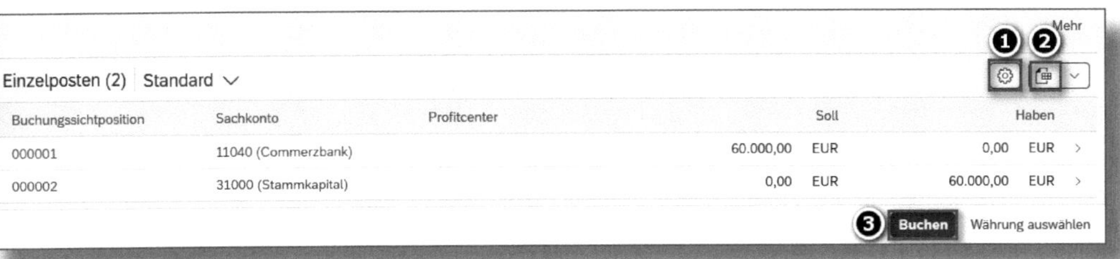

Abbildung 3.8: Simulation der Buchung

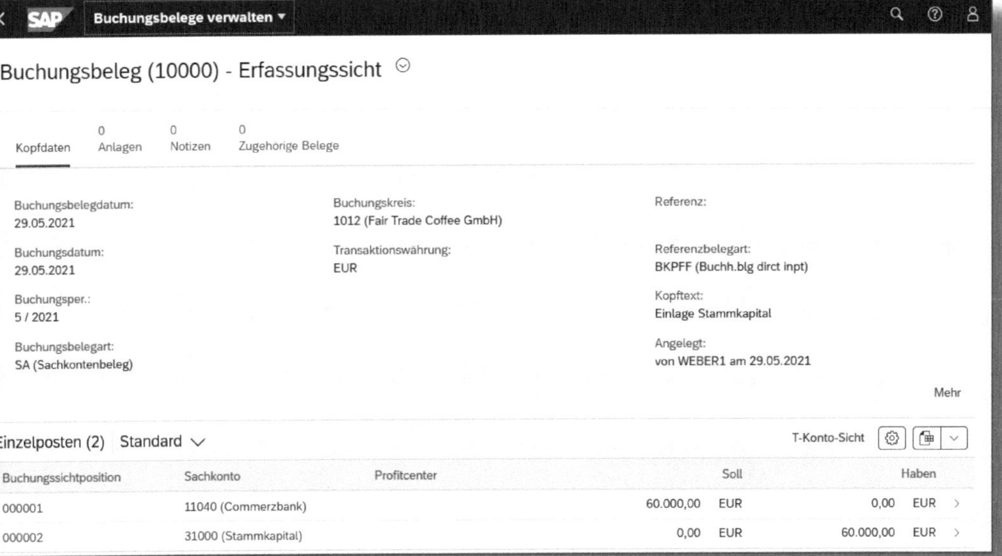

Abbildung 3.9: Anzeige des gebuchten Beleges

Jeder Buchhalter hat einmal die Darstellung von Buchungen in Form von T-Konten gelernt. Über den Button T-KONTO-SICHT oder eine der Fiori-Apps »Buchungsbelege anzeigen in T-Konto-Sicht« bzw. »Buchungsbelege verwalten« bietet auch S/4HANA die Möglichkeit der Darstellung eines gebuchten Belegs in der T-Konto-Form (siehe Abbildung 3.10).

Abbildung 3.10: Buchung Stammeinlage – Anzeige über T-Konto-Sicht

3.2 Analysemöglichkeiten und Berichte in der Hauptbuchhaltung

Nachdem wir die Verbuchung der Stammeinlage für die »Fair Trade Coffee GmbH« durchgeführt haben, wollen wir nun die erste Buchung analysieren. SAP S/4HANA stellt Ihnen für Analysen und Berichte im Hauptbuch unterschiedliche Apps zur Verfügung (siehe Abbildung 3.11):

Zu diesen Apps gehören:

❶ Buchungsbelege verwalten

❷ Buchungsbelege anzeigen in T-Konto-Sicht

❸ Belegfluss anzeigen

Abbildung 3.11: Apps für Analysen im Hauptbuch

❹ Buchungsbeleganalyse

❺ Einzelpostenerfassung anzeigen

❻ Einzelposten im Hauptbuch anzeigen

❼ Sachkontensalden anzeigen

❽ Summen- und Saldenliste

❾ Bilanz/GuV

Diese Apps sind untereinander eng verknüpft (siehe Abbildung 3.12). Über die »App-to-App«-Schnittstelle können Sie per Doppelklick auf eine Kennzahl direkt eine der anderen Apps zur erweiterten Analyse aufrufen. Wenn Sie beispielsweise in einer ausgegebenen Bilanz die Kapitalerhöhung näher analysieren möchten, dann können Sie, ausgehend von der Bilanz/GuV, in die Saldenanzeige und von dort in die Einzelpostenanzeige verzweigen. Anschließend klicken Sie auf die Belegnummer, um den dazugehörigen Beleg aufzurufen.

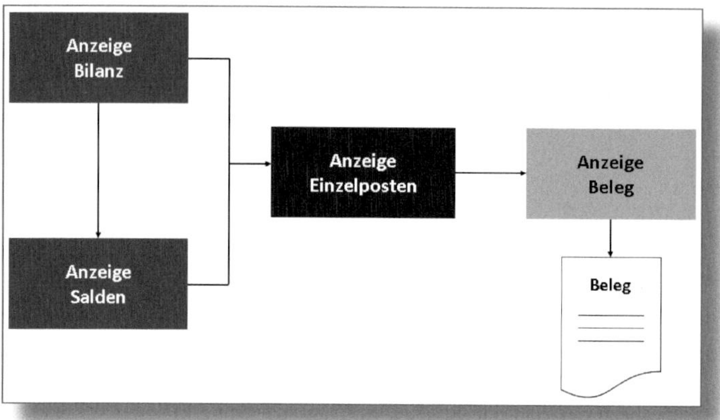

Abbildung 3.12: Analysemöglichkeiten im Hauptbuch

Für die Analyse von Buchungen stellen wir Ihnen nachfolgend einige Apps vor, die für den Debitorenbuchhalter von Interesse sind.

3.2.1 Analyse auf Belegebene

App »Buchungsbelege verwalten«

In der App »Buchungsbelege verwalten« (siehe Abbildung 3.13) geben Sie zunächst Ihre Selektionskriterien ❶ ein. Der BUCHUNGSKREIS und das aktuelle GESCHÄFTSJAHR sollten bereits automatisch aus den Benutzereinstellungen übernommen worden sein. Ansonsten tragen Sie die Daten manuell ein. In unserem Beispiel schränken wir die Auswahl nicht weiter ein und drücken den START-Button ❷. Daraufhin werden alle Belege aufgelistet, die diesen Selektionskriterien entsprechen. Über das ZAHNRAD-Symbol ❸ können Sie weitere Felder zur Ansicht auswählen bzw. statt der Standard- eine kundenspezifische Anzeigevariante definieren. In unserem Fall haben wir eine eigene Anzeigevariante mit der Bezeichnung »mit Kopftext« ❹ angelegt und ausgewählt. Sie sehen daraufhin den von uns gebuchten Beleg. Wenn Sie diesen Beleg bearbeiten wollen, klicken Sie auf die BELEGNUMMER. Für den Fall, dass Sie einen oder mehrere Belege stornieren möchten, markieren Sie diese durch Anklicken des Kästchens vor der Belegnummer ❺ und drücken den Button STORNIEREN ❻.

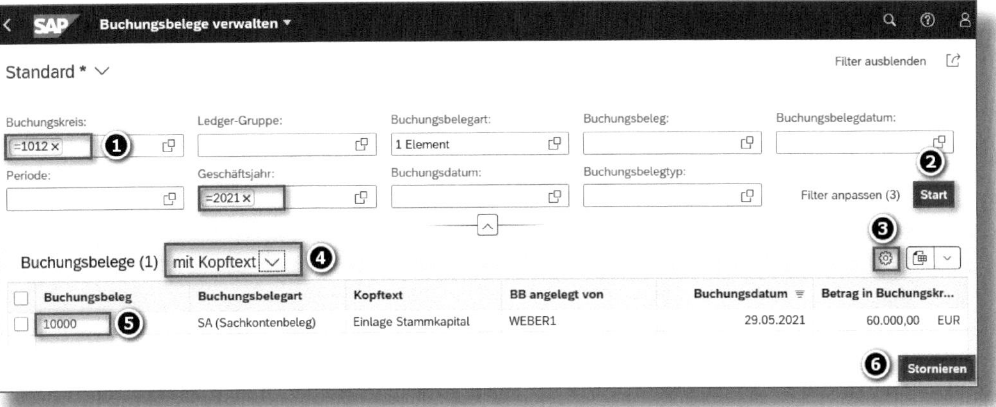

Abbildung 3.13: Buchungsbelege verwalten

App »Buchungsbeleganalyse«

Mit der App »Buchungsbeleganalyse« wird eine Anwendung/Auswertung (Query) aufgerufen, die auf einem Design-Studio-Template aufbaut (siehe Abbildung 3.14). Sie erfassen zunächst die Felder entsprechend Ihren Selektionskriterien und drücken dann die Taste OK.

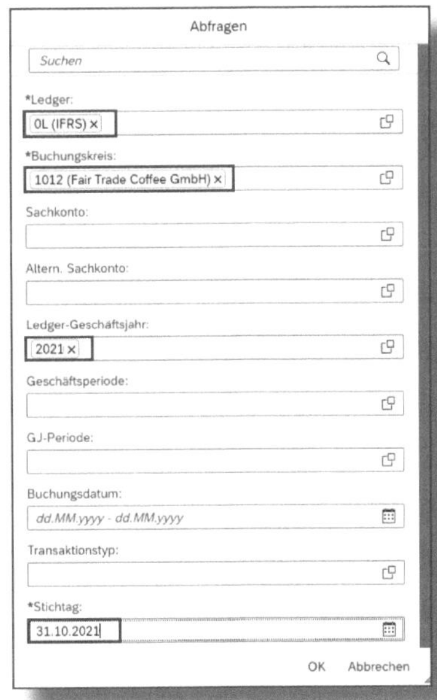

Abbildung 3.14: Selektionsbild »Buchungsbeleganalyse«

Abbildung 3.15 zeigt die Einstiegssicht mit den gebuchten Beträgen je Sachkonto.

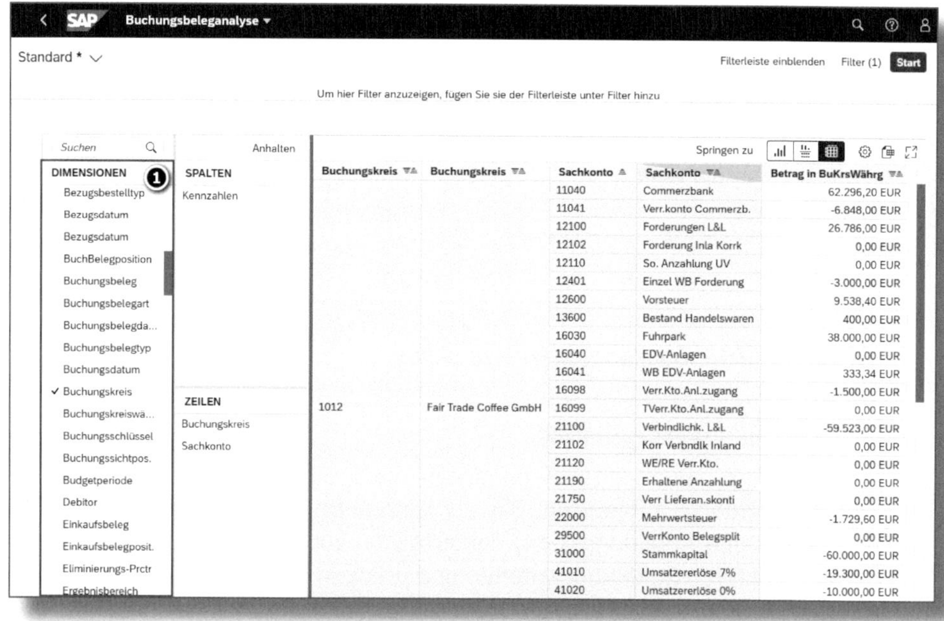

Abbildung 3.15: Buchungsbeleganalyse nach Konto

Der Vorteil dieses App-Typs liegt in den verschiedenen Navigationsmöglichkeiten. Unter DIMENSIONEN ❶ finden Sie eine große Auswahl an Feldern, die Sie je nach Ihrer Auswertungsanforderung in die Zeilen oder Spalten ziehen können.

! Design-Studio-Apps ab Release 2021 nicht mehr aufrufbar

Alle Apps im Design-Studio-Format wurden im SAP-Release 2021 durch Web-Dynpro-Apps ersetzt. Verwenden Sie daher die entsprechende Web-Dynpro-App. Eine neue Web-Dynpro-App erkennen Sie daran, dass die Selektionsfelder auf dem Einstiegsbild nicht mehr unter-, sondern nebeneinander dargestellt werden.

App »Einzelpostenerfassung anzeigen«

Rufen Sie die App »Einzelpostenerfassung anzeigen« (siehe Abbildung 3.16) auf und hinterlegen Sie zunächst die Selektionskriterien. Achten Sie darauf, im Feld STATUS ❶ nicht nur die offenen, sondern sämtliche Posten auszuwählen und den richtigen Zeitraum in das Feld BUCHUNGSDATUM ❷ einzugeben. Anschließend klicken Sie auf START ❸. Um die Anzeige bis zur Belegebene aufzureißen, klicken Sie zunächst auf das Symbol links vom BUCHUNGSKREIS ❹ und dann nochmals auf das gleiche Symbol links vom gewünschten SACHKONTO ❺. Daraufhin listet das System unter ❻ alle auf diesem Konto gebuchten Belege auf.

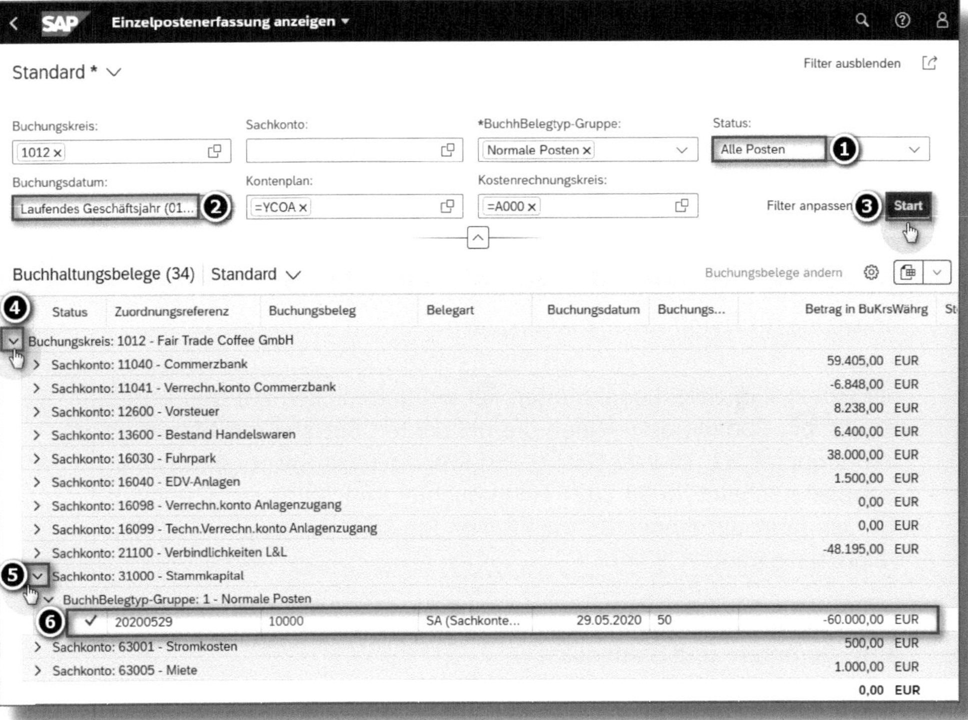

Abbildung 3.16: Anzeige der Einzelposten im Hauptbuch

3.2.2 Analyse auf Sackkontenebene

App »Sachkontensalden anzeigen«

Wenn Sie ein einzelnes Sachkonto analysieren möchten, rufen Sie die App »Sachkontensalden« auf (siehe Abbildung 3.17).

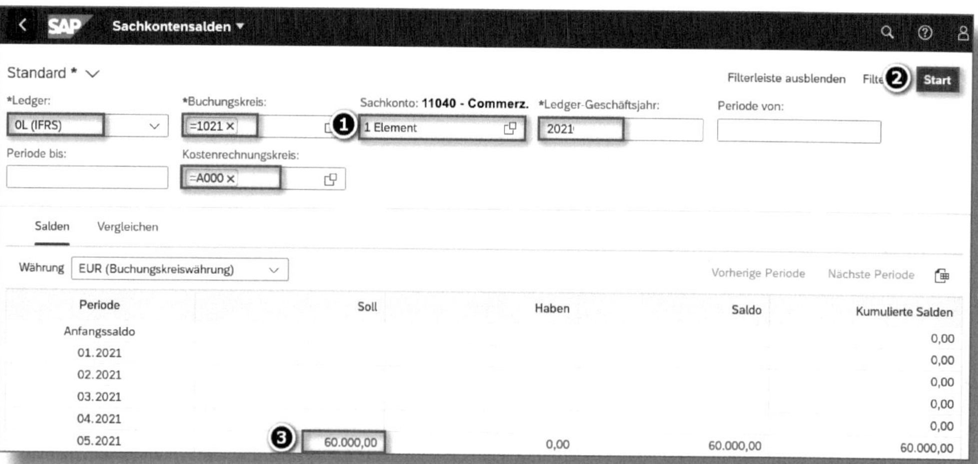

Abbildung 3.17: App »Sachkontensalden«

Sie geben Ihre Selektionskriterien ❶ ein und klicken auf den Button START ❷. Sodann erscheinen die gebuchten Beträge pro Monat getrennt nach SOLL, HABEN, SALDO und KUMULIERTER SALDO. In unserem Beispiel erscheint für *05.2021* ein gebuchter Sollsaldo von *60.000 EUR* ❸. Mit Klick auf diesen Betrag können Sie die dahinterliegenden Einzelposten sehen.

App »Summen- und Saldenliste«

Wollen Sie eine Saldenliste erstellen, rufen Sie die App »Summen- und Saldenliste« auf. Diese funktioniert ähnlich wie die oben beschriebene App »Buchungsbeleganalyse«. Nach entsprechender Selektion und Anpassung entspricht das Ergebnis der Darstellung in Abbildung 3.18.

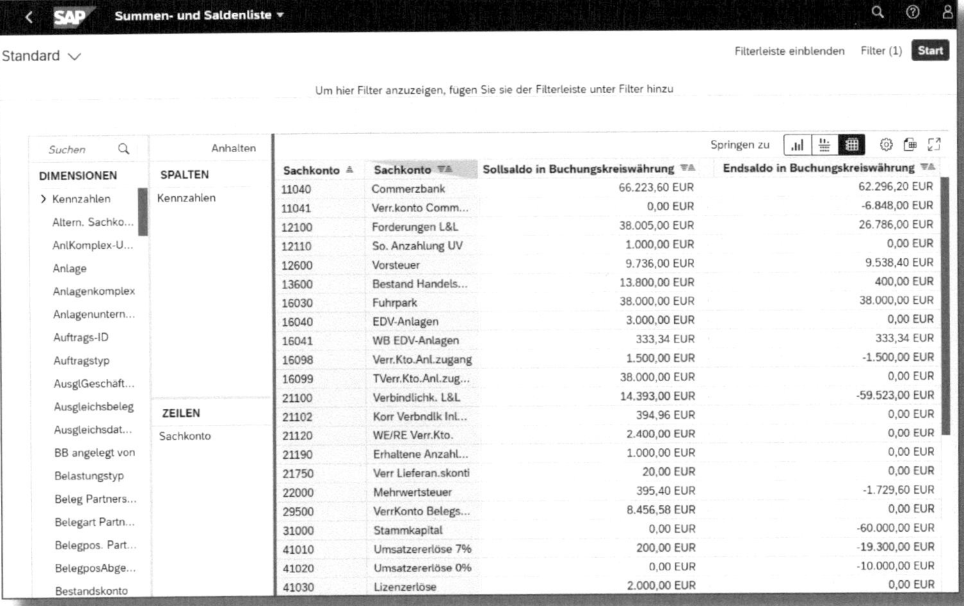

Sachkonto	Sachkonto	Sollsaldo in Buchungskreiswährung	Endsaldo in Buchungskreiswährung
11040	Commerzbank	66.223,60 EUR	62.296,20 EUR
11041	Verr.konto Comm...	0,00 EUR	-6.848,00 EUR
12100	Forderungen L&L	38.005,00 EUR	26.786,00 EUR
12110	So. Anzahlung UV	1.000,00 EUR	0,00 EUR
12600	Vorsteuer	9.736,00 EUR	9.538,40 EUR
13600	Bestand Handels...	13.800,00 EUR	400,00 EUR
16030	Fuhrpark	38.000,00 EUR	38.000,00 EUR
16040	EDV-Anlagen	3.000,00 EUR	0,00 EUR
16041	WB EDV-Anlagen	333,34 EUR	333,34 EUR
16098	Verr.Kto.Anl.zugang	1.500,00 EUR	-1.500,00 EUR
16099	TVerr.Kto.Anl.zug...	38.000,00 EUR	0,00 EUR
21100	Verbindlichk. L&L	14.393,00 EUR	-59.523,00 EUR
21102	Korr Verbndlk Inl...	394,96 EUR	0,00 EUR
21120	WE/RE Verr.Kto.	2.400,00 EUR	0,00 EUR
21190	Erhaltene Anzahl...	1.000,00 EUR	0,00 EUR
21750	Verr Lieferan.skonti	20,00 EUR	0,00 EUR
22000	Mehrwertsteuer	395,40 EUR	-1.729,60 EUR
29500	VerrKonto Belegs...	8.456,58 EUR	0,00 EUR
31000	Stammkapital	0,00 EUR	-60.000,00 EUR
41010	Umsatzererlöse 7%	200,00 EUR	-19.300,00 EUR
41020	Umsatzererlöse 0%	0,00 EUR	-10.000,00 EUR
41030	Lizenzerlöse	2.000,00 EUR	0,00 EUR

Abbildung 3.18: Summen- und Saldenliste

4 Stammdaten in der Finanzbuchhaltung

In diesem Kapitel gehen wir näher auf die Pflege der Stammdaten in der Finanzbuchhaltung ein. Wir zeigen Ihnen, wie Sie die für unsere Beispielfirma benötigten Sachkonten-, Anlagen-, Banken- und Materialstammsätze im System anlegen. Zusätzlich stellen wir Ihnen das Konzept des zentralen Geschäftspartners vor und beschreiben die verschiedenen Optionen zur Anlage von Kunden bzw. Debitoren als Geschäftspartner.

4.1 Kontenplan und Sachkonto

Die wichtigste Aufgabe der Hauptbuchhaltung ist die Abbildung der Geschäftstätigkeit des Unternehmens in Form von Buchungen auf Sachkonten. Der *Kontenplan* stellt dabei das Verzeichnis aller Sachkonten dar, die von einem Unternehmen eingesetzt werden.

In SAP wird der Kontenplan, den der Buchhalter beim Buchen von Belegen nutzt, als *operativer Kontenplan* bezeichnet, und jedem Buchungskreis in SAP wird genau ein operativer Kontenplan zugeordnet.

Da der Kontenplan auf Mandantenebene definiert wird, ist es zudem möglich, dass mehrere Buchungskreise denselben Kontenplan verwenden (siehe Abbildung 4.1).

In unserem Beispiel verwenden der deutsche Buchungskreis 1012 und der amerikanische Buchungskreis 1710 denselben operativen Kontenplan »YCOA«.

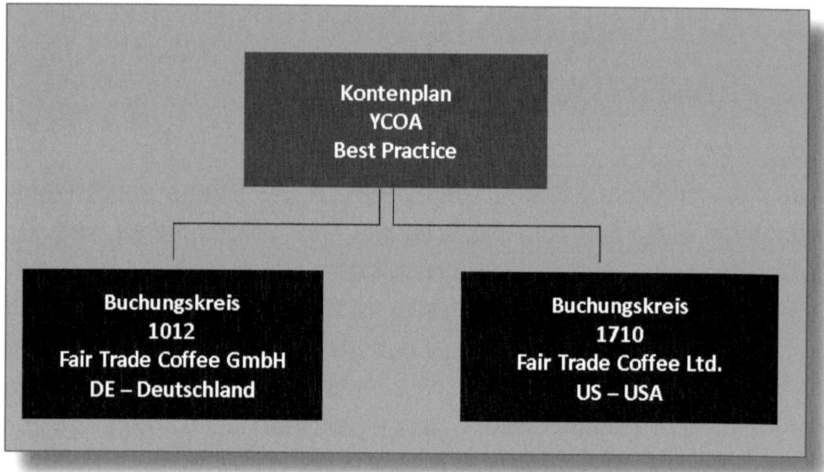

Abbildung 4.1: Zuordnung vom Buchungskreis zum Kontenplan

In S/4HANA setzen Sie auch für die Buchhaltung und die Kostenrechnung denselben operativen Kontenplan ein, und jede primäre wie auch jede sekundäre *Kostenart* ist als *Sachkonto* anzulegen. Außerdem wird in S/4HANA nicht nur (wie sonst üblich in der Buchhaltung) zwischen Bilanz- und Erfolgskonten, sondern zusätzlich nach den in Tabelle 4.1 angeführten *Sachkontenarten* unterschieden.

Kennzeichen	Modul	Relevant für
C	Geldkonto	Buchhaltung
X	Bestandskonto	Buchhaltung
N	Nicht betriebliche Aufwendungen / Erträge	Buchhaltung
P	Primärkosten / Erlöse	Buchhaltung und Kostenrechnung
S	Sekundärkosten	Kostenrechnung

Tabelle 4.1: Sachkontenarten in S/4HANA

- *Geldkonten* (bzw. Bankabstimmkonten) können für den Zahlungsprozess mit Bankkonten verwendet werden. Durch Bankabstimmkonten können Sie mehrere Bankkonten unter einem Sachkonto führen.
- *Bestandskonten* (bzw. Bilanzkonten) werden in der Regel nur in der Buchhaltung dargestellt.
- Für den Fall, dass ein *Erfolgskonto* (bzw. GuV-Konto) ebenfalls nur für die Buchhaltung relevant ist, wäre es als *Nicht betriebliche Aufwendungen/Erträge* anzulegen.
- Erfolgskonten, die zugleich für die Buchhaltung und die Kostenrechnung relevant sind, werden als *Primärkosten/Erlöse* angelegt.
- Zusätzlich gibt es in S/4HANA Konten vom Typ *Sekundärkosten*, die ausschließlich für interne Verrechnungsbuchungen in der Kostenrechnung zum Einsatz kommen.

Jedes Sachkonto besteht aus mehreren Ebenen, die in der SAP-Terminologie *Segmente* genannt werden (siehe Abbildung 4.2):

- Im *Kontenplansegment* werden die allgemeinen Informationen und Eigenschaften zu einem Konto gespeichert. Das bedeutet, dass jegliche Informationen, die Sie auf Kontenplanebene definieren, in allen Buchungskreisen identisch sind. Dazu zählen beispielsweise die Kontobezeichnung und die Kontoart.
- Im *Buchungskreissegment* werden buchungskreisbezogene Informationen zu einem Konto gespeichert, wie beispielsweise die Währung des Kontos sowie der Sortierschlüssel.
- Trägt das Sachkonto das Kennzeichen »primäre« oder »sekundäre Kostenart«, ist zusätzlich ein *Kostenartensegment* zu definieren.

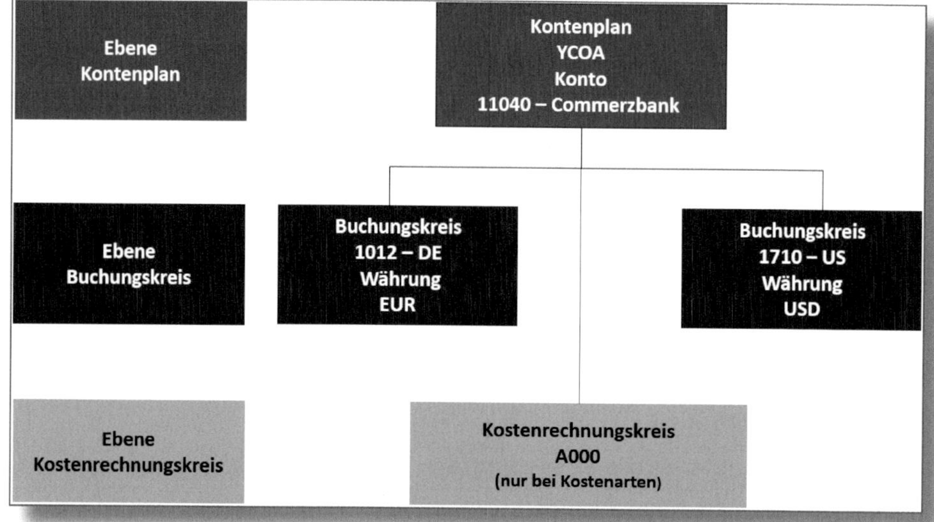

Abbildung 4.2: Segmente eines Sachkontos

Wie Sie in Abbildung 4.2 erkennen können, ist beiden Buchungskreisen unserer Beispielfirma derselbe Kontenplan »YCOA« zugeordnet, und auch das Sachkonto »11040 – Commerzbank« wird in beiden Buchungskreisen verwendet. Allgemeine Informationen, die auf Ebene des Kontenplansegments gepflegt werden, wie beispielsweise die Kontoart und die Kontobezeichnung, sind für beide Buchungskreise identisch. Da das Konto im deutschen Buchungskreis 1012 jedoch in Euro und im amerikanischen Buchungskreis 1710 in Dollar geführt werden soll, wird auf Buchungskreissegmentebene des Sachkontos die Kontowährung unterschiedlich definiert.

In unserem Beispiel spielt das Kostenrechnungskreissegment keine Rolle, da es sich um ein Bilanzkonto handelt.

4.1.1 Anlage Sachkonto

In »Szenario 2« legen wir für die »Fair Trade Coffee GmbH« einige Bilanz- und Erfolgskonten an, die für die Abbildung der in diesem Buch dargestellten Geschäftsvorfälle benötigt werden (siehe Abbildung 4.3).

Nr.	Abschnitt	Konto	Bezeichnung	Kontoart
1	4.1.1	10011	Handkasse	Bilanzkonto
2	4.1.1	11040	Commerzbank	Bilanzkonto
3		11041	Verrechn.konto Commerzbank	Bilanzkonto
4	4.1.1	12100	Forderungen Inland	Bilanzkonto (+ Abstimmkonto Debitoren)
5		12102	Forderungen Inland Korrekturkonto	Bilanzkonto
6		12411	Pauschalierte Einzelwertberichtigung	Bilanzkonto
7		12600	Vorsteuer	Bilanzkonto
8		13600	Bestand Handelswaren	Bilanzkonto
9		16030	Fuhrpark	Bilanzkonto (+ Abstimmkonto Anlagen)
10		16031	Wertberichtigung Fuhrpark	Bilanzkonto (+ Abstimmkonto Anlagen)
11		16040	EDV-Anlagen	Bilanzkonto (+ Abstimmkonto Anlagen)
12		16041	Wertberichtigung EDV-Anlagen	Bilanzkonto (+ Abstimmkonto Anlagen)
13		16098	Verrechn.konto Anlagenzugang	Bilanzkonto
14		16099	Techn. Verrechn.konto Anlagenzugang	Bilanzkonto (+ Abstimmkonto Anlagen)
15		21100	Verbindlichkeiten L&L	Bilanzkonto (+ Abstimmkonto Kreditoren)
16		21180	Kreditorische Debitoren	Bilanzkonto
17		21190	Erhaltene Anzahlung	Bilanzkonto (+ Abstimmkonto Debitoren)
18		21191	Anzahlungsanforderung	Bilanzkonto (+ Abstimmkonto Debitoren)
19		22000	Mehrwertsteuer	Bilanzkonto
20		31000	Stammkapital	Bilanzkonto
21		33000	Ergebnisvortrag	Bilanzkonto
22		41000	Umsatzerlöse 19%	GuV-Konto (+ Erlösart)
23		41010	Umsatzerlöse 7%	GuV-Konto (+ Erlösart)
24		41020	Umsatzerlöse 0%	GuV-Konto (+ Erlösart)
25	4.1.1	41030	Lizenzerlöse	GuV-Konto (+ Erlösart)
26		46001	Erlös aus Anlagenverkauf	GuV-Konto (+ nicht bertriebl. Aufwand)
27		51600	Verbrauch Handelswaren	GuV-Konto (+ primäre Kostenart)
28		62010	Zuweisung EWB Forderungen	GuV-Konto (+ primäre Kostenart)
29		63001	Stromaufwand	GuV-Konto (+ primäre Kostenart)
30		63005	Miete	GuV-Konto (+ primäre Kostenart)
31		63006	Werbung	GuV-Konto (+ primäre Kostenart)
32		64040	Abschreibung	GuV-Konto (+ primäre Kostenart)
33		70030	Verrechnungskonto Anlagenabgang	GuV-Konto (+ nicht betriebl. Aufwand)
34		71050	Kundenskonti	GuV-Konto (+ primäre Kostenart)
35		71010	Mindererlös Anlagenabgang	GuV-Konto (+ nicht betriebl. Aufwand)
36		72040	Aufwand FW-Bewertung	GuV-Konto (+ primäre Kostenart)

Abbildung 4.3: »Szenario 2« – Anlage Sachkonten

Nachdem Sie sich am Fiori Launchpad angemeldet haben, wählen Sie die Gruppe HAUPTBUCHHALTUNG.

Wahrscheinlich entspricht Ihr Fiori Launchpad nicht exakt der Darstellung hier im Buch. Die Ausgestaltung hängt einerseits von den Rollen ab, die Ihnen die IT-Abteilung zuordnet, andererseits von den Anpassungen, die Sie selbst vornehmen.

Für die Anlage eines neuen Sachkontos rufen Sie die App/Kachel »Sachkontenstammdaten verwalten« auf (siehe Abbildung 4.4). Wenn Ihnen eine App nicht direkt angezeigt wird, können Sie sie auch über das Symbol mit der Lupe suchen und, falls gewünscht, über das Symbol mit dem Männchen dauerhaft als Kachel hinzufügen (vgl. dazu auch die im Anhang beschriebenen Möglichkeiten).

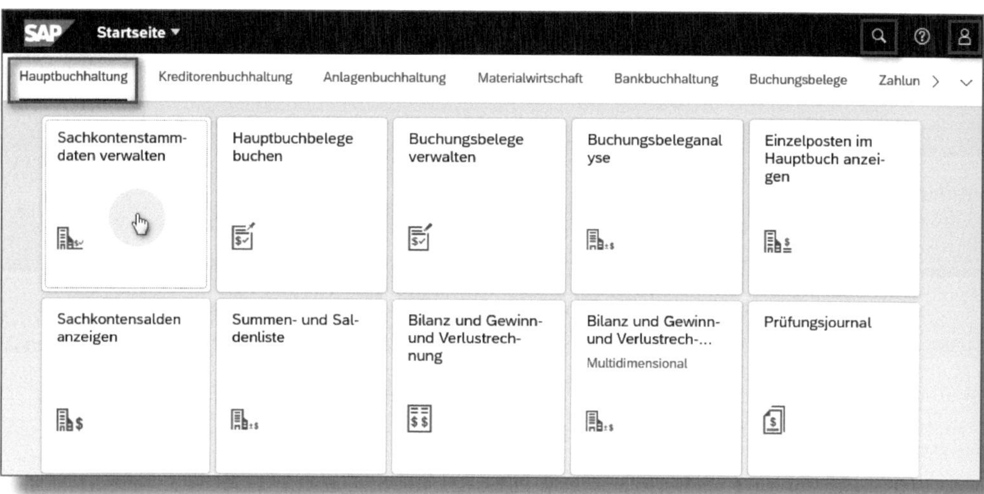

Abbildung 4.4: App »Sachkontenstammdaten verwalten«

Bestandskonto anlegen

In Abbildung 4.5 sehen Sie die nach dem Aufruf der App erscheinende Eingabemaske.

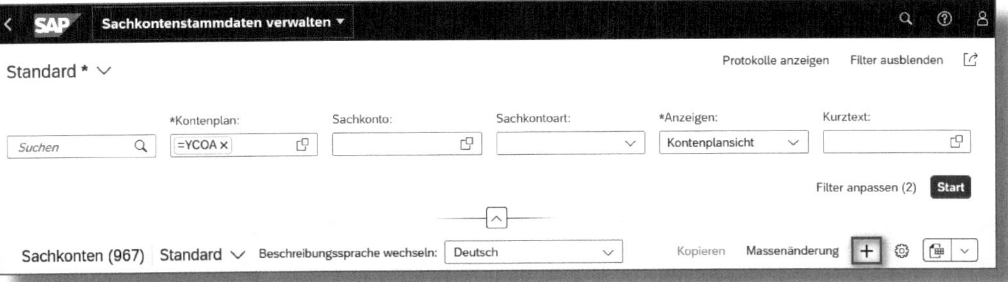

Abbildung 4.5: Neues Sachkonto anlegen

Um ein neues Sachkonto für unsere Hausbank anzulegen, klicken Sie unten rechts auf das Symbol + (HINZUFÜGEN), woraufhin der in Abbildung 4.6 gezeigte Eingabebildschirm erscheint.

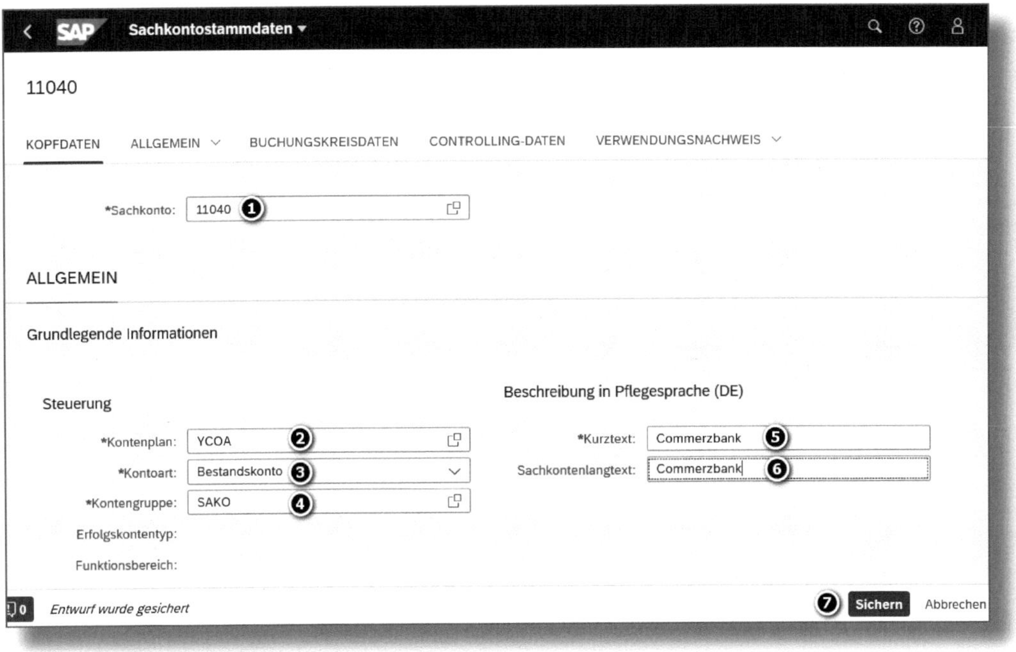

Abbildung 4.6: Anlage Sachkonto 11040 – Kontenplansegment

In unserem Beispiel wollen wir ein Bilanzkonto für die Commerzbank anlegen. Dazu erfassen wir im Feld SACHKONTO die Kontonummer *11040* und anschließend unter dem Reiter ALLGEMEIN den KONTENPLAN ❷ *YCOA*, dem wir das Sachkonto zuordnen wollen. Außerdem wählen wir als KONTOART ❸ das *Bestandskonto* und als KONTENGRUPPE ❹ *SAKO* aus. Die Kontengruppe steuert, welche Felder im Sachkonto eingabebereit, ausgeblendet oder als Muss-Felder definiert sind. Abschließend pflegen wir den KURZTEXT ❺ sowie den SACHKONTENLANGTEXT ❻ zum Konto; in unserem Fall wählen wir für beide die Bezeichnung *Commerzbank* und speichern die allgemeinen Angaben zum Sachkonto über den Button **Sichern**.

Anschließend legen wir das Buchungskreissegment für den Buchungskreis *1012* an, indem wir zum Register BUCHUNGSKREISDATEN wechseln und dort wieder das +-Symbol anklicken (siehe Abbildung 4.7).

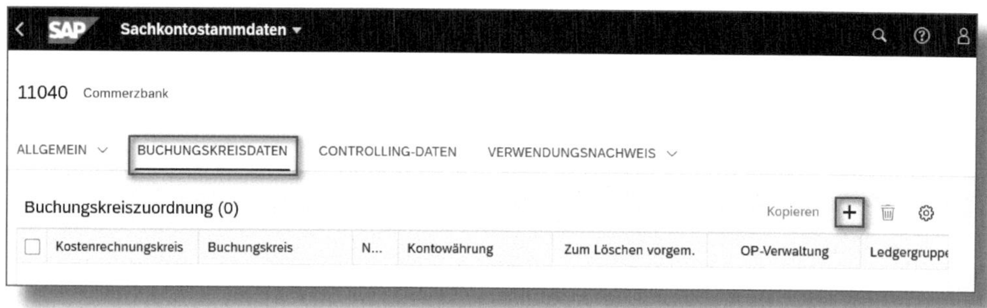

Abbildung 4.7: Anlage Sachkonto – Buchungskreisdaten

In der Eingabemaske zur Buchungskreiszuordnung (siehe Abbildung 4.8) erfassen wir im Feld NEUE BUCHUNGSKREISZUORD(NUNG) zunächst den Buchungskreis ❶, dem wir das Sachkonto zuordnen wollen, in unserem Fall also den Buchungskreis *1012*. Im Bereich der Steuerungsdaten geben wir die KONTOWÄHRUNG ❷ und einen SORTIERSCHLÜSSEL ❸ ein. Für den deutschen Buchungskreis wird das Konto in *EUR* geführt. Würden Sie das Sachkonto auch dem amerikanischen Buchungskreis zuordnen, wäre in diesem Fall die Kontowährung USD. Als Sortierschlüssel wählen wir *001* (nach Buchungsdatum).

Abschließend wählen wir die FELDSTATUSGRUPPE ❹ *YB01*, die im Bereich der Buchung auf diesem Konto steuert, welche Felder in der Belegerfassung erscheinen.

Nachdem Sie die Angaben zur Buchungskreiszuordnung erfasst haben, können Sie die Daten über den OK-Button ❺ übernehmen.

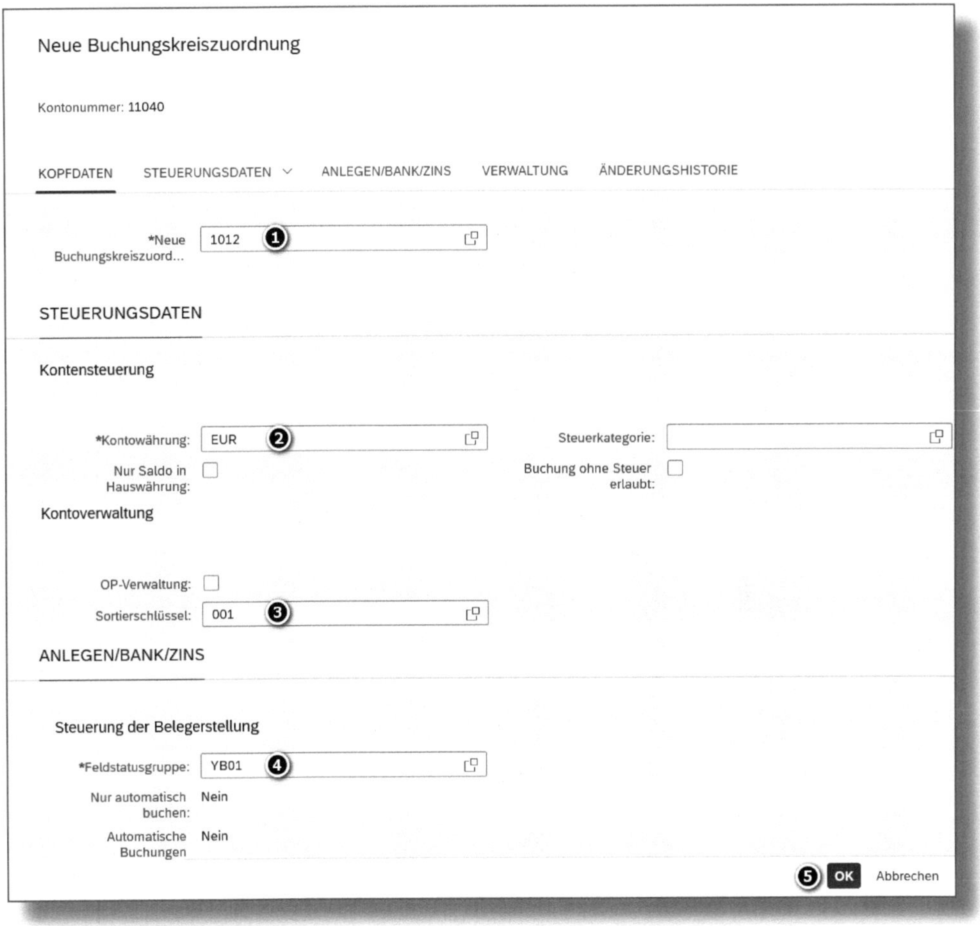

Abbildung 4.8: Eingabe Daten – Buchungskreissegment

Es erscheint das in Abbildung 4.9 gezeigte Bild. Sie müssen jetzt nur noch **Sichern** drücken, und das Konto ist angelegt.

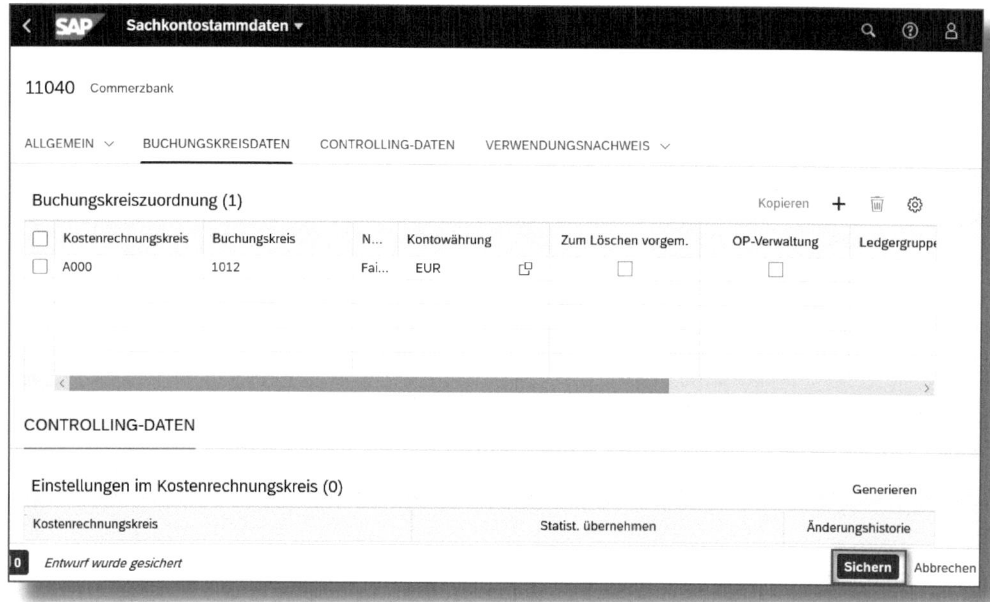

Abbildung 4.9: Kontendaten im Buchungskreissegment sichern

Wenn Sie zusätzlich ein neues Bilanzkonto für die Handkasse anlegen wollen, ist es das Einfachste, ein bereits bestehendes Bilanzkonto, das von den Einstellungen her möglichst ähnlich ist, zu kopieren.

Um ein bestehendes Sachkonto, etwa das zuvor angelegte Sachkonto 11040 für die Commerzbank, zu kopieren, rufen Sie es im ersten Schritt über die Fiori-App »Sachkontenstammdaten verwalten« auf und klicken anschließend auf den Button KOPIEREN ❶. In der daraufhin erscheinenden Eingabemaske erfassen Sie die KONTONUMMER ❷ und BEZEICHNUNG ❸ des neu anzulegenden Sachkontos und klicken anschließend auf OK ❹ (siehe Abbildung 4.10).

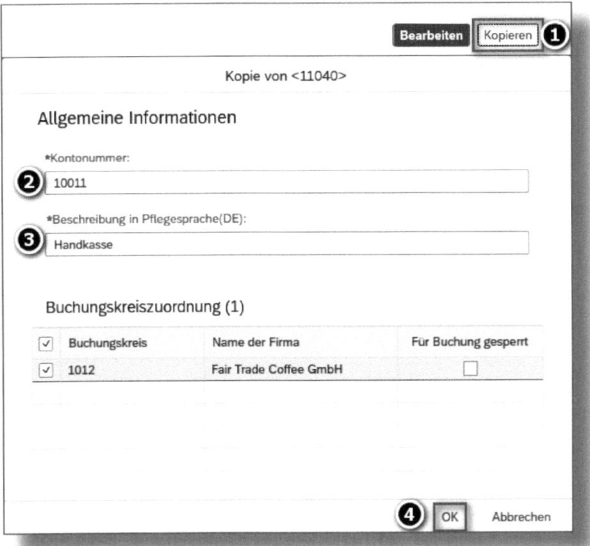

Abbildung 4.10: Kopie Sachkonto 11040 auf Sachkonto 10011

Alle kopierten Daten lassen sich nun bei Bedarf ändern bzw. ergänzen. In unserem Fall ist dies nicht notwendig, da sich die beiden Konten nur hinsichtlich der Kontonummer und Bezeichnung unterscheiden. Wenn Sie dann noch den Button SICHERN drücken, ist auch das neue Konto gespeichert.

Abstimmkonto anlegen

Bei den Bilanzkonten spielen *Abstimmkonten* eine besondere Rolle. Sie bilden die Brücke zwischen der Neben- und der Hauptbuchhaltung. Jeder Stammsatz in der Nebenbuchhaltung ist über ein Abstimmkonto mit der Hauptbuchhaltung verknüpft, und jede Buchung in der Nebenbuchhaltung wird auch auf dem Abstimmkonto in der Hauptbuchhaltung angezeigt.

Grundsätzlich gibt es Abstimmkonten für Anlagen, Debitoren und Kreditoren. In der Debitorenbuchhaltung spielen vor allem die Abstimmkonten für Debitoren eine wichtige Rolle. Achten Sie beim Anlegen eines Abstimmkontos darauf, das Kennzeichen ABSTIMMKONTO FÜR KONTOART richtig zu setzen: *D* für Debitoren, *K* für Kreditoren und *A* für Anlagen (siehe Abbildung 4.11). Wenn wir also einen Debitor mit dem Sachkonto »Forderungen aus Lieferungen und Leistungen« verknüpfen, muss dieses als Abstimmkonto gekennzeichnet werden und somit das Kennzeichen *D* tragen.

Abbildung 4.11: Konto 12100 – Abstimmkonto für Debitoren

Das Abstimmkonto für Debitoren (wie auch die anderen Abstimmkonten) kann nicht direkt bebucht werden, sondern die Buchung erfolgt automatisch als Mitbuchung, sobald der Debitor bebucht wird.

In einem traditionellen Buchhaltungsprogramm zeigt die Nebenbuchhaltung alle Details, wohingegen in der Hauptbuchhaltung nur die Summen ersichtlich sind. Im Universal Journal von S/4HANA sind jetzt alle Daten in einer Tabelle zusammengefasst, sodass eine Abstimmung zwischen Haupt- und Nebenbuchhaltung nicht mehr notwendig ist.

Abstimmkonto 12100 für Forderungen aus L&L

Bei Debitor 1 und Debitor 2 ist jeweils das Abstimmkonto 12100 hinterlegt. Auf dem Konto »Debitor 1« wird eine Ausgangsrechnung über 200 EUR und auf dem Konto »Debitor 2« eine in Höhe von 250 EUR gebucht. Danach weist das Konto »12100 – Forderungen aus L&L (Lieferungen und Leistungen)« einen Saldo von 450 EUR aus.

Anlage eines Erfolgskontos als Primärkostenart

Wenn Sie ein Erfolgskonto (bzw. GuV-Konto) anlegen möchten, sind vor allem die Verbindung zum Controlling und die Steuerrelevanz wichtig.

In unserem Beispiel (siehe Abbildung 4.12) legen wir ein Konto für Lizenzerlöse an. Sie wählen dazu die KONTOART *Primärkosten oder Erlöse* ❶ sowie die STEUERKATEGORIE *»+« (nur Ausgangssteuer erlaubt)* ❷ und setzen das Kennzeichen BUCHEN OHNE STEUER ERLAUBEN ❸, wenn Sie bei bestimmten Buchungen auf dieses Konto auf die Angabe eines Steuerkennzeichens verzichten wollen. Sofern das Ausgangssteuerkennzeichen bei jeder Buchung gleich ist, kann dies direkt im Kontostammsatz hinterlegt werden. Bedenken Sie aber, dass dieses Konto dann ausschließlich mit diesem Kennzeichen gebucht werden kann. Anschließend wählen Sie eine für die Buchung auf dem Erfolgskonto geeignete FELDSTATUSGRUPPE ❹. Über die *Feldstatusgruppe* steuern Sie, welche Felder in der Buchung eingabebereit, verpflichtend oder ausgeblendet werden. Da unsere Buchung für das Controlling relevant ist, muss die Feldstatusgruppe die Eingabe auf einen Innenauftrag bzw. ein anderes CO-Objekt ermöglichen. Zusätzlich ist bei allen Kostenarten auch der Reiter CONTROLLING-DATEN ❺ relevant. Hier ist der KOSTENARTENTYP *11 (Erlöse)* ❻ einzugeben.

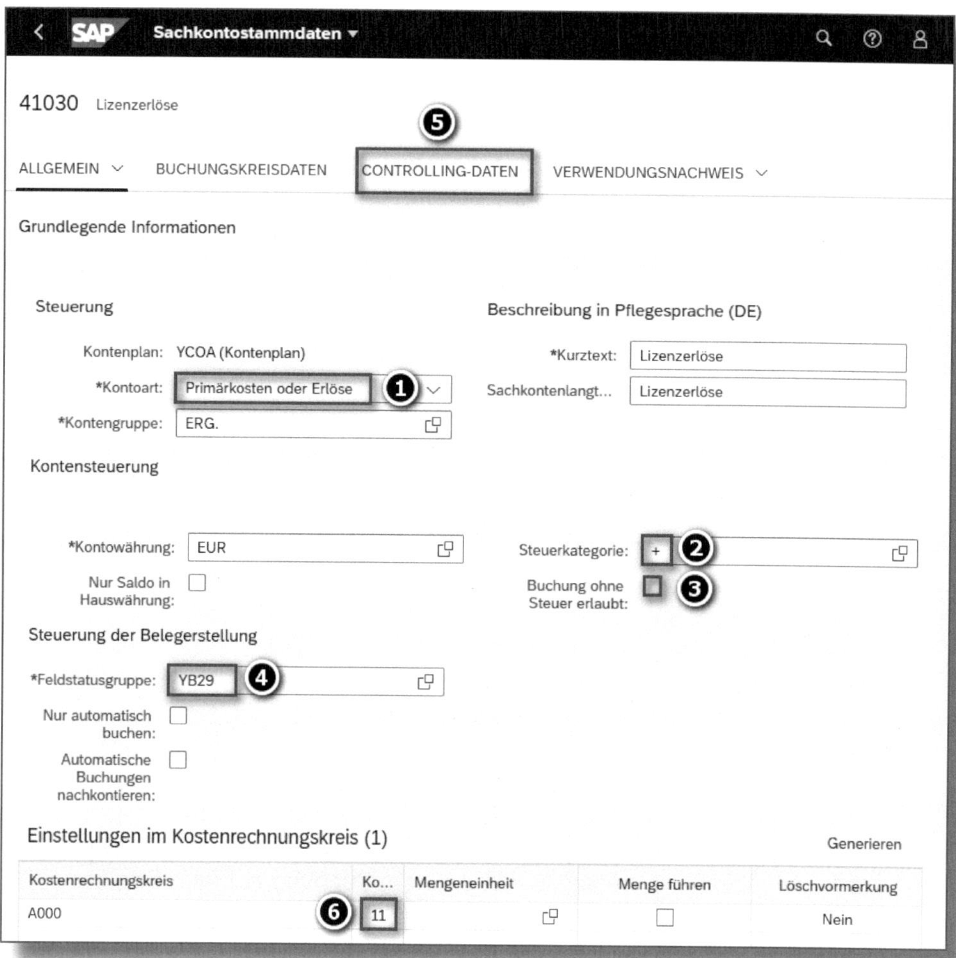

Abbildung 4.12: Erfolgskonto 41030 – Lizenzerlöse

▶ **Exkurs: Berechnung und Verbuchung der Mehrwertsteuer in SAP**

In Ländern wie Deutschland, Österreich und der Schweiz funktioniert das System der Mehrwertsteuer wie folgt: Für Verkaufsvorgänge an Kunden, die auf Erlöskonten gebucht werden, muss das Unternehmen einerseits die Mehrwertsteuer abführen. Andererseits kann es sich aber für Einkaufsvorgänge, die auf Aufwands- oder Bestandskonten gebucht werden, die Vorsteuer abziehen.

Die Berechnung und Verbuchung der Mehrwertsteuer erfolgt im SAP-System in der Regel automatisch durch das bei der Buchung gewählte/hinterlegte *Steuerkennzeichen*.

Die SAP liefert pro Land ein *Steuerschema* aus, in dem bereits die wichtigsten Steuerkennzeichen voreingestellt sind. Diese Kennzeichen können (bei gesetzlichen Änderungen bzw. firmenspezifisch) angepasst und erweitert werden.

Um die Verbuchung zu vereinfachen und Fehler zu vermeiden, lassen sich die Sachkonten mit der entsprechenden *Steuerkategorie* versehen (siehe Tabelle 4.2).

Steuerkategorie	Bedeutung
-	nur Vorsteuer erlaubt
+	**nur Ausgangssteuer erlaubt**
*	alle Steuerarten erlaubt
<	Vorsteuerkonto
>	Ausgangssteuerkonto
A0	**0 % Ausgangssteuer**
A1	**19 % Ausgangssteuer Inland**
A2	**7 % Ausgangssteuer Inland**
V0	0 % Vorsteuer
V1	19 % Vorsteuer
...	weitere

Tabelle 4.2: Steuerkategorien

Der Debitorenbuchhalter bucht primär auf Erlöskonten. Die dort notwendige Einstellung bei steuerpflichtigen Erträgen ist ein + (Plus) für »nur Ausgangssteuer erlaubt«.

☛ Direkteingabe des Steuerkennzeichens im Stammsatz des Kontos

Wenn Sie beispielsweise in Deutschland ein Konto »Erlöse Inland 19 %« verwenden, so hinterlegen Sie das Steuerkennzeichen *A1* für »19 % Ausgangssteuer Inland« direkt im Stammsatz. In Österreich können Sie beispielsweise das Steuerkennzeichen *A2* mit dem Konto »Erlöse Inland 20 %« verknüpfen.

☛ Buchung ohne Steuer erlaubt

Wenn auf einem Konto auch Buchungen ohne Steuer erfolgen sollen, können Sie das Kennzeichen »Buchen ohne Steuer erlaubt« ankreuzen oder für diese Geschäftsvorfälle ein spezielles Steuerkennzeichen wie »A0« für »0 % Steuer« verwenden.

Die berechnete Steuer wird gemäß Kontenfindung automatisch auf einem vordefinierten Bilanzkonto gebucht. Für das Bilanzkonto »Mehrwertsteuer« muss im Feld STEUERKATEGORIE das Kennzeichen > (größer) für »Ausgangssteuerkonto« gesetzt sein.

Wie bereits erwähnt, wachsen in S/4HANA die Konten der Buchhaltung und die Kostenarten des Controllings zu einer Einheit zusammen. Wenn Sie ein Erfolgskonto als Kostenart anlegen, müssen Sie einen *Kostenartentyp* für primäre Kostenarten eingeben (siehe Tabelle 4.3). Wählen Sie für Erträge den Kostenartentyp *11*. Andere Kostenartentypen spielen für unser Beispiel eine untergeordnete Rolle.

Kostenartentyp	Bedeutung
01	Primärkosten bzw. kostenmindernde Erlöse
11	**Erlöse**
12	**Erlösschmälerungen**
22	Abrechnung extern
...	weitere

Tabelle 4.3: Kostenartentypen für primäre Kostenarten

4.1.2 Kontenplan- und Sachkontenverzeichnis

Die App »Sachkontenstammdaten verwalten« bietet Ihnen die Möglichkeit, eine Übersicht aller Sachkonten auf Kontenplan- und Buchungskreisebene in Form eines *Sachkontenverzeichnisses* aufzurufen und sich verschiedene Eigenschaften der Sachkonten wie beispielsweise deren BEZEICHNUNG, KONTOART oder KONTOWÄHRUNG anzeigen zu lassen (siehe Abbildung 4.13).

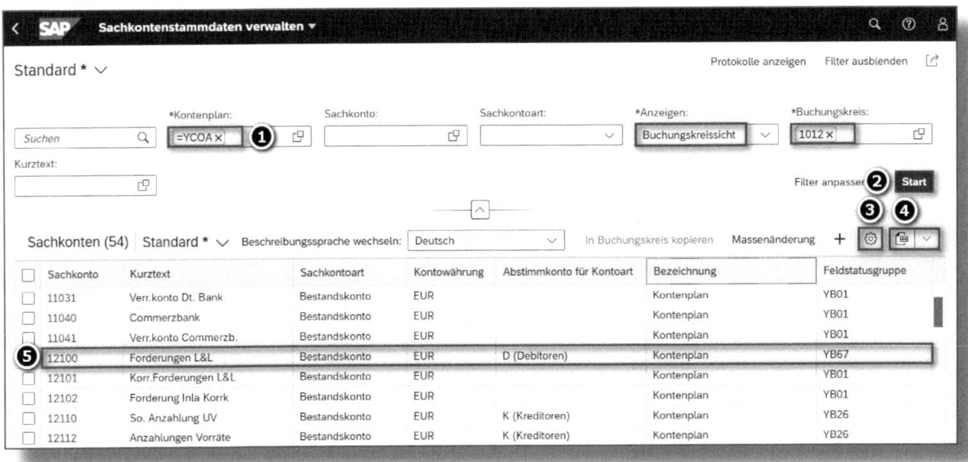

Abbildung 4.13: Sachkontenverzeichnis

Um ein Sachkontenverzeichnis für Ihren Buchungskreis zu erstellen, erfassen Sie im oberen Bildschirmbereich die erforderlichen Selektionskriterien wie den KONTENPLAN ❶ und den BUCHUNGSKREIS. Wenn Sie gezielt nach einem SACHKONTO suchen oder die Suche auf Sachkonten der gleichen SACHKONTOART eingrenzen wollen, schränken Sie Ihre Suche nach diesen Selektionskriterien weiter ein. Nachdem Sie die gewünschten Selektionskriterien über den START-Button ❷ bestätigt haben, werden Ihnen im unteren Bildschirmbereich die dazu passenden Sachkonten angezeigt.

Weiterhin haben Sie die Möglichkeit, über das Symbol ⚙ ❸ die Anzeige um gewünschte Felder zu erweitern oder bei Bedarf das Sachkontenverzeichnis über das entsprechende Symbol nach Excel ❹ zu exportieren. Wie Sie anhand des dargestellten Beispiels erkennen können, handelt es sich bei dem Konto *12100 Forderungen L&L* ❺ um ein *Bestandskonto*, welches als Abstimmkonto für *Debitoren* definiert ist, in *EUR* geführt wird und der Feldstatusgruppe *YB67* zugeordnet ist.

4.2 Konzept des zentralen Geschäftspartners

Jedes Unternehmen unterhält vielfältige Geschäftsbeziehungen zu anderen Unternehmen oder Personen. Sämtliche Geschäftspartner, seien es Kreditoren oder Debitoren im Bereich des Finanzwesens, Kunden für den Vertrieb oder Lieferanten in der Materialwirtschaft, werden in SAP S/4HANA als *zentrale Geschäftspartner* gepflegt. Damit ersetzt das Konzept des zentralen Geschäftspartners den herkömmlichen Ansatz von getrennten Kreditoren- und Debitorenstammsätzen. Jedem Geschäftspartner, unabhängig davon, ob dieser ein Kunde oder Lieferant des Unternehmens ist, wird eine eindeutige Geschäftspartnernummer zugewiesen. Diese Nummer sollte dann auch seine Debitoren- bzw. Kreditorennummer sein.

Die SAP-Begriffe *Geschäftspartnertyp*, *Geschäftspartnerrolle* und *Geschäftspartnergruppierung* spielen dabei eine wesentliche Rolle (siehe Abbildung 4.14).

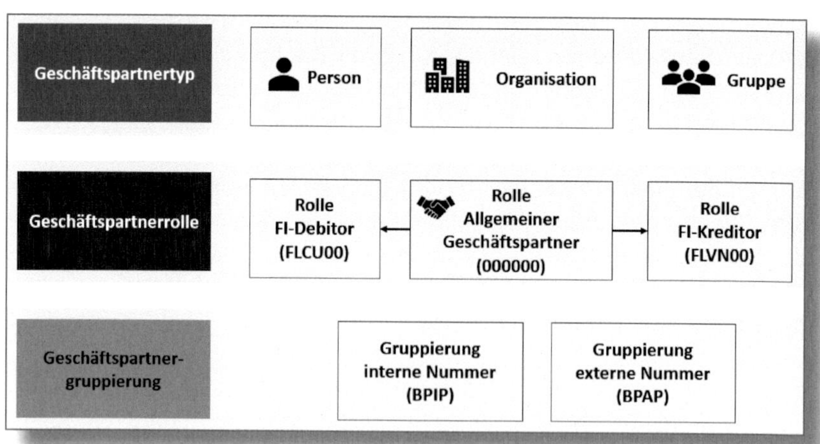

Abbildung 4.14: Geschäftspartner mit Typ, Rolle und Gruppierung

Wenn Sie einen neuen Geschäftspartner anlegen, können Sie über den **Geschäftspartnertyp** steuern, ob es sich dabei um eine Person, Organisation oder Gruppe handelt. So wäre beispielsweise die Privatperson Max Mustermann der Geschäftspartnertyp *Person*, die Firma Schmidt GmbH eine *Organisation* und das Ehepaar Sabine und Hanns Müller eine *Gruppe*. Zudem steuert der Geschäftspartnertyp die für die Stammdatenerfassung zur Verfügung stehenden Datenfelder. Bei Personen haben Sie etwa die Möglichkeit, den Vor- und Nachnamen zu pflegen, wohingegen Sie bei Organisationen die Rechtsform und die Branche des Geschäftspartners erfassen.

Anschließend steuern Sie über die **Geschäftspartnerrolle** die Art der Geschäftsbeziehung, also, ob der Geschäftspartner für Sie als Debitor und/oder Kreditor für das Finanzwesen (FI), Lieferant für die Materialwirtschaft (MM), Interessent oder Kunde für den Vertrieb (SD) relevant ist. Jedem Geschäftspartner wird außerdem die Rolle »Allgemeiner Geschäftspartner« zugeordnet. Das hat den großen Vorteil, dass allgemeine Daten zum Geschäftspartner, wie beispielsweise der Name und die Adresse sowie Angaben zur Bankverbindung, nur einmal in der zentralen Rolle angelegt und bei Änderungen einmalig angepasst werden müssen. Wenn Sie nun beispielsweise einen neuen Geschäftspartner in der allgemeinen Rolle angelegt haben und ihm weitere Rollen wie jene des FI-Debitors für einen oder mehrere Buchungskreise zuordnen und speichern, dann wird im Hintergrund automatisch der dazugehörige Debitorenstammsatz angelegt. Diese automatische Synchronisierung der Stammdaten erfolgt systemseitig durch die im Customizing voreingestellte *Customer-Vendor-Integration (CVI)*.

Die **Geschäftspartnergruppierung** dient der Gliederung der Geschäftspartner. Zudem steuern Sie über die Geschäftspartnergruppierung, ob die Nummernvergabe Ihrer Geschäftspartnerstammsätze intern, durch die Vergabe der nächsten freien Nummer des Intervalls oder extern erfolgen soll. So können Sie beispielsweise Ihre Geschäftspartner nach »Geschäftspartner mit interner Nummerierung«, »Geschäftspartner mit externer alphanumerischer Nummerierung« oder »Lieferant zentral« differenzieren. Sämtliche Einstellungen zur Gruppierung werden in den SAP-Systemeinstellungen vorgenommen.

☛ Interne Geschäftspartnernummer

Lassen Sie die Geschäftspartnernummer intern vergeben, und wählen Sie keine Intervalle, die mit sehr langen Nummern verknüpft sind. Es ist wesentlich einfacher, 30001 statt 300000001 als Geschäftspartnernummer einzugeben.

Zur besseren Nachvollziehbarkeit (bzw. aus didaktischen Gründen) werden wir für unsere Beispielfirma einen externen Nummernkreis verwenden und unseren Geschäftspartnern die externen Nummern BP-31, BP-32 usw. zuweisen.

Die »Fair Trade Coffee GmbH« unterhält vielfältige Geschäftsbeziehungen zu anderen Unternehmen. Beispielsweise ist die Aladi AG aus Berlin sowohl Kunde der deutschen als auch der amerikanischen Niederlassung und daher aus Vertriebssicht als Kunde und aus Buchhaltungssicht als Debitor für den deutschen und amerikanischen Buchungskreis relevant. Die Aladi AG wird in weiterer Folge als Organisation mit der externen Nummer BP-31 angelegt, und ihr werden die Rollen des allgemeinen Geschäftspartners mit externer Nummer BP-31, des SD-Kunden und des FI-Debitors zugewiesen. Die Rolle des SD-Kunden befindet sich auf der Ebene des *Vertriebsbereichs*, der sich aus der Kombination von Verkaufsorganisation, Vertriebsweg und Sparte ableitet, während die Rolle des FI-Debitors zur Buchungskreisebene gehört. Beide Rollen sind dort jeweils genauer zu spezifizieren. Die buchhaltungsspezifischen Daten, wie das Mahnverfahren oder der Buchhaltungssachbearbeiter, werden ebenfalls auf Buchungskreisebene gepflegt, wohingegen Verkaufs- und Lieferinformationen, z. B. die Kundengruppe oder Lieferpriorität, auf Vertriebsbereichsebene hinterlegt werden. (siehe Abbildung 4.15 bzw. Abschnitt 4.2.2).

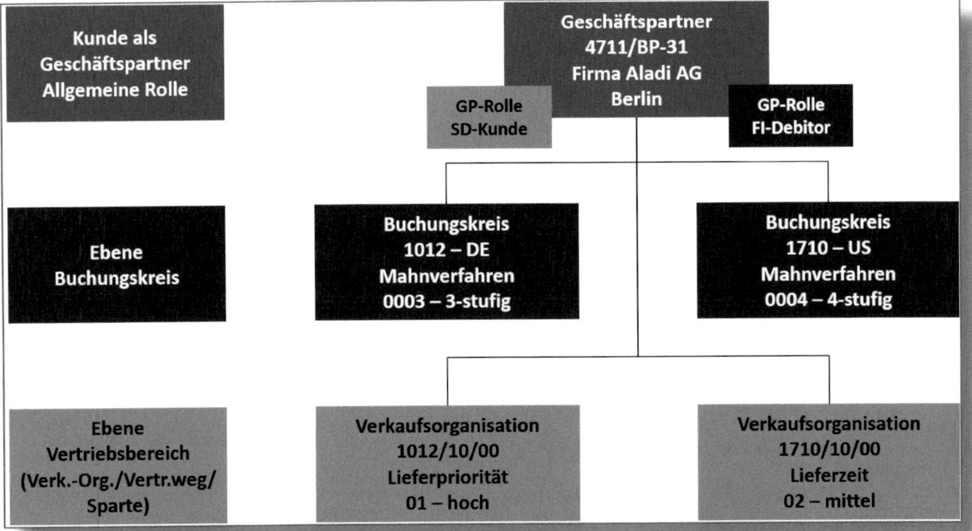

Abbildung 4.15: Geschäftspartner mit den Rollen SD-Kunde und FI-Debitor

Sofern die Firma Aladi AG für »Fair Trade Coffee GmbH« auch als Lieferant tätig ist, sind ihre grundlegenden Daten wie Name, Adresse und Telefonnummer bereits in der allgemeinen Geschäftspartnerrolle gespeichert, und Sie müssen der Aladi AG einfach die Rollen des MM-Lieferanten und des FI-Kreditors zuweisen. Die Rolle des MM-Lieferanten ist dann auf der Ebene der Einkaufsorganisation und die des FI-Kreditors auf Buchungskreisebene genauer zu spezifizieren. Für Letztere können beispielsweise unterschiedliche Zahlwege oder Buchhaltungssachbearbeiter eingegeben werden. So könnte die deutsche Firma 1012 etwa ihre Verbindlichkeiten an die Aladi AG mittels SEPA-Überweisung begleichen, während die amerikanische Firma 1710 denselben Lieferanten per Scheck bezahlt (siehe Abbildung 4.16).

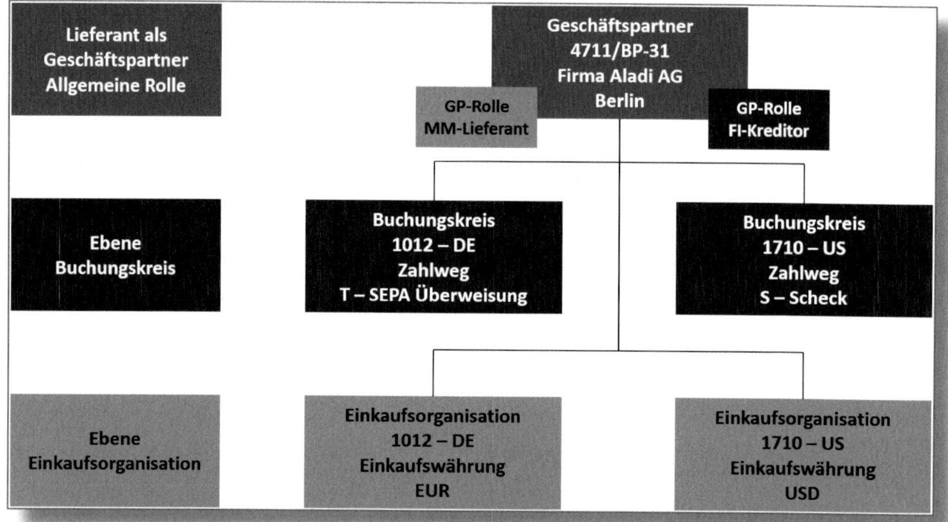

Abbildung 4.16: Geschäftspartner mit den Rollen MM-Lieferant und FI-Kreditor

☛ Zentrale Anlage des Geschäftspartners

Pflegt in Ihrem Unternehmen der Vertrieb die Verkaufsdaten und die Buchhaltung die Buchhaltungsdaten Ihrer Kunden? Wenn ja, überlegen Sie, wie Sie die Neuanlage und Pflege Ihrer Geschäftspartner in Zukunft organisieren und ob nicht deren zentrale Verwaltung eine sinnvolle Variante wäre, um Ihre Geschäftsprozesse zu optimieren.

4.2.1 Anlage Geschäftspartner in SAP S/4HANA

In »Szenario 3« unserer Beispielfirma »Fair Trade Coffee GmbH« legen wir nachfolgend mehrere Kunden als Geschäftspartner an und ordnen diesen Geschäftspartnern verschiedene Rollen zu (siehe Abbildung 4.17). Im Zuge dessen werden wir Ihnen drei Apps vorstellen, mit denen Sie Geschäftspartner in unterschiedlichen Rollen pflegen können.

Nr.	Abschnitt	Konto	Bezeichnung	Rollen
1	4.2.2	BP-31	Aladi AG	Kunde (FI), Kunde (SD), Lieferant (FI)
2	4.2.3	BP-32	Migrosso AG	Kunde (FI), Kunde (SD)
3	4.2.4	BP-33	Colombia GmbH	Kunde (FI), Kunde (SD)
4		BP-34	Computer-TEC GmbH	Kunde (FI), Kunde (SD)

Abbildung 4.17: »Szenario 3« – Anlage Geschäftspartner und Zuordnung von Rollen

In Abbildung 4.18 sind die beiden allgemeinen Apps markiert, mit denen Sie einen Geschäftspartner unabhängig vom Modul und den zuzuweisenden Rollen anlegen können.

Abbildung 4.18: Apps für die Anlage von Geschäftspartnern

Die App »Geschäftspartner pflegen« ➊ ist die ältere Anwendung und entspricht der SAP-GUI-Transaktion *BP* (Geschäftspartner), wohingegen die App »Geschäftspartnerstammdaten verwalten« ➋ die eigens für Fiori neu entwickelte, modernere Anwendung darstellt. Idealerweise verwenden Sie gleich die neue App. Bei der App »Kundenstamm« ➌ handelt es sich um eine anwendungsspezifische App für die Pflege der Kunden- und Debitorensicht, die wir Ihnen anschließend vorstellen werden.

Für unser Beispiel nehmen wir an, dass unsere ersten beiden Geschäftspartner sowohl in der Finanzbuchhaltung als auch im Vertrieb als Kunde relevant sind, und weisen daher im Weiteren unseren Geschäftspartnern BP-31 (Abschnitt 4.2.2) und BP-32 (Abschnitt 4.2.3) sowohl die allgemeine Geschäftspartnerrolle als auch die Rollen des FI-Debitors und des SD-Kunden zu.

Leicht erkennbare und zuordenbare Rollenbezeichnung

Es könnte sein, dass in Ihrem Unternehmen die Rolle des Debitors für die Buchhaltung nur »Debitor«, »FI-Debitor«, »FI-Kunde« oder ähnlich genannt wird. Überlegen Sie, ob eine klare Bezeichnung der Rollen wie beispielsweise »Kunde(FI)« und »Kunde(SD)« sinnvoll sein kann.

4.2.2 App »Geschäftspartner pflegen«

Nachdem Sie die App »Geschäftspartner pflegen« aufgerufen haben, erscheint die in Abbildung 4.19 dargestellte Eingabemaske.

Für die Aladi AG wählen wir als Geschäftspartnertyp die ORGANISATION ❶ aus. Da unsere Geschäftspartner mit einer externen Nummernvergabe angelegt werden, wählen wir als GRUPPIERUNG ❷ *BPAB Externe alphanumerische Nummernvergabe* und müssen unserem Geschäftspartner daraufhin im Feld GESCHÄFTSPARTNER ❸ manuell eine Geschäftspartnernummer zuweisen; die Aladi AG erhält die Geschäftspartnernummer *BP-31*.

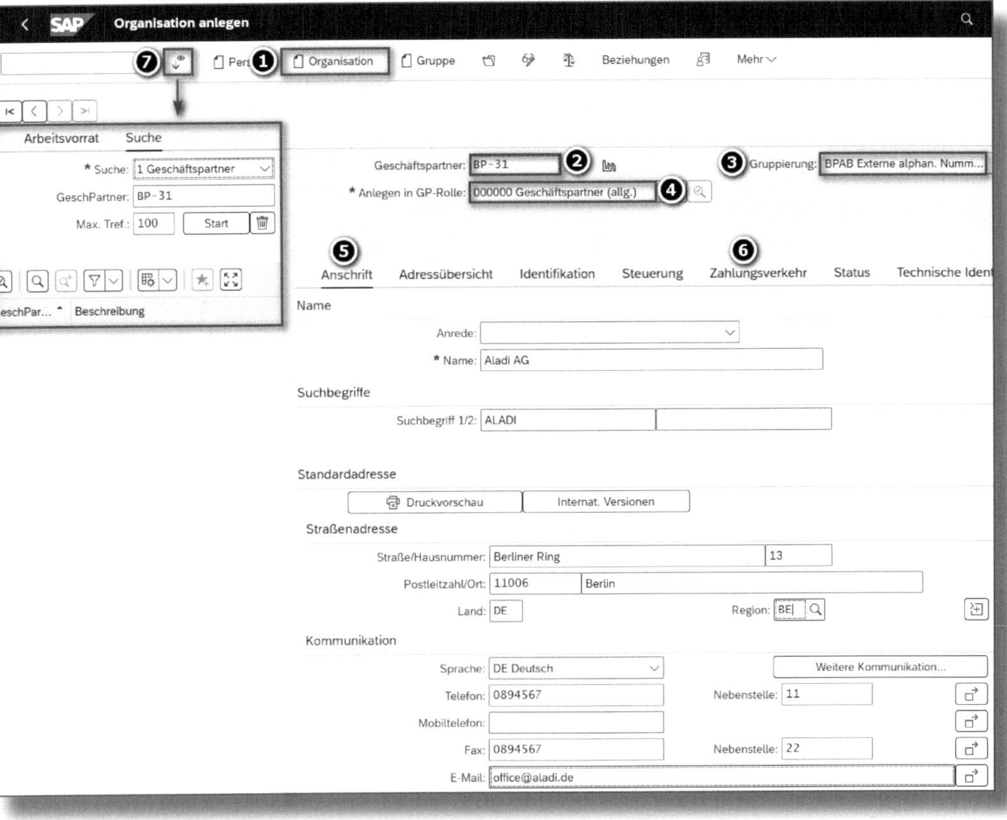

Abbildung 4.19: Anlage Geschäftspartner BP-31 – allgemeine Rolle mit Anschrift

Zuordnung der Rolle »Geschäftspartner (allg.)«

Alle Geschäftspartner werden zunächst in der ROLLE *000000 Geschäftspartner (allg.)* ❹ angelegt. Unter dem Reiter ANSCHRIFT ❺ erfassen wir die allgemeinen Daten zum Geschäftspartner, wie beispielsweise den NAMEN und ein bis zwei SUCHBEGRIFFE, sowie die Anschrift (STRAsse, Hausnummer, PLZ, Ort, Land, Region). Außerdem wählen wir die Korrespondenzsprache aus und machen weitere Angaben zur Kommunikation, indem wir die Telefon- und Faxnummer eingeben sowie eine E-Mail-Adresse hinterlegen.

Unter den anderen Reitern lassen sich noch weitere allgemeine Daten zum Geschäftspartner hinterlegen. Grundsätzlich kann in den Systemeinstellungen (Customizing) jedes Feld als Muss-, Kann-, Anzeige- oder ausgeblendetes Feld definiert werden.

☛ Optimaler Feldstatus bei allen Stammdatenfeldern

Blenden Sie alle Felder aus, die Sie nicht benötigen. Dadurch machen Sie die Stammdatenpflege übersichtlicher.

Definieren Sie alle wichtigen Felder als Muss-Felder, um sicherzustellen, dass nachfolgende Prozesse korrekt abgewickelt werden können.

Der Reiter Zahlungsverkehr ❻ ist für jene Geschäftspartner von besonderer Bedeutung, an die Überweisungen getätigt werden bzw. mit denen eine Einzugsermächtigung vereinbart ist. Dies wird bei den meisten Kreditoren die Regel, aber bei Debitoren eher die Ausnahme sein. Zudem können Sie sich über das Symbol Locator an/aus ❼ im linken Bildschirmbereich einen Arbeitsvorrat mit den zuletzt bearbeiteten Geschäftspartnern oder eine Suchhilfe zum Auffinden eines Geschäftspartners einblenden lassen.

Um die Bankverbindung des Geschäftspartners zu pflegen, wählen Sie den Reiter Zahlungsverkehr ❶ (siehe Abbildung 4.20) und erfassen unter dem Abschnitt Bankverbindungen ❷ das Land der Bank, den Bankschlüssel sowie die Bankkontonummer im Feld Bankkonto. Zudem können Sie sich über die entsprechende Schaltfläche die IBAN ❸ als Vorschlag ermitteln lassen.

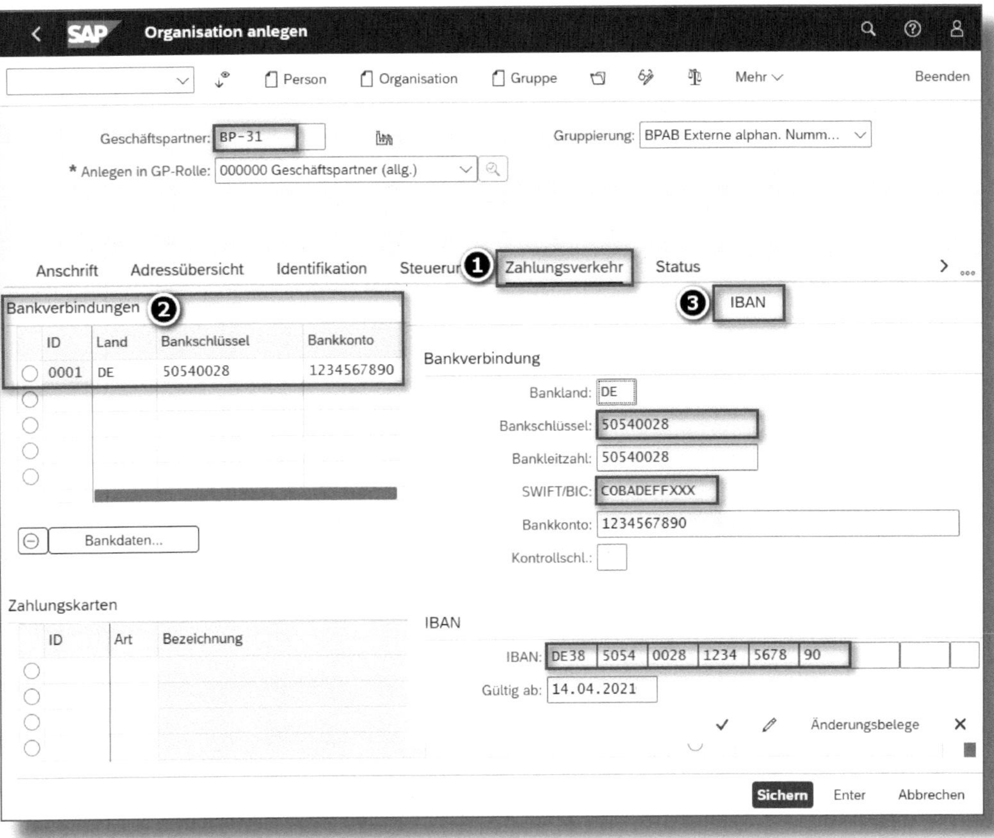

Abbildung 4.20: Geschäftspartner BP-31 in allgemeiner Rolle mit Zahlungsverkehrsdaten

In diesem Beispiel ist der Bankschlüssel die Bankleitzahl. Sie könnten aber auch den SWIFT / BIC-Code hinterlegen, die IBAN in zusammenhängenden Viererblöcken direkt eintragen und auf die Angabe der Bankleitzahl verzichten. Wenn Sie die Funktion »IBAN only« für bestimmte Länder verwenden, müssen Sie nur die IBAN eingeben.

Nachdem Sie die allgemeinen Daten zum Geschäftspartner erfasst haben, SICHERN Sie diese, um den Geschäftspartner in der allgemeinen Rolle anzulegen.

Zuordnung der Rolle »Kunde (Finanzbuchhaltung)«

Als Nächstes weisen wir dem Geschäftspartner die Rolle des Debitors bzw. Kunden aus Sicht der Finanzbuchhaltung zu. Für den Fall, dass Sie nach dem Speichern noch im Anzeigemodus sind, müssen Sie erst über die Drucktaste UMSCHALTEN ❶ vom Anzeige- in den Änderungsmodus wechseln (siehe Abbildung 4.21). In weiterer Folge wählen Sie im Feld ÄNDERN IN GP-ROLLE ❷ die Rolle *FLCU00 Kunde (Finanzbuchhaltung)* aus und drücken den Button BUCHUNGSKREIS ❸.

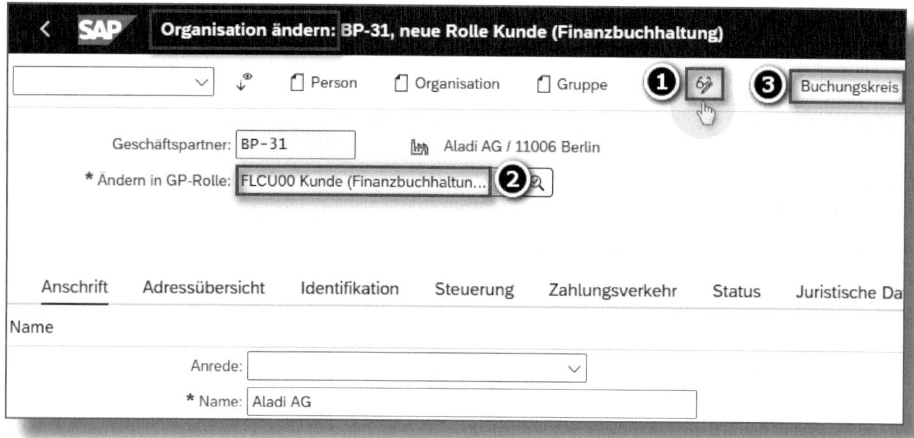

Abbildung 4.21: Anlage Geschäftspartner BP-31 in der Rolle FI-Debitor bzw. Kunde (Finanzbuchhaltung)

Zunächst erfassen Sie den BUCHUNGSKREIS, falls dieser nicht bereits vorbelegt ist, und geben zusätzlich gewünschte Informationen unter den entsprechenden Karteireitern ein (siehe Abbildung 4.22). Das Abstimmkonto pflegen Sie unter dem Reiter DEBITOR: KONTOFÜHRUNG ❷ und das Mahnverfahren sowie die Daten zur Korrespondenz unter dem

Reiter DEBITOR: KORRESPONDENZ ❸. Damit Sie einen Mahnvorschlag über die neue Fiori-App »Meine Mahnvorschläge« erstellen können, ist es wichtig, dass Sie in den Stammsätzen der Debitoren einen Sachbearbeiter für Mahnungen (SACHB.MAHNUNG) pflegen; in unserem Fall ist *01 – Karlheinz Weber* hinterlegt.

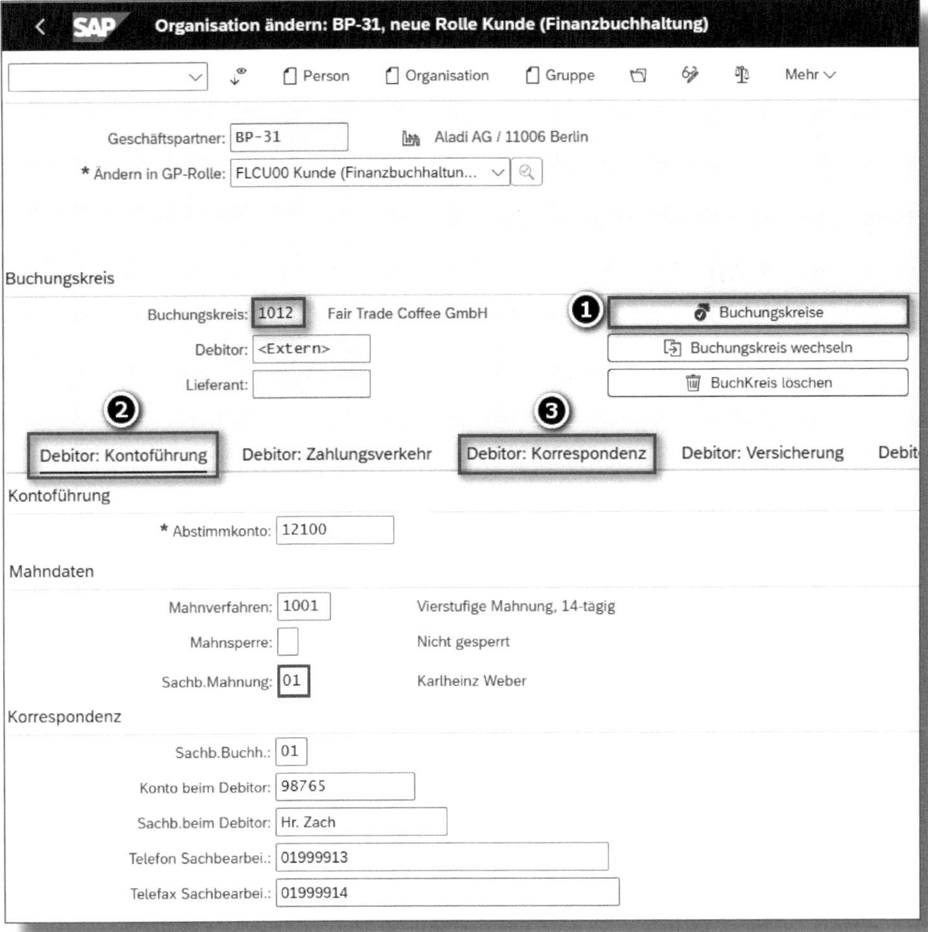

Abbildung 4.22: Anlage Geschäftspartner BP-31 in der Rolle FI-Debitor mit Kontoführung und Korrespondenz

Zuordnung der Rolle »Kunde (SD)«

Im Anschluss wird die Aladi AG auch als Kunde für den Vertrieb angelegt. Aus diesem Grund weisen Sie ihm diese Rolle zusätzlich zu (siehe Abbildung 4.23). Sie wählen dazu unter ÄNDERN IN GP-ROLLE ❶ die Rolle *FLCU01 Kunde (Vertrieb)* aus und klicken dann auf VERTRIEB ❷.

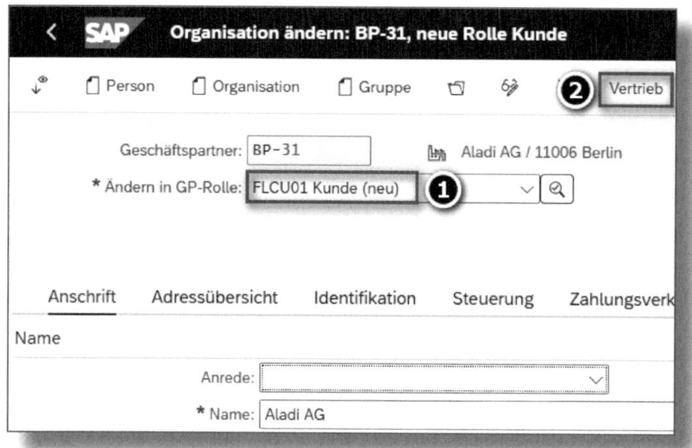

Abbildung 4.23: Organisation ändern – Geschäftspartner BP-31 in Rolle Kunde (Vertrieb)

Unter ❶ in Abbildung 4.24 wählen Sie die gewünschte VERKAUFSORGANISATION, den VERTRIEBSWEG sowie die SPARTE und ergänzen unter den entsprechenden Karteikarten die gewünschten zusätzlichen Informationen.

Rufen Sie dann den Reiter AUFTRÄGE ❷ auf und geben Sie beispielsweise im Bereich AUFTRAG den KUNDENBEZIRK und die WÄHRUNG ein, und im Bereich PREISFINDUNG/STATISTIK erfassen Sie die PREISGRUPPE sowie das KUNDENSCHEMA. Unter dem Reiter VERSAND ❸ tragen Sie das AUSLIEFERUNGSWERK ein, in unserem Fall *1012* für das Werk Berlin, und wählen die gewünschte VERSANDBEDINGUNG. Abschließend erfassen Sie unter dem Reiter FAKTURA ❹ die INCOTERMS und ZAHLUNGSBEDINGUNGEN und wählen im Block BUCHHALTUNG die KONTIERUNGSGRUPPE KUNDE sowie die STEUERKLASSIFIKATION. Die Kontierungsgruppe bestimmt neben anderen Kriterien bei der automatischen Übernahme der Faktura in die Buchhaltung das Erlöskonto und der Steuerindikator die Findung des Steuerkennzeichens.

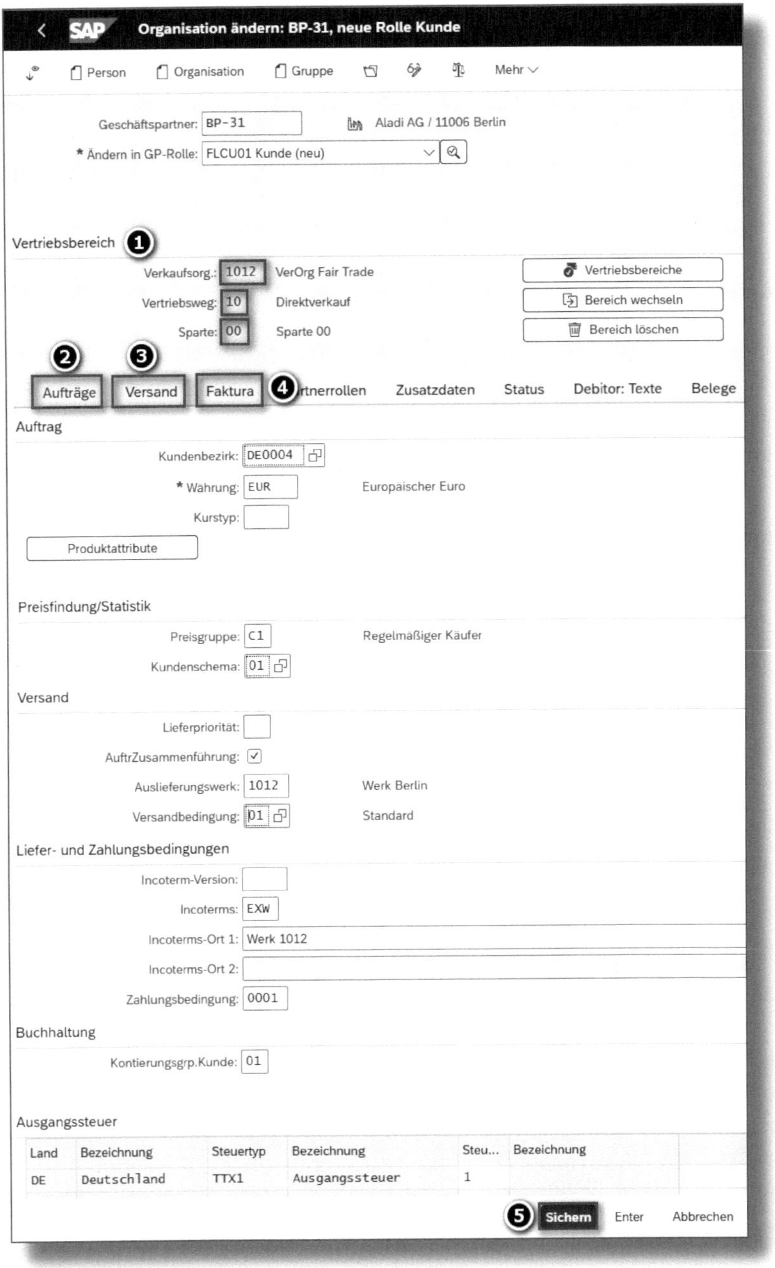

Organisation ändern: BP-31, neue Rolle Kunde

Person | Organisation | Gruppe | Mehr

Geschäftspartner: BP-31 — Aladi AG / 11006 Berlin

* Ändern in GP-Rolle: FLCU01 Kunde (neu)

Vertriebsbereich ❶

Verkaufsorg.: 1012 VerOrg Fair Trade — Vertriebsbereiche

Vertriebsweg: 10 Direktverkauf — Bereich wechseln

Sparte: 00 Sparte 00 — Bereich löschen

❷ Aufträge | ❸ Versand | Faktura | ❹ rtnerrollen | Zusatzdaten | Status | Debitor: Texte | Belege

Auftrag

Kundenbezirk: DE0004

* Währung: EUR — Europäischer Euro

Kurstyp:

Produktattribute

Preisfindung/Statistik

Preisgruppe: C1 — Regelmäßiger Käufer

Kundenschema: 01

Versand

Lieferpriorität:

AuftrZusammenführung: ✓

Auslieferungswerk: 1012 — Werk Berlin

Versandbedingung: 01 — Standard

Liefer- und Zahlungsbedingungen

Incoterm-Version:

Incoterms: EXW

Incoterms-Ort 1: Werk 1012

Incoterms-Ort 2:

Zahlungsbedingung: 0001

Buchhaltung

Kontierungsgrp.Kunde: 01

Ausgangssteuer

Land	Bezeichnung	Steuertyp	Bezeichnung	Steu...	Bezeichnung
DE	Deutschland	TTX1	Ausgangssteuer	1	

❺ Sichern | Enter | Abbrechen

Abbildung 4.24: Anlage Geschäftspartner BP-31 in der Rolle Kunde mit Vertriebsdaten

Das Feld ZAHLUNGSBEDINGUNG in der Rolle Kunde (Vertrieb) ist für Rechnungen relevant, die im Vertrieb gebucht werden, während Rechnungen, die der Buchhaltung zuzuordnen sind, auf das gleichnamige Feld in der Debitorenrolle (FI) zugreifen. Nachdem Sie die wesentlichen Angaben für den Vertrieb erfasst haben, können Sie den Geschäftspartner in der Rolle Kunde (Vertrieb) SICHERN ❺.

Zuordnung der Rolle »Lieferant (Finanzbuchh.)«

Zusätzlich weisen wir dem Geschäftspartner *BP-31* die Rolle des Kreditors bzw. des Lieferanten aus Sicht der Finanzbuchhaltung zu. Dazu wählen Sie unter ÄNDERN IN GP-ROLLE die Rolle *FLVN00 Lieferant (Finanzbuchh.)* ❶ aus und klicken dann auf die Schaltfläche BUCHUNGSKREIS ❷ (siehe Abbildung 4.25).

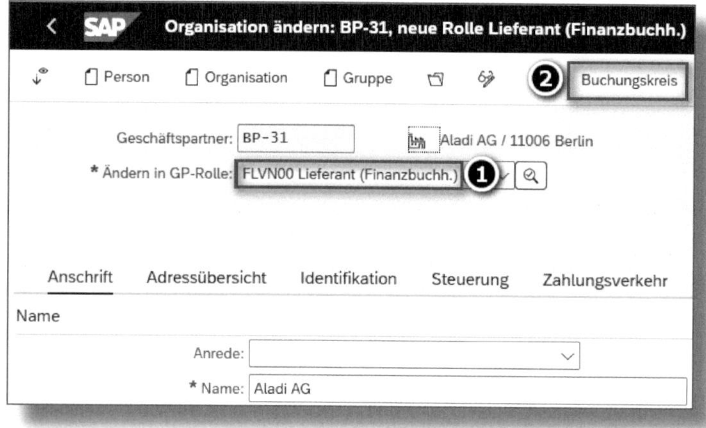

Abbildung 4.25: Anlage Geschäftspartner BP-31 in der Rolle FI-Kreditor

In der daraufhin erscheinenden Eingabemaske wählen Sie (falls dieser nicht bereits vorbelegt ist) den gewünschten BUCHUNGSKREIS ❶ aus und erfassen anschließend unter den jeweiligen Reitern die Daten des Kreditors. Das ABSTIMMKONTO für Kreditoren pflegen Sie unter dem Reiter LIEFERANT: KONTOFÜHRUNG ❷ und die ZAHLUNGSBEDINGUNGEN sowie den ZAHLWEG pflegen Sie unter dem Reiter LIEFERANT ZAHLUNGSVERKEHR ❸ (siehe Abbildung 4.26).

In unserem Fall wählen wir als Zahlungsbedingung *0001* für »sofort zahlbar ohne Skonto« und als Zahlweg *T* für »SEPA-Überweisung« aus. Für beide sind die Schlüssel und deren Verwendung in den Systemeinstellungen kundenspezifisch konfigurierbar.

Organisation ändern: BP-31, neue Rolle Lieferant (Finanzbuchh.)

Person Organisation Gruppe Mehr

Geschäftspartner: BP-31 Aladi AG / 11006 Berlin
* Ändern in GP-Rolle: FLVN00 Lieferant (Finanzbuchh.) (...

Buchungskreis
❶ Buchungskreis: 1012 Fair Trade Coffee GmbH
Debitor: BP-31
Lieferant: <Extern>
Buchungskreise
Buchungskreis wechseln
BuchKreis löschen

❷ Lieferant: Kontoführung ❸ Lieferant: Zahlungsverkehr ❹ Lieferant: Korrespondenz Lieferant: Status

Kontoführung
* Abstimmkonto: 21100

Zahlungsdaten
Zahlungsbedingung: 0001
ZahlBed Gutschrift:
Toleranzgruppe: Toleranz Deb/Kred
Dauer Scheckrückl.:
Prf.dopp.Rechnung:

Automatischer Zahlungsverkehr
Zahlwege: T

Lieferant: Kontoführung Lieferant: Zahlungsverkehr Lieferant: Korrespondenz Lieferant: Status

Korrespondenz
Sachb.-Kürzel: 01
Konto b. Kreditor: 52314
Sachb. b. Kreditor: Fr. Müller
Telefon Sachbearbei.: 019999-55
Telefax Sachbearbei.: 019999-66
Internetadr. Sachb.: elisabeth.mueller@aladi.de

Abbildung 4.26: Anlage Geschäftspartner BP-01 in der Rolle FI-Kreditor – Detaildaten

Unter LIEFERANT: KORRESPONDENZ ❹ weisen Sie zusätzlich einen Sachbearbeiter aus der Buchhaltung für die Abwicklung der Korrespondenz zu. Auch Sachbearbeiter sind vorab in den Systemeinstellungen zu hinterlegen. Im Beispiel verwenden wir den Schlüssel *01 – Karlheinz Weber* für unseren Buchhalter und ergänzen dann die Daten des Buchhalters dieses Lieferanten.

Benutzerstammdaten für Korrespondenz

Pflegen Sie in den Benutzerstammdaten Ihre Telefonnummer und E-Mail-Adresse. Diese Daten werden in verschiedenen Standardkorrespondenzarten automatisch in die Korrespondenz übernommen.

4.2.3 App »Geschäftspartnerstammdaten verwalten«

Mit der neu entwickelten App »Geschäftspartnerstammdaten verwalten« haben Sie die Möglichkeit, sich eine Übersicht aller bestehenden Geschäftspartner zu erstellen, die Daten einzelner Geschäftspartner zu ändern oder auch einen neuen Geschäftspartner anzulegen (siehe Abbildung 4.27).

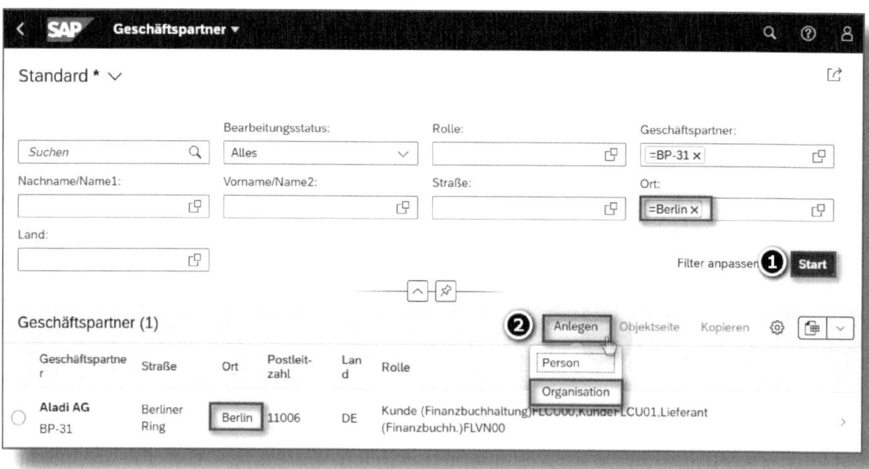

Abbildung 4.27: Anlegen Geschäftspartner BP-32

Für den Fall, dass Sie einen bestehenden Geschäftspartner bearbeiten wollen, erfassen Sie zunächst im oberen Bildschirmbereich die gewünschten Selektionskriterien und klicken anschließend auf START ❶. In unserem Beispiel grenzen wir die Suche auf den Ort *Berlin* ein, woraufhin die zuvor angelegte Aladi AG angezeigt wird. In weiterer Folge wollen wir als neuen Geschäftspartner die »Migrosso AG« anlegen. Dazu klicken wir auf die Schaltfläche ANLEGEN ❷ und wählen als Geschäftspartnertyp wiederum ORGANISATION.

In der daraufhin erscheinenden Eingabemaske (siehe Abbildung 4.28) erfassen Sie die Geschäftspartnernummer *BP-32* im Feld GESCHÄFTSPARTNER ❶ und legen die gewünschte GRUPPIERUNG ❷ fest.

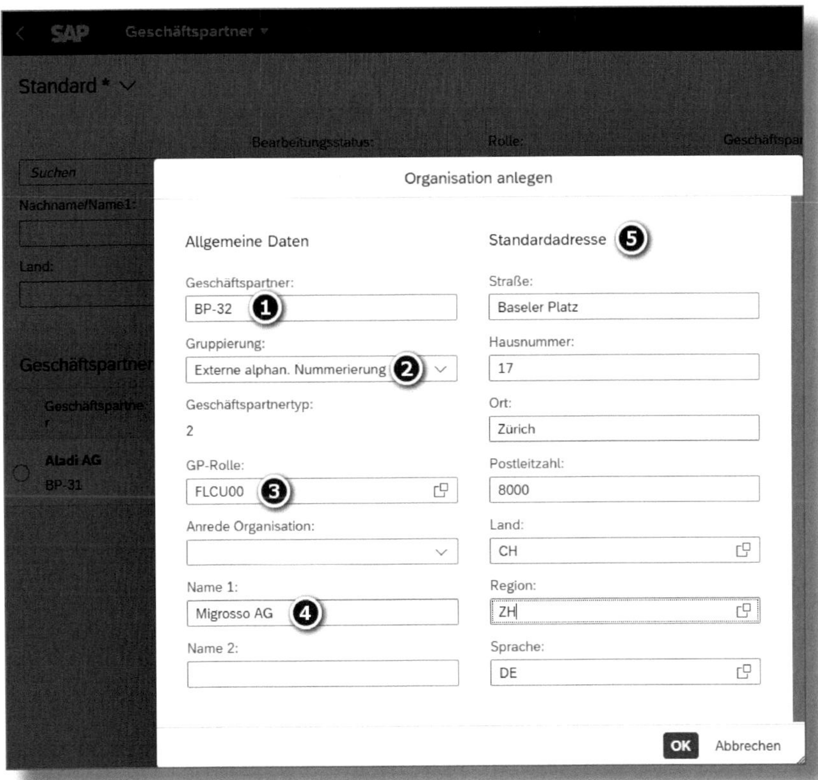

Abbildung 4.28: Anlegen Geschäftspartner BP-32 – Allgemeine Daten

Als GP-ROLLE ❸ wählen Sie gleich die gewünschte ROLLE *FLCU00* Kunde (FI) bzw. Debitor aus, da in dieser App die allgemeine Geschäftspartnerrolle automatisch beim Speichern angelegt wird. Zusätzlich füllen Sie das Feld NAME 1 ❹ und die zur STANDARDADRESSE ❺ gehörenden Felder aus und drücken dann den OK-Button.

In der nächsten Eingabemaske (siehe Abbildung 4.29) wurden die zuvor eingegebenen Daten übernommen, und Sie haben die Möglichkeit, weitere Daten zu ergänzen. Unter ALLGEMEINE INFORMATIONEN haben wir beispielsweise noch die RECHTSFORM hinzugefügt und unter STANDARDKOMMUNIKATION außerdem SPRACHE, TELEFON, FAX sowie E-MAIL eingegeben.

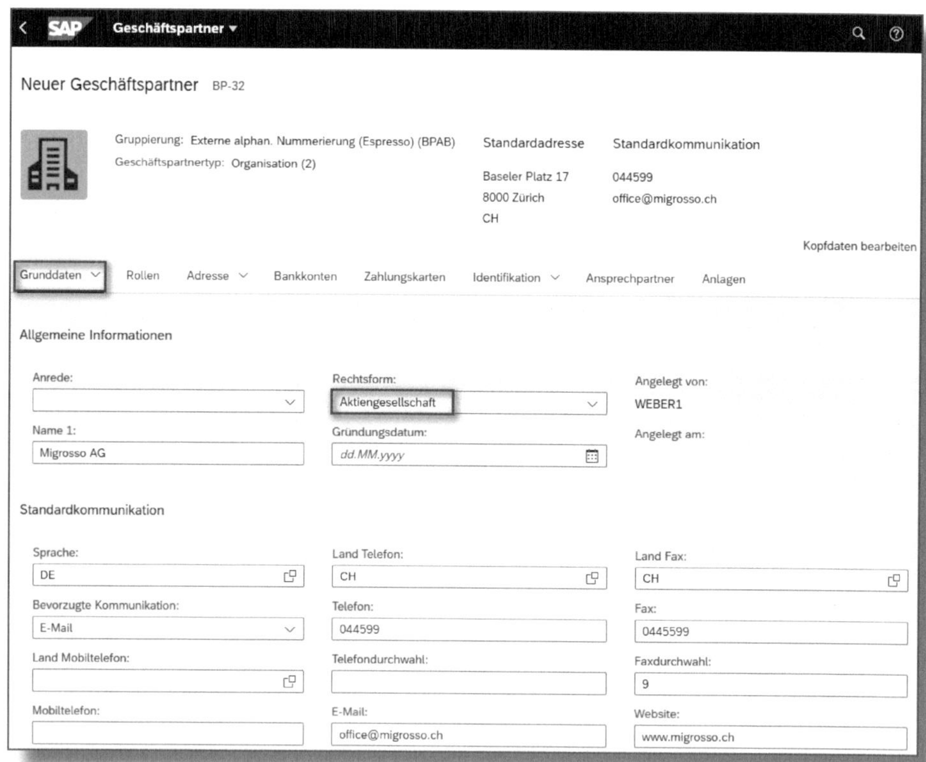

Abbildung 4.29: Geschäftspartner BP-32 – allgemeine Rolle, Kommunikationsdaten

Als Nächstes wollen wir die Rolle des Debitors in der Finanzbuchhaltung mit den gewünschten Informationen hinterlegen (siehe Abbildung 4.30). Dazu klicken Sie auf den Button ROLLEN ❶ und sehen, dass das Feld GESCHÄFTSPARTNERROLLE ❷ mit der Rolle *FLCU00* – Kunde (FI) vorbelegt ist, da wir diese bereits beim Anlegen des Geschäftspartners zugeordnet hatten (vgl. Abbildung 4.28). Anschließend klicken Sie auf das >-Symbol ❸ und auf die Schaltfläche BUCHUNGSKREISE ❹, um in dem sich unterhalb öffnenden Eingabebereich die Felder SACHBEARBEITER, ZAHLUNGSBEDINGUNGEN und ABSTIMMKONTO ❺ zu hinterlegen. Dann drücken Sie auf das >-Symbol ❻, um zu den Details der Buchungskreisdaten zu gelangen.

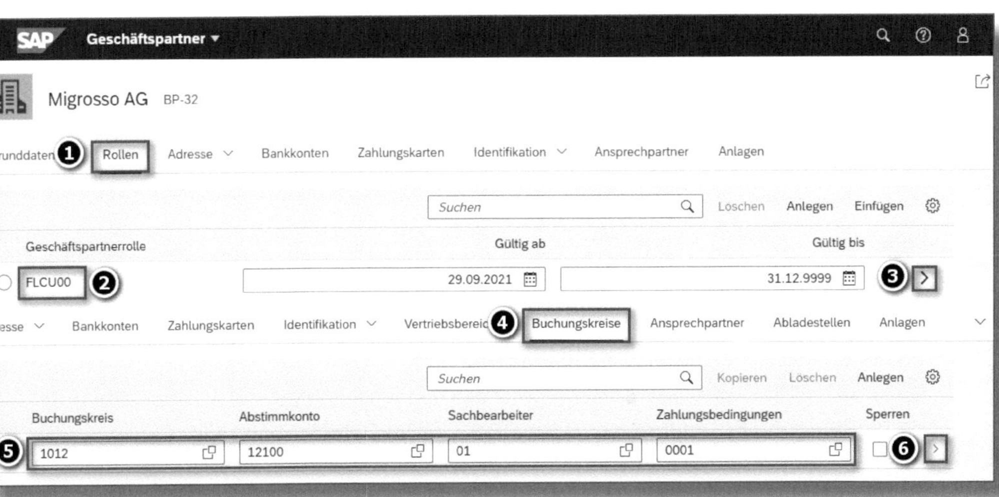

Abbildung 4.30: Geschäftspartner BP-32 – Rolle Debitor

Im Detailbildschirm der Buchungskreisdaten (siehe Abbildung 4.31) hinterlegen Sie unter den Reitern ALLGEMEINE DATEN, KORRESPONDENZ und FINANZEN die relevanten Buchhaltungsdaten. Der SACHBEARBEITER, das ABSTIMMKONTO und die ZAHLUNGSBEDINGUNGEN wurden bereits durch die zuvor erfasste Eingabe übernommen (siehe dazu auch Abschnitt 4.1.1).

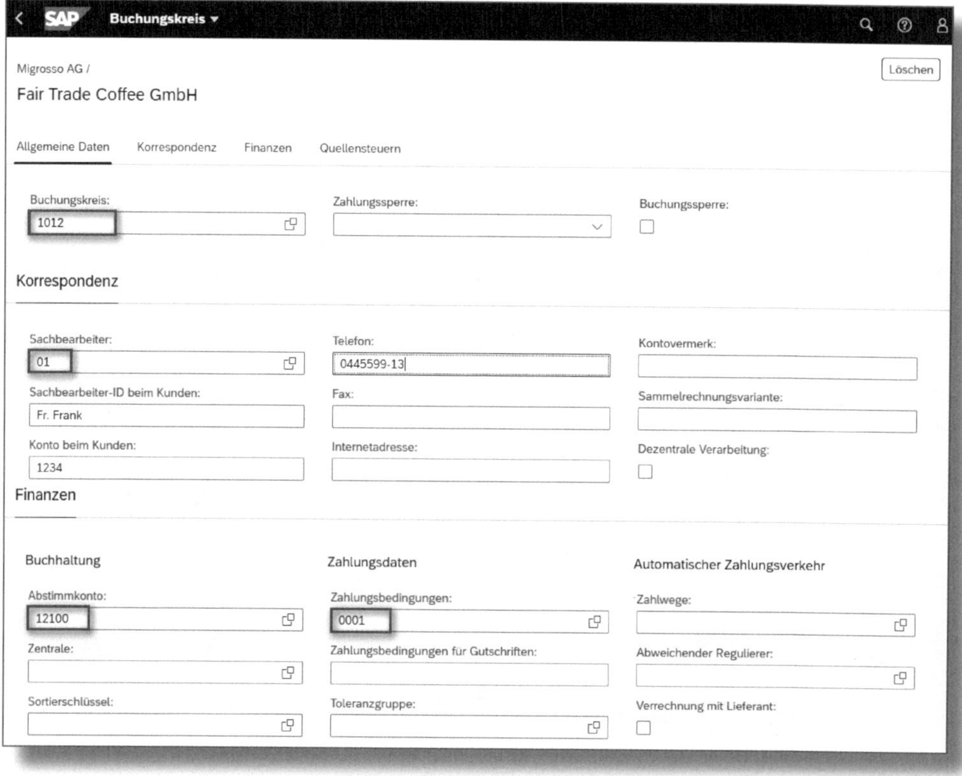

Abbildung 4.31: Geschäftspartner BP-32, Rolle Debitor – Details

Um das Beispiel zu vervollständigen, legen wir auch diesen Geschäftspartner zusätzlich als Kunden an (siehe Abbildung 4.32). Dazu klicken Sie auf ROLLEN ❶ und wählen die GESCHÄFTSPARTNERROLLE *FLCU01 – Kunde (SD)* ❷ aus. Bei der Anlage lässt sich auch ein Gültigkeitszeitraum hinterlegen. Standardmäßig ist das Datum GÜLTIG AB mit dem Tagesdatum und das Datum GÜLTIG BIS mit dem *31.12.9999* vorbelegt. Klicken Sie anschließend auf das >-Symbol ❸, dann auf die Schaltfläche VERTRIEBSBEREICHE ❹ und geben Sie für unser Beispiel die VERKAUFSORGANISATION *1012*, den VERTRIEBSWEG *10* und die SPARTE *00* ❺ ein. Zum Schluss drücken Sie auf das untere >-Symbol ❻.

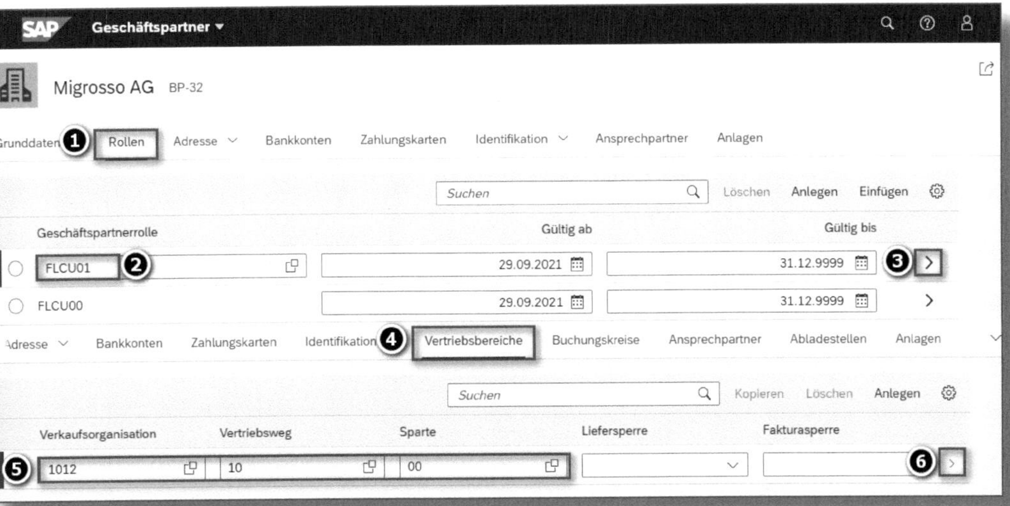

Abbildung 4.32: Geschäftspartner BP-32 – Rolle Kunde (SD)

Es erscheint ein Detailbild (siehe Abbildung 4.33), in dem Sie die noch fehlenden Daten zum Vertriebsbereich ergänzen. Wichtige Felder sind hier die VERKAUFSORGANISATION, der VERTRIEBSWEG und die SPARTE sowie die WÄHRUNG, die INCOTERMS, die ZAHLUNGSBEDINGUNGEN, das AUSLIEFERUNGSWERK, die PREISGRUPPE, die KONTIERUNGSGRUPPE und zuletzt die STEUERKLASSIFIKATION. Nachdem Sie Ihre Eingaben abgeschlossen haben, drücken Sie den Button ÜBERNEHMEN. Erst, wenn Sie auch den SICHERN-Button gedrückt haben, sind die erfassten Daten im System gespeichert.

Nachdem Sie die Geschäftspartner BP-31 und BP-32 angelegt und ihnen jeweils die Rolle des FI-Debitors zugewiesen haben, können Sie beide Geschäftspartner unter demselben Schlüssel in der Debitorenbuchhaltung verwenden.

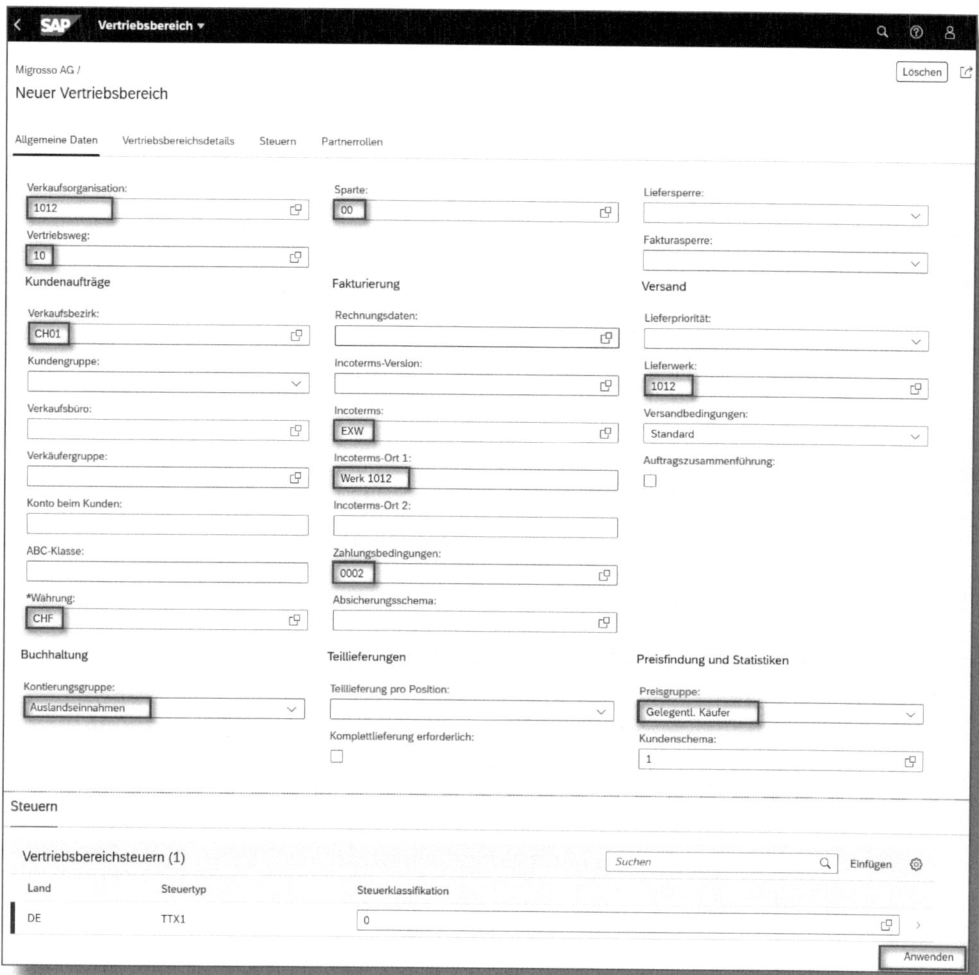

Abbildung 4.33: Geschäftspartner BP-32, Rolle Kunde (SD) – Details Verkaufsorganisation

4.2.4 App »Kundenstammsatz«

Wenn ein Geschäftspartner nur Kunde ist, können Sie auch die App »Kundenstamm« verwenden. Diese App (siehe Abbildung 4.34) bietet Ihnen die Möglichkeit, einen Geschäftspartner, der Ihr Kunde ist, sowohl aus Sicht des Verkaufs als auch aus Sicht der Buchhaltung anzulegen und ihm die Rolle des SD-Kunden bzw. des FI-Debitors zuzuweisen. In unserem Fallbeispiel wollen wir beide Rollen anlegen.

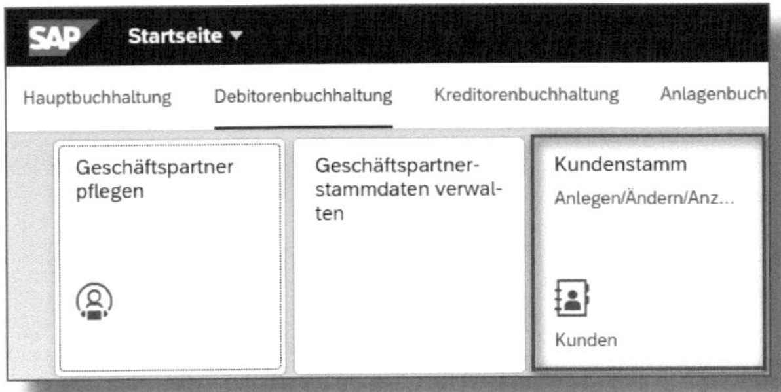

Abbildung 4.34: App »Kundenstamm«

Zudem können Sie mit dieser App bestehende Kunden bearbeiten, wobei die Auswahl der angezeigten Kunden über die im oberen Bildschirmbereich erkennbaren Selektionskriterien einschränkbar ist. In unserem Fall verwenden wir die zuvor angelegte Variante *Geschäftspartner BP*, um die Anzeige auf alle Geschäftspartner zu begrenzen, die »BP« in der Geschäftspartnernummer enthalten (siehe Abbildung 4.35). Nachdem Sie auf den START-Button ❶ geklickt haben, werden Ihnen die zuvor angelegten Geschäftspartner BP-31 und BP-32 angezeigt.

Nun wollen wir noch einen dritten Geschäftspartner, die »Colombia GmbH«, in der Rolle »Kunde« anlegen. Dazu klicken wir auf die Schaltfläche ANLEGEN ❷ und wählen als Geschäftspartnertyp ORGANISATION aus.

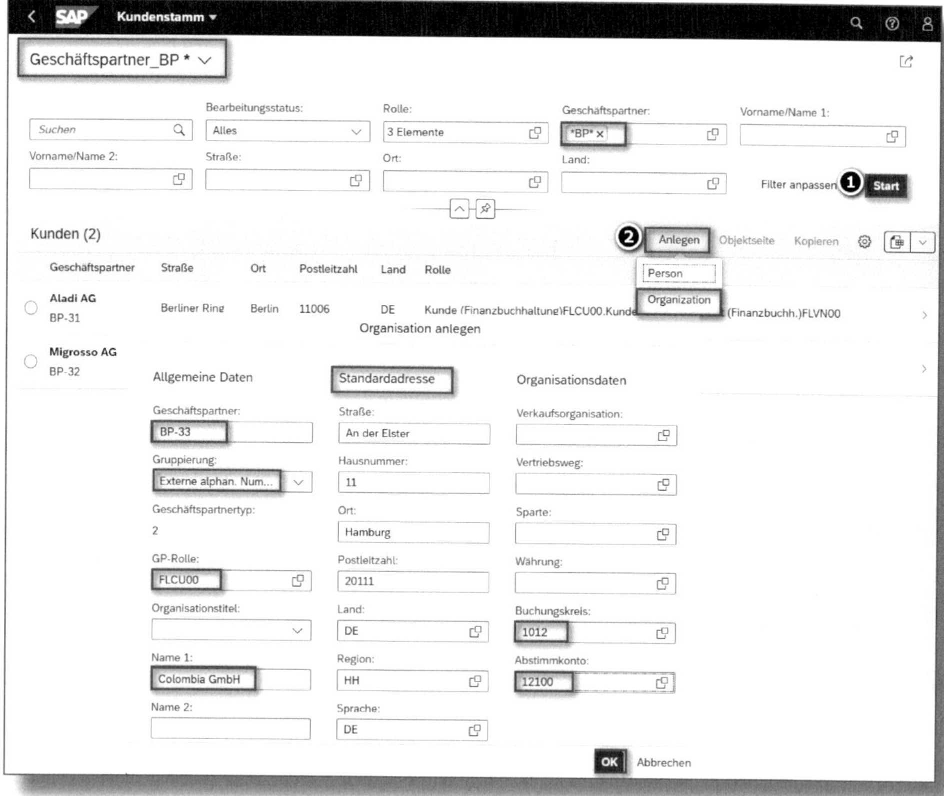

Abbildung 4.35: Anlage neuer Kunde als Geschäftspartner BP-33

In der erscheinenden Eingabemaske erfassen wir unter GESCHÄFTSPARTNER *BP-33*, wählen als Gruppierung *Externe alphan. Nummer* und als Geschäftspartnerrolle *FLCU00* – Kunde (FI) aus. Zudem geben wir im Feld NAME 1 den Firmennamen ein, ergänzen die Angaben zur STANDARDADRESSE, wählen den gewünschten BUCHUNGSKREIS sowie das zu bebuchende ABSTIMMKONTO aus und klicken auf die OK-Taste.

Im nächsten Schritt erfassen wir die noch zu ergänzenden Daten unter dem Reiter ADRESSE (siehe Abbildung 4.36) sowie die buchungskreisspezifischen Angaben unter BUCHUNGSKREISE (siehe Abbildung 4.37).

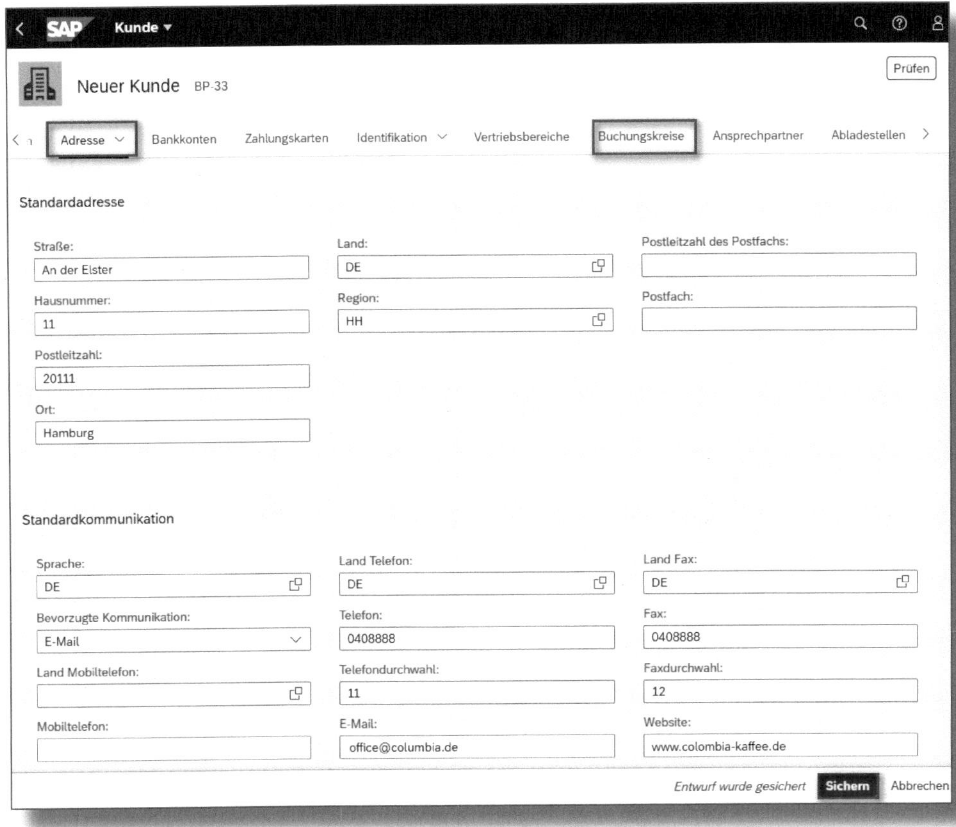

Abbildung 4.36: Lieferant BP-33 – Adressdaten

In der Eingabemaske zum Buchungskreis sollten die Felder BUCHUNGSKREIS und ABSTIMMKONTO mit den anfänglich eingegebenen Werten (vgl. Abbildung 4.35) vorbelegt sein. Sie ergänzen den SACHBEARBEITER und die ZAHLUNGSBEDINGUNGEN und klicken dann auf das >-Symbol, um in den Detailbildschirm der Buchungskreisdaten zu gelangen. Dort können Sie weitere Daten zur KORRESPONDENZ etc. ergänzen. Anschließend drücken Sie die Tasten ÜBERNEHMEN und SICHERN.

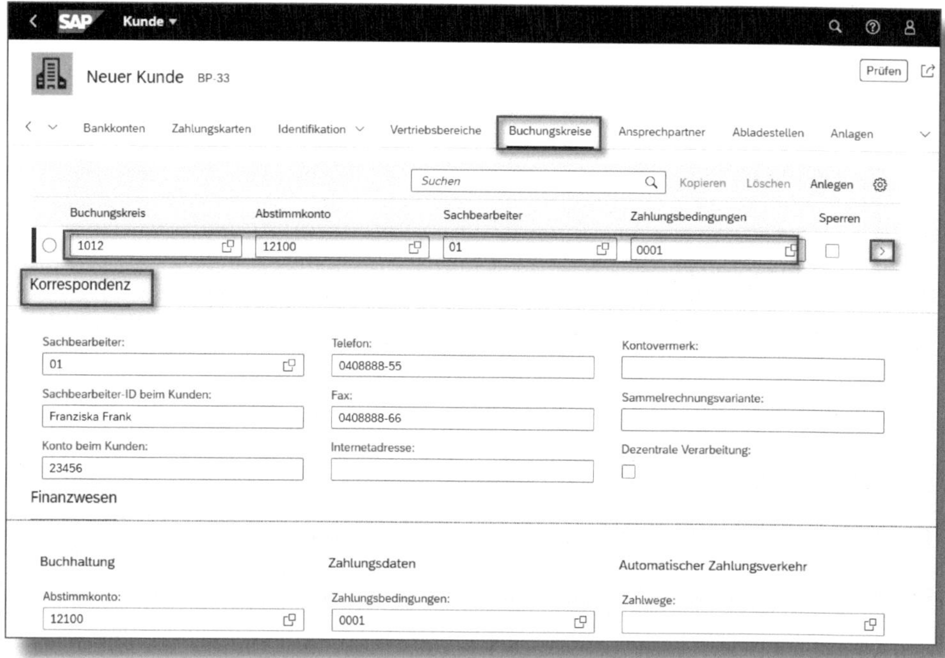

Abbildung 4.37: Anlage Kunde BP-33 – Buchungskreisdaten

Da wir den Kunden *BP-33* auch im Vertrieb verwenden wollen, weisen wir ihm zusätzlich die Rolle »Kunde (Vertrieb)« zu und pflegen die dafür notwendigen Daten des Vertriebsbereichs sowie die WÄHRUNG, ZAHLUNGSBEDINGUNGEN, INCOTERMS oder PREISGRUPPE auf Ebene der Vertriebsorganisation (siehe Abbildung 4.38).

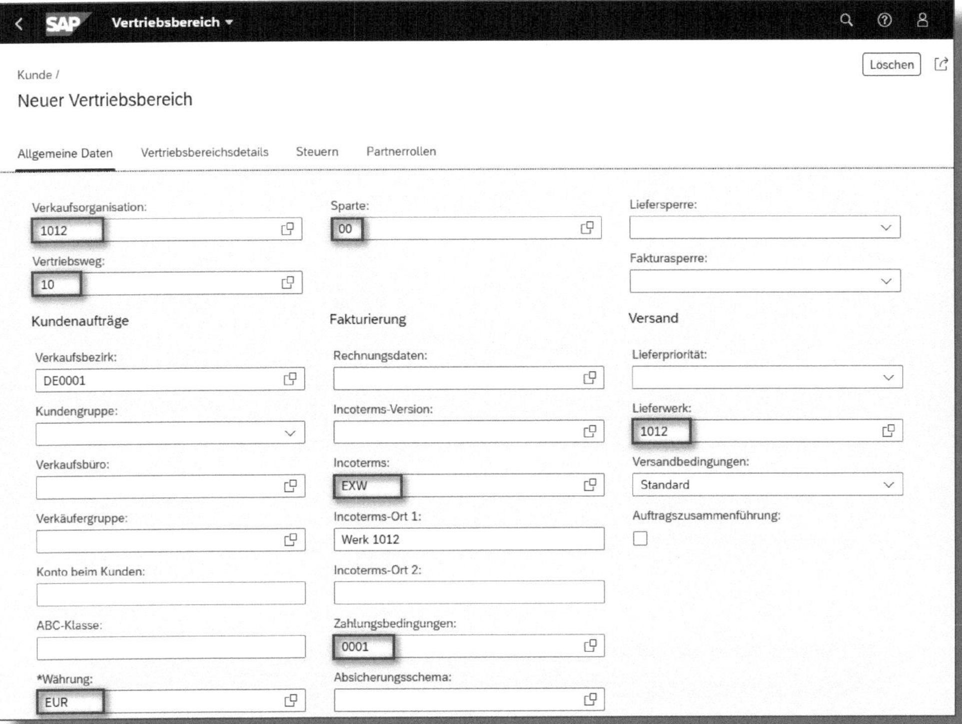

Abbildung 4.38: Anlage Kunde BP-33 für Vertriebsbereich

Eine weitere Möglichkeit im Zusammenhang mit der Neuanlage eines Kunden besteht darin, einen bereits bestehenden Kunden zu kopieren und als Vorlage zu nutzen. Dazu markieren Sie in der Übersicht den gewünschten Kunden und drücken auf die Schaltfläche KOPIEREN (siehe Abbildung 4.39). Allgemeingültige Felder, wie das *Abstimmkonto* oder der *Sachbearbeiter*, werden automatisch kopiert, wohingegen individuelle Felder, wie beispielsweise der Name, die Adresse sowie Angaben zur Korrespondenz, ergänzt werden müssen.

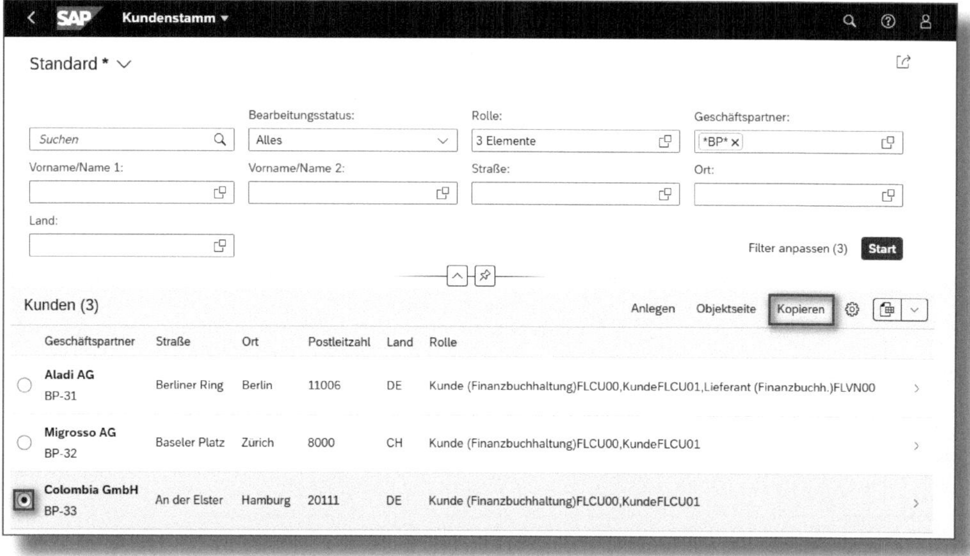

Abbildung 4.39: Kopieren des Kundenstamms

> **Überprüfung kopierter Daten**
>
> Wenn Sie Stammdaten kopieren, überprüfen Sie genau, ob alle kopierten Felder mit den Originaldaten übereinstimmen, und ändern Sie diese bei Bedarf.

4.2.5 App »Debitorenverzeichnis anzeigen«

Mithilfe der App »Debitorenverzeichnis anzeigen« können Sie sich einen Überblick über Ihre Debitoren verschaffen bzw. diese nach unterschiedlichen Selektionskriterien auflisten lassen (siehe Abbildung 4.40). Für den Fall, dass Sie die Übersicht öfter nach denselben Selektionskriterien erstellen, empfiehlt es sich, eine *Selektionsvariante* ❶ zu definieren. In unserem Beispiel haben wir die Selektionsvariante *BK1012* definiert, in der wir die Anzeige auf den BUCHUNGSKREIS *1012* einschränken. Zusätzlich können Sie die anzuzeigenden Felder über das ZAHNRAD-Symbol auswählen und diese Auswahl unter einer *Anzeigevariante* ❷ abspeichern. In diesem Beispiel haben wir die Anzeige auf die Felder DEBITOR, NAME DES DEBITORS, POSTLEITZAHL, ORT, ABSTIMMKONTO und MAHNVERFAHREN eingegrenzt.

	A	B	C	D	E	F
1	Debitor	Name des Debitors	Postleitzahl	Ort	Abstimmkonto	Mahnverfahren
2	BP-31	Aladi AG	11006	Berlin	12100	1001
3	BP-32	Migrosso AG	8000	Zürich	12100	
4	BP-33	Colombia GmbH	20111	Hamburg	12100	

Abbildung 4.40: App »Debitorenverzeichnis anzeigen«

Über das Symbol ❸ können Sie die angezeigten Daten nach Excel exportieren.

In den Systemeinstellungen haben Sie zudem die Möglichkeit, bestimmte Stammdatenfelder Ihrer Debitoren bzw. Kreditoren als *sensible Felder* zu definieren, um die Pflege der Stammdaten dem *Vier-Augen-Prinzip* zu unterwerfen.

4.3 Anlagenstamm

Gemäß den geltenden Bilanzierungsregeln sind Unternehmen dazu verpflichtet, zwischen Gegenständen des Anlage- und des Umlaufvermögens zu unterscheiden. Eine *Anlage* ist ein Objekt, das einem

Unternehmen gehört und diesem längerfristig zur Verfügung steht, wie etwa Grundstücke, Gebäude, Maschinen, Fahrzeuge oder EDV-Anlagen. Jede Anlage wird in S/4HANA eindeutig einem Buchungskreis zugeordnet, und im Anlagenstammsatz muss zudem eine Kostenstelle oder ein Innenauftrag hinterlegt werden. Zusätzlich können Sie ein Profitcenter oder Segment pflegen bzw. diese Objekte von der Kostenstelle oder dem Innenauftrag ableiten lassen.

Die *Anlagenklasse* stellt in der Anlagenbuchhaltung ein bedeutendes Gliederungs- bzw. Steuerungsmerkmal dar. Sie steuert neben der Kontenfindung auch den Nummernkreis sowie den Bildaufbau des Anlagenstammsatzes, und sie beinhaltet Einstellungen im Zusammenhang mit der Anlagenbewertung.

Da ein Debitorenbuchhalter erst im Moment des Verkaufs der Anlage und daher in der Regel mit bereits bestehenden Anlagen zu tun bekommt, werden wir Ihnen nur den Prozess »Anlage anzeigen« vorstellen.

Im Allgemeinen besteht ein Anlagenstammsatz in S/4HANA aus zwei Bereichen: *Stammdaten* und *Bewertungsdaten*. Der Stammdatenteil definiert die allgemeinen Informationen zu einer Anlage wie beispielsweise die Bezeichnung oder die Zuordnung zur Kostenstelle. Über die Bewertungsdaten ist geregelt, wie die Anlagen in den einzelnen Bewertungsbereichen bewertet werden sollen. Das bedeutet, dass pro Bewertungsbereich Angaben über die Nutzungsdauer und den Abschreibungsschlüssel hinterlegt sind.

In den Systemeinstellungen definieren Sie über den Bildaufbau, welche Felder eingabebereit oder obligatorisch sind bzw. welche ausgeblendet werden. Zusätzlich lassen sich die Reiter und die Zuordnung der Felder kundenspezifisch anpassen.

Mithilfe von *Anlagenunternummern* haben Sie die Möglichkeit, eine Anlage noch weiter zu untergliedern. Haben Sie beispielsweise einen Personal Computer mit Bildschirm und Tastatur erworben, dann können Sie entweder alle drei Geräte unter einer Anlagenhauptnummer 4711-0 oder alternativ den PC als Hauptnummer, den Bildschirm als Unternummer 1 sowie die Tastatur als Unternummer 2 führen. Im Weiteren werden wir keine Anlagenunternummern verwenden.

In »Szenario 4« der »Fair Trade Coffee GmbH« haben wir die Anlagenstammsätze für einen VW-Transporter und für zwei Notebooks angelegt (siehe Abbildung 4.41).

Nr.	Abschnitt	Anlage	Bezeichnung	Anlagenklasse
1	4.3	1	VW Transporter T6	Fahrzeuge - LKW
2		2	Acer A5123	Computer - Hardware
3		3	Acer A5124	Computer - Hardware

Abbildung 4.41: »Szenario 4« – Anlagenstammsätze

Um einen Anlagenstammsatz lediglich darzustellen, rufen Sie die App »Anlage anzeigen« auf (siehe Abbildung 4.42). Für den Fall, dass Sie einen bereits bestehenden Anlagenstammsatz ändern wollen, verwenden Sie stattdessen die App »Anlage ändern«.

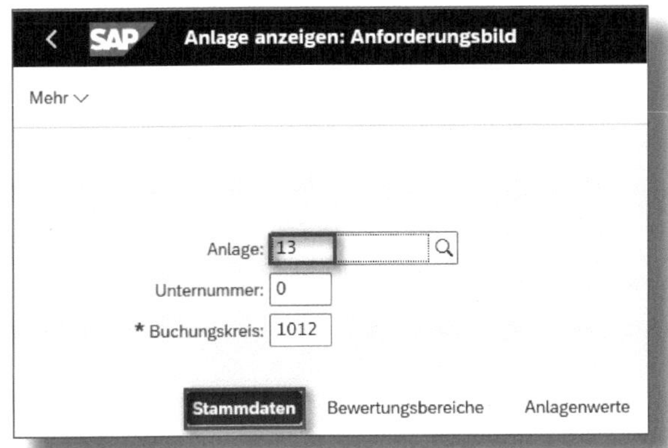

Abbildung 4.42: Fiori-App »Anlage anzeigen«

Wie bereits erwähnt, besteht jeder Anlagenstammsatz aus einem allgemeinen und einem Bewertungsteil. Über die Schaltfläche STAMMDATEN gelangen Sie zum allgemeinen Teil und den dazugehörigen Detaildaten des Anlagenstammsatzes, wie beispielsweise die AnlagenKLASSE, BEZEICHNUNG sowie die KONTENFINDUNG und das AKTIVIERUNGSdatum der Anlage (siehe Abbildung 4.43). Unter dem Reiter ZEITABHÄNGIG ist die KOSTENSTELLE hinterlegt, die der Anlage zugeordnet wurde, und unter dem Reiter HERKUNFT sehen Sie den Lieferanten, von dem Sie die Anlage bezogen haben.

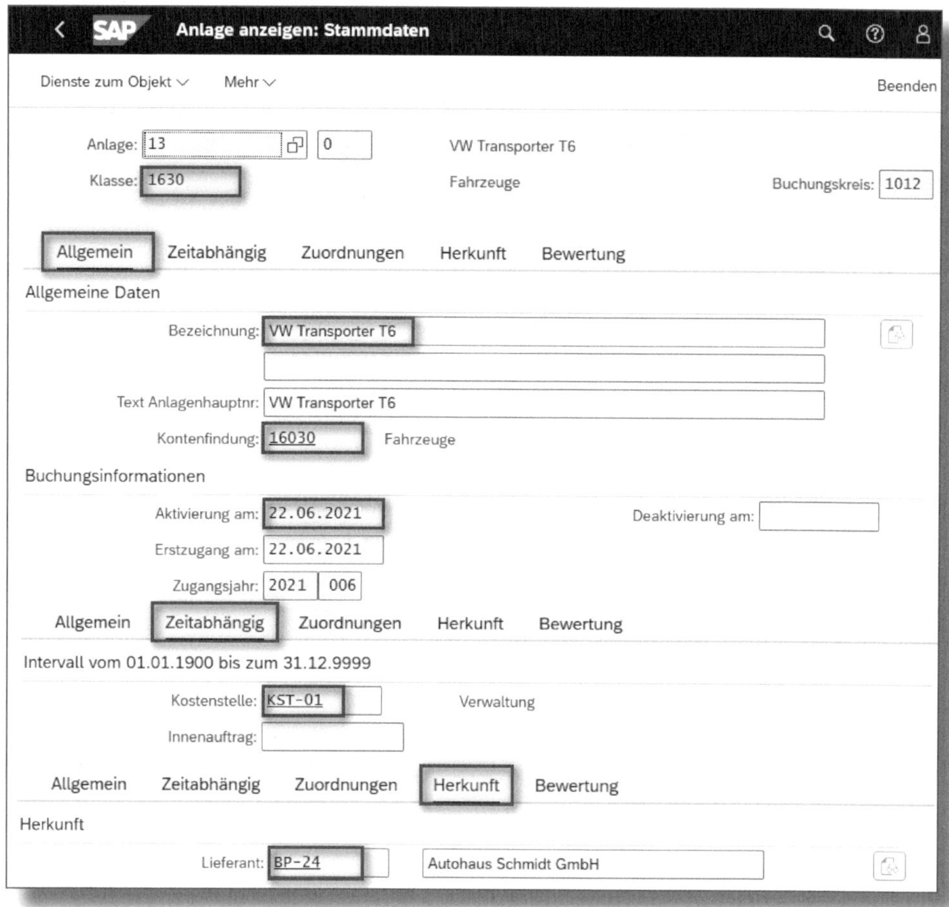

Abbildung 4.43: Anlagenstamm – Allgemeine Daten

Die Anlagenbewertung wird über den Reiter BEWERTUNGSBEREICHE aufgerufen (siehe Abbildung 4.42). Die Spalte BEWERTUNG ❶ führt alle Bewertungsbereiche des verwendeten Bewertungsplans auf (siehe Abbildung 4.44).

In unserem Beispiel verwenden wir vier Bewertungsbereiche. Wie Sie erkennen können, sind in unserem Bewertungsplan die BEWERTUNGSBEREICHE *Handelsrecht* und *IFRS* zugeordnet, jeweils in Buchungskreis- und Konzernwährung. So werden die handelsrechtlichen Werte im Bereich 01 in der Währung des Buchungskreises (Hauswährung) und im Bereich 31 in der Währung des Konzerns (KW) geführt. Für beide ist zudem der ABSCHREIBUNGSSCHLÜSSEL ❷ *LINS* hinterlegt, die NUTZUNGSDAUER ❸ nach Handelsrecht beträgt *5* und nach IRFS *4* Jahre. Schließlich wurde das Feld N-AFA-BEGINN ❹ automatisch mit dem Datum der Anlagenzugangsbuchung übernommen.

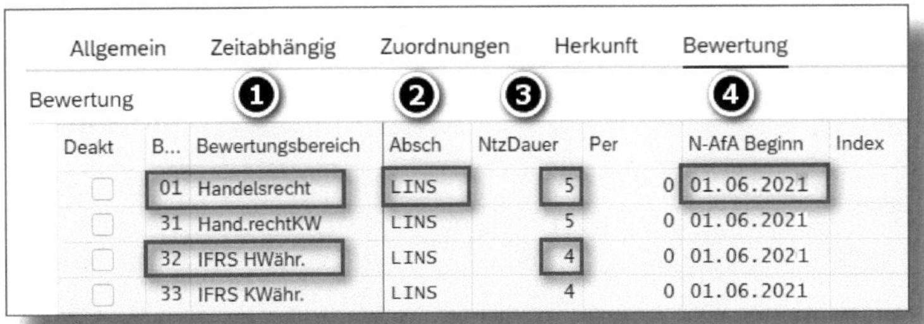

Deakt	B...	Bewertungsbereich	Absch	NtzDauer	Per	N-AfA Beginn	Index
☐	01	Handelsrecht	LINS	5	0	01.06.2021	
☐	31	Hand.rechtKW	LINS	5	0	01.06.2021	
☐	32	IFRS HWähr.	LINS	4	0	01.06.2021	
☐	33	IFRS KWähr.	LINS	4	0	01.06.2021	

Abbildung 4.44: Anlagenstamm – Bewertungsbereiche

4.4 Banken und Bankkonten

In der modernen Geschäftswelt werden fällige offene Rechnungen meist durch Banküberweisungen ausgeglichen. Aus Sicht der Debitorenbuchhaltung spielt die Pflege der Hausbank und die Bankkontenverwaltung zwar eine eher untergeordnete Rolle (relevant jedoch im Zusammenhang mit SEPA-Lastschriften bzw. dem elektronischen Kontoauszug). Dennoch werden wir für unsere Beispielfirma, die »Fair Trade Coffee GmbH«, in »Szenario 5« eine Hausbank und zu dieser Hausbank ein Bankkonto anlegen (siehe Abbildung 4.45).

Nr.	Abschnitt	Bank	Bezeichnung	BIC/SWIFT
1	4.4.1	10172300	Commerzbank	DEUTDEBBXXX
Nr.	**Abschnitt**	**Konto**	**Bezeichnung**	**IBAN**
1	4.4.2	1113245679	Girokonto Commerzbank in EUR	DE30 1017 2300 1113 2456 79

Abbildung 4.45: »Szenario 5« – Hausbank und Hausbankkonto

4.4.1 Banken verwalten

Um die Commerzbank als Hausbank anzulegen, rufen Sie die App »Banken verwalten« auf und klicken auf die Schaltfläche BANK ANLEGEN (siehe Abbildung 4.46).

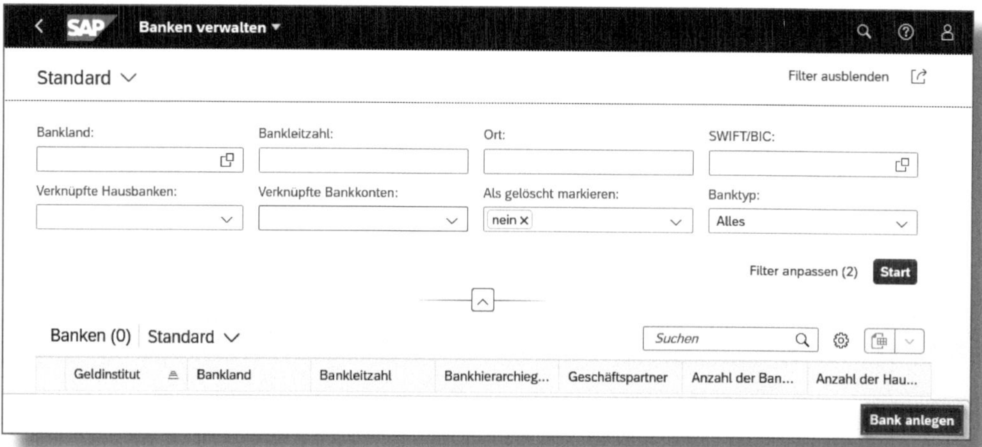

Abbildung 4.46: Neue Bank anlegen

In der in Abbildung 4.47 dargestellten Eingabemaske erfassen Sie zunächst im Bereich ALLGEMEINE DATEN ❶ das BANKLAND, den BANKSCHLÜSSEL, das GELDINSTITUT, den SWIFT/BIC(-Code) und die BANKLEITZAHL. Als Bankschlüssel sollten der SWIFT/BIC-Code oder die Bankleitzahl herangezogen werden.

Nachdem Sie alle relevanten Daten zur Bank erfasst haben, speichern Sie diese über die Schaltfläche SICHERN ❷.

Um die Commerzbank in weiterer Folge als Hausbank für den Buchungskreis unserer Beispielfirma zu definieren, drücken Sie im Abschnitt HAUSBANK auf das +-Symbol ❸.

In dem daraufhin erscheinenden Eingabebildschirm (siehe Abbildung 4.48) erfassen Sie den BUCHUNGSKREIS, in unserem Fall *1012* ❶, und *CB* als Schlüssel für die Commerzbank im Feld HAUSBANK ❷. SICHERN ❸ Sie Ihre Eingaben.

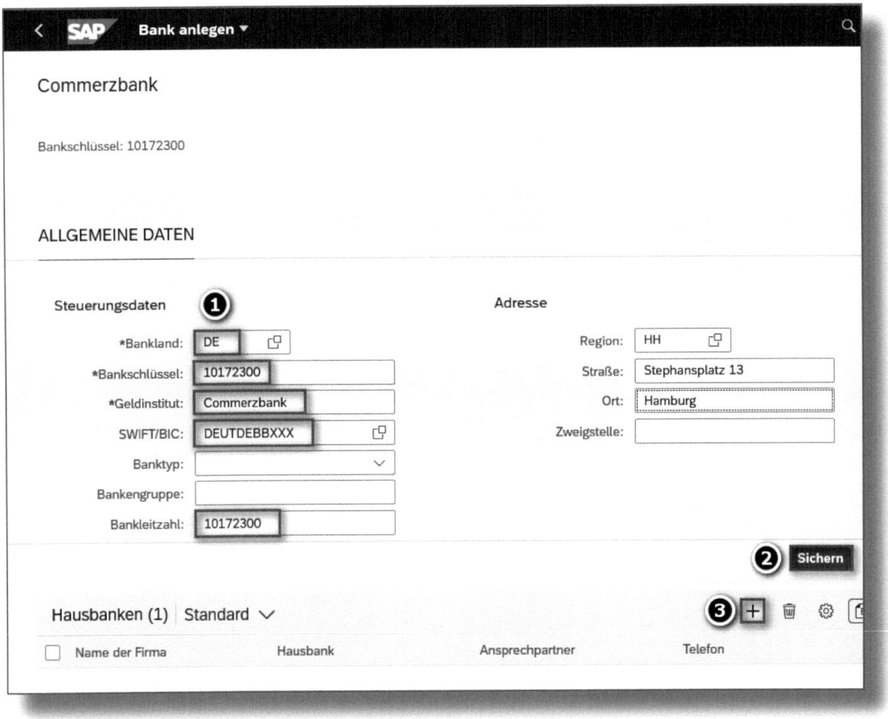

Abbildung 4.47: Detaildaten zur Bank

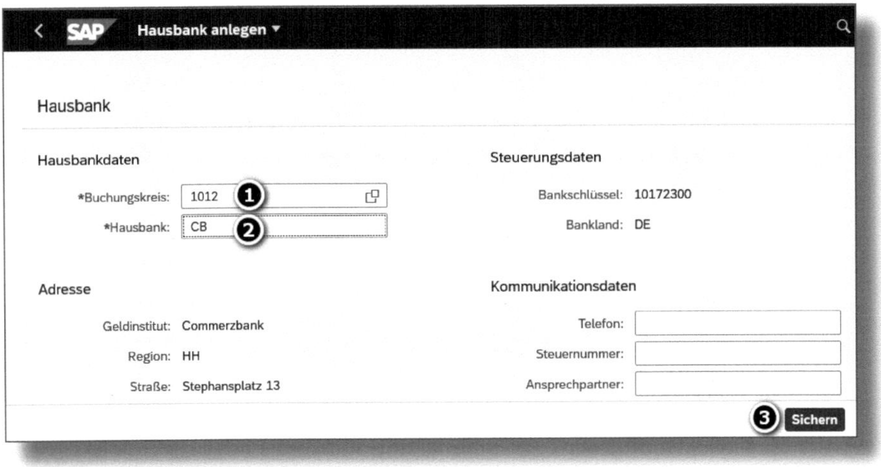

Abbildung 4.48: Bank als Hausbank definieren

4.4.2 Bankkonten verwalten

Während Sie die Bankkontodaten Ihrer Lieferanten bzw. Kunden im Stammsatz des Geschäftspartners (Bestandteil der allgemeinen Rolle) pflegen, müssen Sie Ihr eigenes bzw. Ihre eigenen Bankkonten über die App »Bankkonten verwalten« anlegen. Diese App bietet Ihnen die Möglichkeit, bereits bestehende Bankkonten bei Ihrer Hausbank anzuzeigen und zu bearbeiten sowie über die Schaltfläche ANLEGEN das neue Bankkonto bei der Commerzbank zu generieren (siehe Abbildung 4.49).

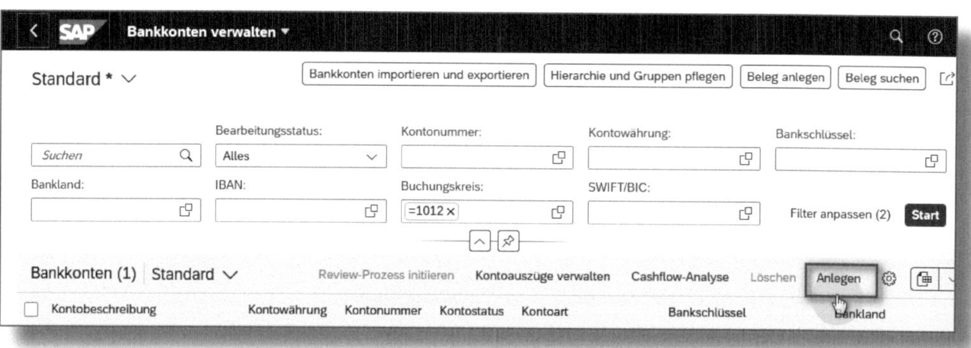

Abbildung 4.49: App »Bankkonten verwalten«

In der Eingabemaske (siehe Abbildung 4.50) ergänzen Sie unter KOPFDATEN die KONTONUMMER ❶, die KONTOBESCHREIBUNG ❷, das BANKLAND ❸, den BANKSCHLÜSSEL ❹ und die KONTOWÄHRUNG ❺. Außerdem erfassen Sie im Bereich ALLGEMEINE DATEN den BUCHUNGSKREIS ❻, den KONTOINHABER ❼, die KONTOART ❽ und die IBAN ❾.

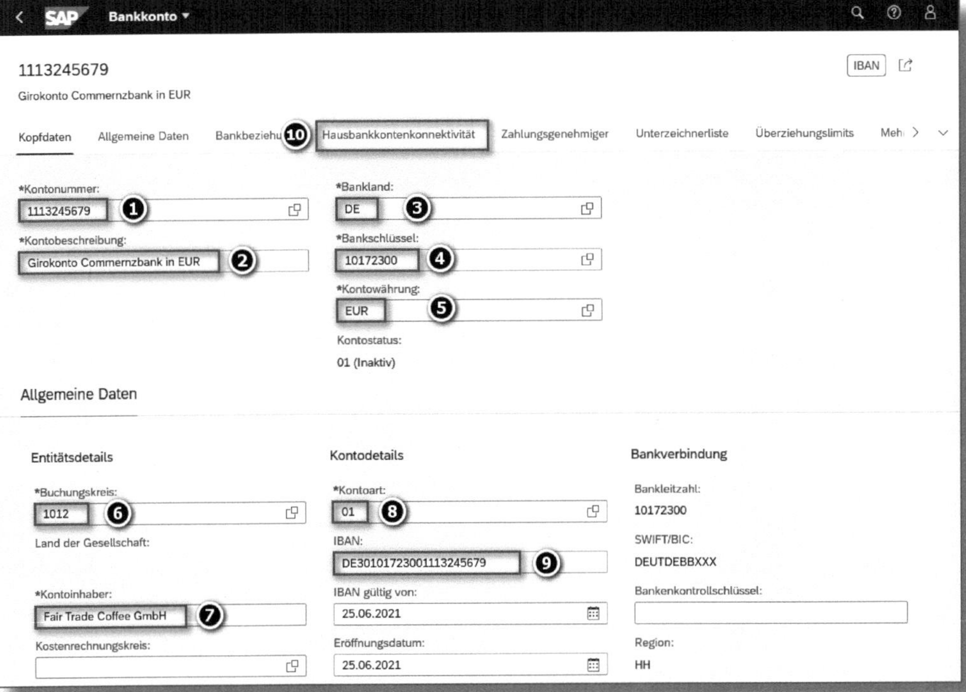

Abbildung 4.50: Neues Bankkonto – Kopf- und Allg. Daten

Abschließend müssen Sie über den Reiter HAUSBANKKONTENKONNEKTIVITÄT ❿ die Verbindung zur Hausbank herstellen. Dazu klicken Sie im zugehörigen Eingabeschirm (siehe Abbildung 4.51) auf die Schaltfläche ANLEGEN ❶, wählen im Bereich ID TYP ❷ das *Zentrale Hausbankkonto* aus und klicken anschließend auf das >-Symbol ❸, um die Detaildaten zu erfassen. Dazu gehören der BUCHUNGSKREIS ❹ sowie die HAUSBANK ❺ und eine Identifikation im Feld HAUSBANKKONTO ❻, in unserem Fall *EUR* für in Euro geführte Konten. Abschließend hinterlegen Sie im gleichnamigen Feld das SACHKONTO ❼ und speichern Ihre Eingaben.

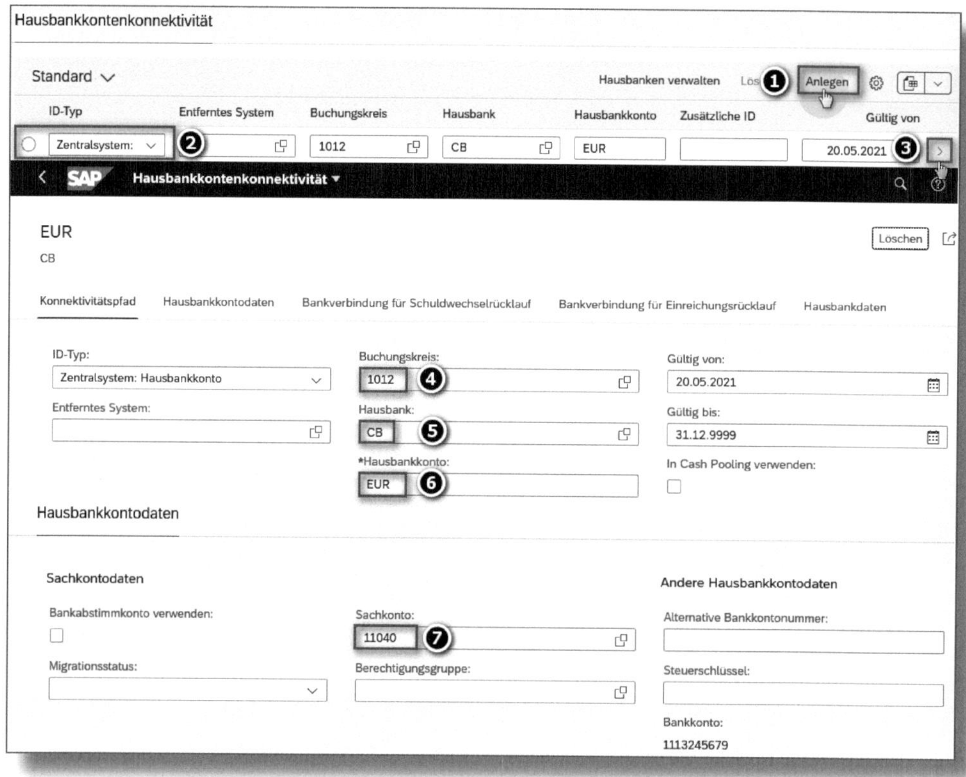

Abbildung 4.51: Neues Bankkonto – Verbindung zur Hausbank

4.5 Materialstamm

Der Materialstamm enthält alle wichtigen Informationen zu einem im Unternehmen verwendeten Material. Im Materialstamm wird festgelegt, wie dieses Material eingekauft, gelagert, produziert, kalkuliert bzw. auch verkauft wird.

4.5.1 Sichten im Materialstamm

In SAP S/4HANA sind diese Informationen nach Sichten und Organisationseinheiten getrennt abgelegt, wobei die Sichten im Wesentlichen den Geschäftsfunktionen im Unternehmen entsprechen:

- Grunddaten 1–2
- **Vertrieb: Verkaufsorganisationsdaten 1–2**
- **Vertrieb/Werk**
- Einkauf
- Disposition 1–4
- Allgemeine Werksdaten/Lagerung 1–2
- **Buchhaltung 1–2**
- Kalkulation 1–2
- ...

Für den Debitorenbuchhalter sind primär die Buchhaltungs- und Vertriebssichten wichtig, da hier u. a. die Preissteuerung sowie die Konten- und Steuerfindung festgelegt wird.

In einem Handels- oder Produktionsunternehmen spielen die Materialstammsätze natürlich eine größere Rolle als in einer Bank, einer Versicherung oder einer öffentlich-rechtlichen Körperschaft.

In Abhängigkeit von der Branche und dem Material variieren zudem die benötigten Sichten und jeweils relevanten Informationen. Für Verkaufsmaterialien sind vor allem die allgemeinen, die Verkaufssichten und die Buchhaltungssichten relevant. Obwohl der Debitorenbuchhalter selbst meist keine Materialstammsätze anlegen wird, möchten wir kurz auf die Buchhaltungs- und Vertriebssichten eingehen. Die Buchhaltungssichten werden auf Werksebene gepflegt, wohingegen die Vertriebssichten mit Bezug zur Verkaufsorganisation und zum Vertriebsweg anzulegen sind.

Buchhaltungssicht

Für den Debitorenbuchhalter wichtige Informationen in der Buchhaltungssicht sind die *Preissteuerung* und die *Bewertungsklasse*.

Bei der **Preissteuerung** unterscheiden wir:

1. *Gleitender Durchschnittspreis:*
    - Verwendung zumeist bei zugekauften Materialien
    - Ermittlung bei jedem Zukauf, indem der gesamte Bestandswert durch die gesamte Bestandsmenge dividiert wird
2. *Standardpreis*:
    - Verwendung in der Regel bei selbst hergestellten Materialien
    - Basis sind die kalkulierten Herstellkosten; der Standardpreis bleibt für einen bestimmten Zeitraum (einen Monat oder auch ein Jahr) konstant

Anhand der *Bestandsmenge* und des Preises wird der *Bestandswert* in Buchungskreis- und Konzernwährung ermittelt.

Die **Bewertungsklasse** steuert die Kontenfindung, d. h. über sie wird festgelegt, auf welche Hauptbuchkonten die unterschiedlichen Materialbewegungen sowie Preisdifferenzen gebucht werden.

Vertriebssicht

Im Rahmen der Vertriebssichten spielen die *Steuerdaten* eine wichtige Rolle. Die Angaben zu den Steuerdaten bestimmen innerhalb eines Vertriebsbelegs, ob die entsprechende Position steuerrelevant ist oder ob ggf. ein reduzierter Steuerprozentsatz gezogen werden kann. Dies bedeutet, dass innerhalb des Vertriebsbelegs über die entsprechende Steuerklassifikation der Ausgangssteuersatz für das Material ermittelt wird.

4.5.2 Materialstamm anzeigen

In »Szenario 6« werden für unsere Fair-Trade-Bio-Kaffeesorten *Standard* und *Premium* zwei Materialstämme angelegt (siehe Abbildung 4.52):

Nr.	Abschnitt	Material	Bezeichnung	Materialklasse
1		C-001	Fair Trade Bio Kaffee Standard	Handelsware
2		C-002	Fair Trade Bio Kaffee Premium	Handelsware

Abbildung 4.52: »Szenario 6« – Materialstammsätze

Der typische Debitorenbuchhalter wird selbst keine Materialstämme anlegen oder ändern. Daher möchten wir Ihnen zeigen, wie Sie die für Sie wichtigen Informationen ansehen und überprüfen können.

Dazu rufen Sie die App »Material anzeigen« auf (siehe Abbildung 4.53).

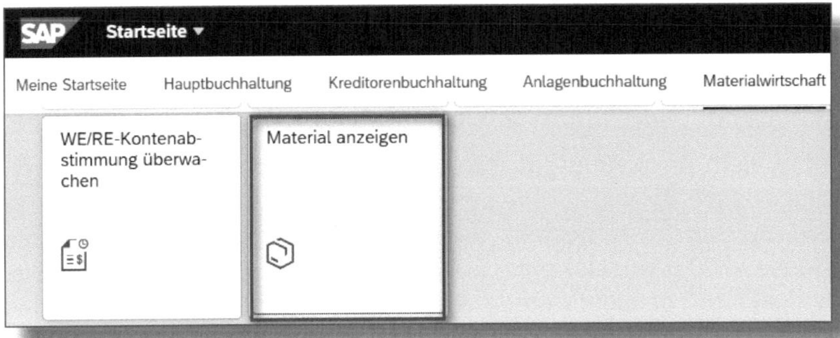

Abbildung 4.53: App »Material anzeigen«

Im Einstiegsbild (siehe Abbildung 4.54) geben Sie das MATERIAL ❶, in unserem Fall *C-001* für den »Fair Trade Bio Kaffee Standard«, ein und wählen unter SICHTENAUSWAHL ❷ die entsprechenden Sichten zum Materialstamm sowie anschließend unter ORGANISATIONSEBENEN das Werk *1012* ❸ aus.

Abbildung 4.54: Materialstamm C001 – Fair Trade Bio Kaffee Standard

Anschließend werden uns die zum Material hinterlegten Informationen ausgegeben (siehe Abbildung 4.55).

Unter dem Reiter BUCHHALTUNG 1 sehen Sie die Einträge zur Bewertungsklasse ❶ und zur Preissteuerung ❷ des Materials. In unserem SAP-System ist eingestellt, dass bei Verwendung der Bewertungsklasse *3100* (Handelswaren) Zugänge auf das Konto 31000 (Handelswarenvorrat) gebucht werden. Aufgrund der Preissteuerung *V* wird das Material mit dem gleitenden Durchschnittspreis bewertet. Da bereits ein Zugang von 60 kg ❸ zu einem Preis von 40 EUR ❹ erfolgt ist, ergibt sich ein Bestandswert von 2.400 EUR ❺.

☛ Materialpreisanalyse

Wenn Sie wissen wollen, wie der derzeitige Materialpreis bei gleitendem Durchschnittspreis zustande gekommen ist, klicken Sie auf den Button MATERIALPREISANALYSE

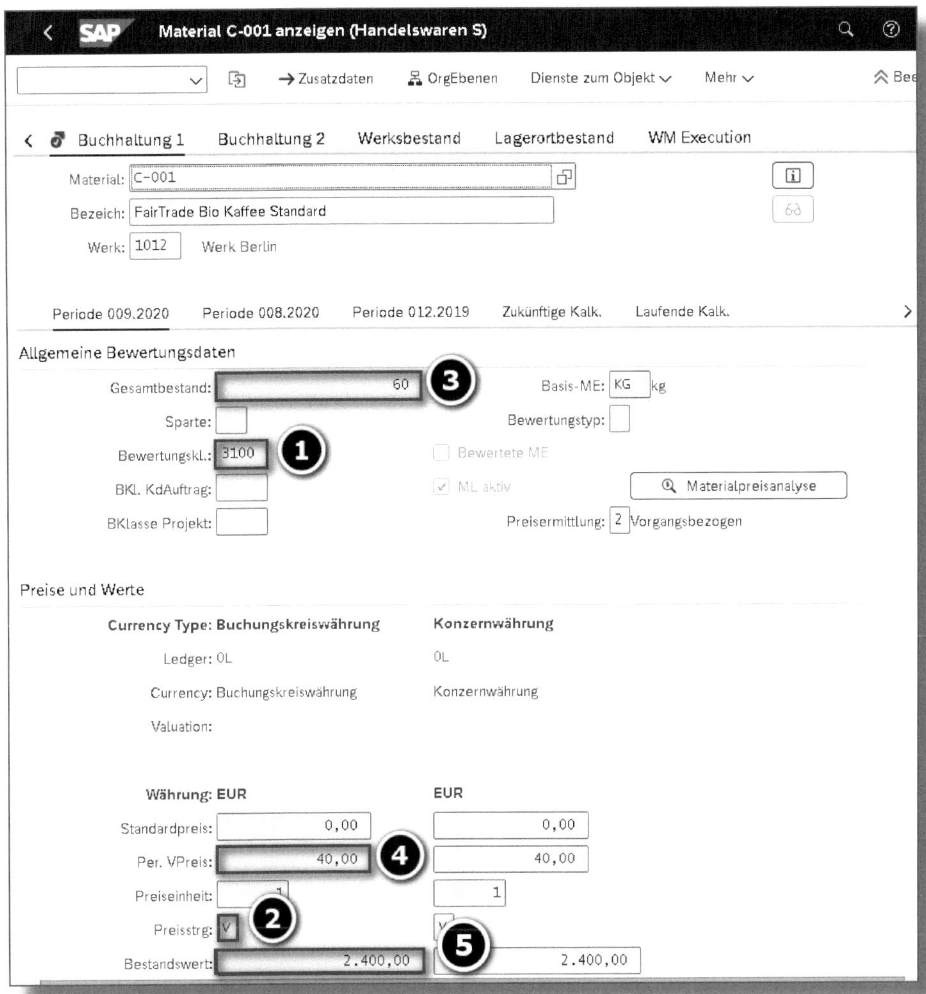

Abbildung 4.55: Buchhaltungssicht Material C-001

5 Prozesse der Debitorenbuchhaltung

Lernen Sie in diesem Kapitel die zentralen Prozesse der Debitorenbuchhaltung und deren Bezug zum Vertrieb kennen.

Die Debitorenbuchhaltung bildet alle Geschäftsprozesse ab, die buchhaltungsrelevant sind und in irgendeinem Zusammenhang zum Kunden stehen. Zudem stellt sie, wie bereits erwähnt, eine *Nebenbuchhaltung* zur Hauptbuchhaltung dar, was bedeutet, dass die Debitorenbuchhaltung über das *Abstimmkonto* mit der Hauptbuchhaltung verknüpft ist. Die Zuordnung des Abstimmkontos im Debitorenstammsatz gewährleistet, dass die erfassten Geschäftsvorfälle in der Debitorenbuchhaltung im Detail und in der Hauptbuchhaltung summarisch dargestellt werden.

Debitorenbuchhaltung als Nebenbuch zum Hauptbuch

Ein Unternehmen hat Forderungen gegenüber dem Kunden Müller in Höhe von 600 EUR und gegenüber dem Kunden Maier in Höhe von 800 EUR. Diese Details werden in der Debitorenbuchhaltung abgebildet, während in der Hauptbuchhaltung unter dem Sachkonto »Forderungen aus Lieferungen und Leistungen« die Gesamtforderung in Höhe von 1.400 EUR ausgewiesen wird.

Seit S/4HANA sind darüber hinaus im Universal Journal nicht nur die Buchhaltung und Kostenrechnung, sondern auch die Haupt- und Nebenbuchhaltung vereint (vgl. Beschreibung Universal Journal in Abschnitt 2.1). Damit werden bei jeder Buchung auf einem Debitor im Universal Journal das Debitorenkonto und das Abstimmkonto fortgeschrieben. Folglich können Sie bei Analysen im Hauptbuch das Abstimmkonto für Forderungen nach Debitoren aufgliedern, ohne dafür einen eigenen Bericht im Nebenbuch aufrufen zu müssen.

Des Weiteren besteht in SAP S/4HANA eine enge Verzahnung zwischen den Modulen SD (Vertrieb), MM (Materialwirtschaft) FI (Finanzbuchhaltung) und CO (Controlling). Dies beginnt mit der gemeinsamen Verwendung des Kundenstammsatzes und setzt sich im Vertriebsprozess fort.

5.1 Kundenauftragsabwicklung – Order to Cash

Im Allgemeinen besteht der Vertriebsprozess aus den in Abbildung 5.1 dargestellten integrierten Prozessschritten.

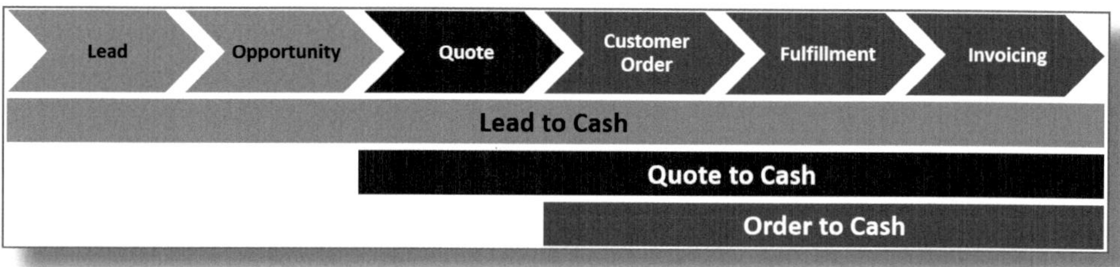

Abbildung 5.1: Lead to Cash – Prozessübersicht

Der Prozess *Lead to Cash* bezieht sich in diesem Zusammenhang auf sämtliche Aktivitäten des Vertriebsprozesses: angefangen bei den Vorverkaufsaktivitäten, deren Fokus auf der Bearbeitung von Kundenanfragen liegt und die sich in weiterer Folge mit dem Unterbreiten eines Kundenangebots befassen, über die Analyse geeigneter Beschaffungsalternativen – je nachdem, ob eine Eigen- oder Fremdbeschaffung vorliegt, sind unterschiedliche Quellen möglich – bis hin zur Fakturierung des Kundenauftrags. Wie Sie anhand der Grafik erkennen können, lässt sich die Kundenauftragsabwicklung aber noch in weitere Abschnitte unterteilen, wie beispielsweise *Quote to Cash* bzw. *Order to Cash*. In unserem Fall werden wir uns auf die Prozessschritte der Kundenauftragsabwicklung im Rahmen von Order to Cash konzentrieren.

Der Prozess *Order to Cash* (auch »O2C« oder schlicht »Vertriebsprozess« genannt) umfasst alle Geschäftsvorgänge, die sich mit dem Verkauf und der Lieferung von Waren und Dienstleistungen bis hin zu deren Bezahlung beschäftigen.

Order to Cash besteht, vereinfacht ausgedrückt, aus den folgenden Prozessschritten bzw. Aktivitäten:

- Kundenauftrag
- Lieferung und Warenausgang
- Ausgangsrechnung
- Eingangszahlung

Wann immer möglich, sollte zur Prozessoptimierung eine Integration zwischen Verkauf (SD), Lagerwirtschaft (Modul MM) und Finanzbuchhaltung (FI) angestrebt werden.

Hauptaufgaben aus dem Bereich der Debitorenbuchhaltung sind die Verbuchung der Ausgangsrechnung und Eingangszahlung sowie die Mahnung der säumigen Debitoren.

Aus didaktischen Gründen befassen wir uns zunächst mit den einfacher darzustellenden Prozessen in der Buchhaltung ohne Integration zum Vertrieb (Modul SD) und zur Materialwirtschaft (Modul MM). Dafür wählen wir die Verkaufsprozesse im Zusammenhang mit unserer Kaffeesorte »Fair Trade Bio Kaffee Premium«.

Zunächst sehen wir uns in Kapitel 6 verschiedene Varianten des nicht integrierten Prozesses *Ausgangsrechnungen und -gutschriften* an und besprechen auch Aspekte wie Beleg merken, Beleg vorerfassen, Beleg ändern, Beleg stornieren, Vorlagebeleg, Dauerbuchungsbeleg.

Anschließend gehen wir in den Kapiteln 7 bis 11 auf die Prozesse Eingangszahlung und Verbuchung von *Skonto*, *Kontenausgleich*, *Mahnung*, *Anlagenverkauf* sowie den Prozess *Anzahlung* ein und besprechen anschließend in Kapitel 12 den *integrierten Verkaufsprozess* mit unserer zweiten Kaffeesorte »Fair Trade Bio Kaffee Standard«.

Exkurs: Intercompany-Vorgänge (Intercompany Business)

Bei Konzernen erfolgen Verkäufe häufig nicht nur an externe Unternehmen, sondern finden auch innerhalb des Konzerns statt. Um dies aus Sicht der Konzernkonsolidierung optimal abwickeln zu können, führen wir nachfolgend die entscheidenden Schritte zur Abbildung in SAP S/4HANA auf:

- Alle Konzernunternehmen sind als **Gesellschaften** zu hinterlegen (z. B. 1710 für die amerikanische Konzernfirma).
- Gehört der Kunde zum Konzern, ist dieser idealerweise als **Geschäftspartner mit einem eigenen externen Nummernkreis** anzulegen (z. B. IC1710 für den amerikanischen Konzernkunden), und **die Gesellschaftsnummer** (z. B. 1710) ist **als Partnergesellschaft** zu hinterlegen.

Bei der Verbuchung der Lieferung wie auch der Faktura wird dann die Partnergesellschaft 1710 automatisch bei der Buchung abgeleitet.

Für nähere Details sprechen Sie bitte mit Ihrem SAP-Berater.

Exkurs: Manuelle Buchung des Wareneinsatzes

Sofern Sie das Modul Materialwirtschaft (MM) nicht für Ihre Lieferungen und den Warenausgang verwenden, können Sie den Wareneinsatz natürlich auch manuell als normale Sachkontenbuchung in der Hauptbuchhaltung buchen (siehe Abschnitt 3.1).

Um die Sachkontenbuchung für den Wareneinsatz zu erfassen, rufen Sie die App »Hauptbuchbelege buchen« auf (siehe Abbildung 5.2).

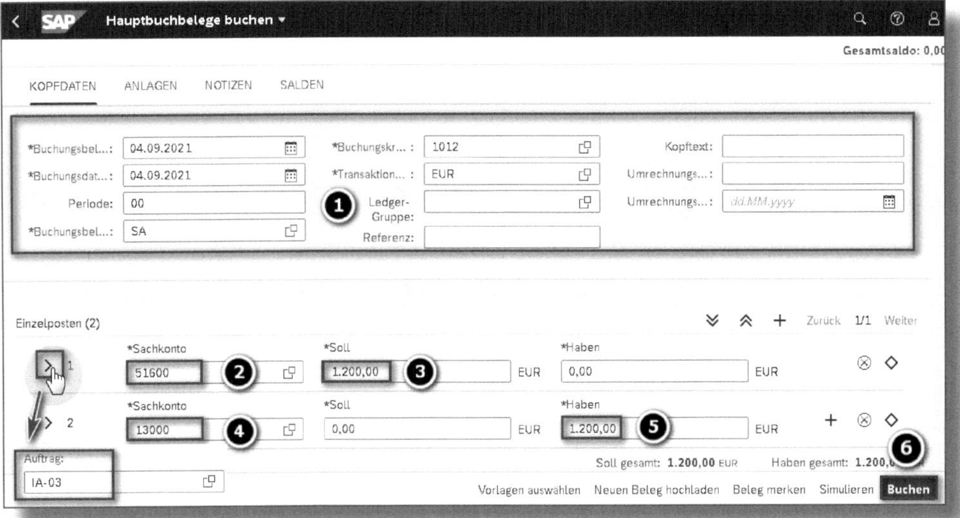

Abbildung 5.2: Manuelle Buchung Warenausgang

In den KOPFDATEN ❶ erfassen Sie zunächst das BUCHUNGSDATUM, das BUCHUNGSBELEGDATUM sowie eine REFERENZ und einen TEXT. Die Felder BELEGART, BUCHUNGSKREIS und WÄHRUNG werden in der Regel bereits vom System vorbelegt. Für die erste Belegposition erfassen Sie als SACHKONTO ❷ das Konto für den Materialverbrauch, in unserem Fall *51600*, und den entsprechenden Betrag im SOLL ❸. Da es sich bei dem Materialverbrauchskonto um eine primäre Kostenart handelt, müssen Sie ein CO-Kontierungsobjekt erfassen; in unserem Fall wählen wir den Innenauftrag *IA-03*. Dazu klicken Sie auf das >-Symbol und geben im erweiterten Bereich in das Feld AUFTRAG die gewünschte Innenauftragsnummer ein. Anschließend erfassen Sie für die zweite Belegposition das MATERIALBESTANDSKONTO ❹, in unserem Beispiel das Konto *13000*, sowie den Betrag im HABEN ❺ und wählen die Schaltfläche BUCHEN ❻.

Für unser Fallbeispiel werden wir später für die nicht in der Materialwirtschaft gebuchten Warenausgänge den gesamten Wareneinsatz in einer Summe buchen.

5.2 Sonstige Prozesse in der Debitorenbuchhaltung

Hierzu gehören die vielfältigen Aufgaben im Zusammenhang mit den Prozessen *Periodenabschluss Debitoren* und *Analyse Debitoren*. Wir werden uns die Fremdwährungsbewertung, die Umgliederung, die Wertberichtung von offenen Forderungen sowie die Saldenbestätigungen ansehen (siehe Kapitel 13) und uns mit den Analysemöglichkeiten im Zusammenhang mit der Debitorenbuchhaltung beschäftigen (siehe Kapitel 14).

In den nachfolgenden Kapiteln werden wir uns nun im Detail mit den angesprochenen Prozessen beschäftigen.

6 Rechnungsausgang ohne Integration zum Vertriebsmodul

In diesem Kapitel zeigen wir Ihnen anhand unserer Beispielfirma, wie Sie Ausgangsrechnungen und Gutschriften in der Debitorenbuchhaltung erfassen. Wir gehen darauf ein, wie Sie einen Beleg vorerfassen, merken, ändern oder stornieren, und wie Sie sich die Arbeit durch die Verwendung von Vorlage- oder Dauerbuchungsbelegen vereinfachen können.

Zu den wichtigsten Aufgaben unserer jungen »Fair Trade Coffee GmbH« gehört der Verkauf von fair gehandeltem Kaffee an die neu gewonnenen Kunden. Die Anlage des Kundenauftrags bewirkt noch keine Buchung. Der Warenausgang wird entweder manuell in der Buchhaltung (siehe Abschnitt 5.1) oder automatisch durch die Warenausgangsbuchung in MM verbucht.

Im nächsten Schritt wollen wir die erstellten Rechnungen manuell verbuchen. Die automatische Verbuchung der im SD-Modul erstellten Faktura werden wir in Abschnitt 13.3 besprechen.

Zuvor wollen wir uns mit den Themen »Integration zwischen Buchhaltung (FI) und Controlling (CO)« sowie »Berechnung und Verbuchung der Mehrwertsteuer im Zusammenhang mit Ausgangsrechnungen« beschäftigen.

Integration zwischen Finanzbuchung (FI) und Controlling (CO) bei der Verbuchung von Ausgangsrechnungen

Jede FI-Buchung auf einem Ertragskonto, das als Erlösart angelegt wird, erfordert die Kontierung auf ein *CO-Kontierungsobjekt* und kann dann im Controlling unter ebendiesem ausgewertet werden (siehe dazu auch Abschnitt 14.3).

In SAP existieren folgende CO-Kontierungsobjekte:

- Kostenstelle
- Auftrag (Innenauftrag, Fertigungsauftrag, ...)
- Ergebnisobjekt
- Kundenauftrag
- PSP-Element
- Netzplanvorgang
- Weitere ...

! Keine Erlösbuchungen auf Kostenstellen

Erlöse können in SAP nicht wirklich auf eine Kostenstelle gebucht werden. Wird die Kostenstelle zusätzlich zu einem anderen CO-Objekt eingegeben, wird sie nur statistisch bebucht.

Die wichtigsten Kontierungsobjekte für Erlösbuchungen sind das *Ergebnisobjekt* und der *Innenauftrag*. Hinter dem Ergebnisobjekt stehen die ausgewählten Merkmale der Ergebnisrechnung wie Kunde, Material oder Land, für die eine stufenweise Deckungsbeitragsrechnung erstellt werden soll.

CO-Kontierungsobjekt für Erlöse

Stimmen Sie sich mit Ihrer Controlling-Abteilung ab, welches Kontierungsobjekt Sie bei manuell gebuchten Erlösen verwenden sollen.

Für unser Beispielszenario werden wir in der Regel den Innenauftrag IA-03 verwenden. Wir zeigen Ihnen aber auch in Abschnitt 6.2, wie Sie auf ein Ergebnisobjekt buchen und unter diesem dann beispielsweise eine Kunden- und Materialnummer eingeben können.

Berechnung und Verbuchung der Mehrwertsteuer bei Ausgangsrechnungen

Die meisten Ausgangsrechnungen weisen eine Mehrwertsteuer aus. Wenn Sie in SAP eine steuerrelevante Buchung vornehmen, geben Sie üblicherweise in beiden Belegpositionen den Bruttobetrag sowie das passende Steuerkennzeichen ein und aktivieren das Kennzeichen STEUER RECHNEN. Das System errechnet daraufhin die Steuer automatisch und verbucht diese auf dem dafür vorgesehenen Sachkonto. Alternativ können Sie den Steuerbetrag manuell in die Buchungsmaske eingeben.

Zur Veranschaulichung wollen wir im nun folgenden »Szenario 7« der »Fair Trade Coffee GmbH« die Ausgangsrechnungen und Gutschriften für Kaffee in Haus- und Fremdwährung buchen, aber auch Rechnungen und Gutschriften merken, vorerfassen und stornieren sowie Dauerbuchungen für Lizenzerlöse vornehmen (siehe Abbildung 6.1).

Nr.	Abschnitt	Datum	Geschäftsfall	Konto	Bezeichnung	Soll	Haben
1	6.1	04.09.2021	Rechnung Kaffee Premium (AR 21/01)	41010	Umsatzerlöse 7%		2 000,00 €
				22000	Mehrwertsteuer		140,00 €
				12100	Debitor BP-31/Forderung L&L	2 140,00 €	
2	6.2	04.09.2021	Rechnung Kaffee Premium (AR 21/02)	41010	Umsatzerlöse		3 000,00 €
				22000	Mehrwertsteuer		210,00 €
				12100	Debitor BP-31/Forderung L&L	3 210,00 €	
3	6.3	05.09.2021	Rechnung (CHF) Kaffee Premium (AR 21/03)	41020	Umsatzerlöse 0%		CHF 12 000,00
				12100	Debitor BP-32/Forderung L&L	CHF 12 000,00	
4		05.09.2021	Rechnung Kaffee Premium (AR 21/04)	41010	Umsatzerlöse		5 000,00 €
				22000	Mehrwertsteuer		350,00 €
				12100	Debitor BP-33/Forderung L&L	5 350,00 €	
5	6.4.2	06.09.2021	Storno Rechnung Kaffee Premium (AR 21/04)	41010	Umsatzerlöse	5 000,00 €	
				22000	Mehrwertsteuer	350,00 €	
				12100	Debitor BP-33/Forderung L&L		5 350,00 €
6	6.4.2	06.09.2021	Rechnung Kaffee Premium (AR 21/04)	41010	Umsatzerlöse		500,00 €
				22000	Mehrwertsteuer		35,00 €
				12100	Debitor BP-33/Forderung L&L	535,00 €	
7	6.6	01.09.2021	Dauerbuchung Lizenzeinnahmen (AR 21/05)	41030	Lizenzerlöse		2 000,00 €
				22000	Mehrwertsteuer		380,00 €
				12100	Debitor BP-31/Forderung L&L	2 380,00 €	
8	6.8	01.10.2021	Gutschrift Lizenerlöse (AR 21/05)	41030	Lizenzerlöse	2 000,00 €	
				22000	Mehrwertsteuer	380,00 €	
				12100	Debitor BP-31/Forderung L&L		2 380,00 €
9		01.10.2021	Gutschrift Kaffee Premium (AR21/04)	41010	Umsatzerlöse	200,00 €	
				22000	Mehrwertsteuer	14,00 €	
				12100	Debitor BP-33/Forderung L&L		214,00 €

Abbildung 6.1: »Szenario 7« – Buchungen von Rechnungen und Gutschriften in der Debitorenbuchhaltung

6.1 Ausgangsrechnung in Hauswährung (EUR)

Wenn Sie eine Debitorenrechnung (bzw. eine Gutschrift) ohne Integration zum Vertriebsmodul SD nur in der Buchhaltung buchen wollen, verwenden Sie die App »Ausgangsrechnungen anlegen«. Diese Anwendung wurde nicht neu entwickelt, sondern entspricht der SAP-GUI-Transaktion *FB70*.

Zunächst stellen wir Ihnen die in Abbildung 6.2 schematisch dargestellten fünf Bildschirmbereiche vor und erklären kurz deren Verwendung.

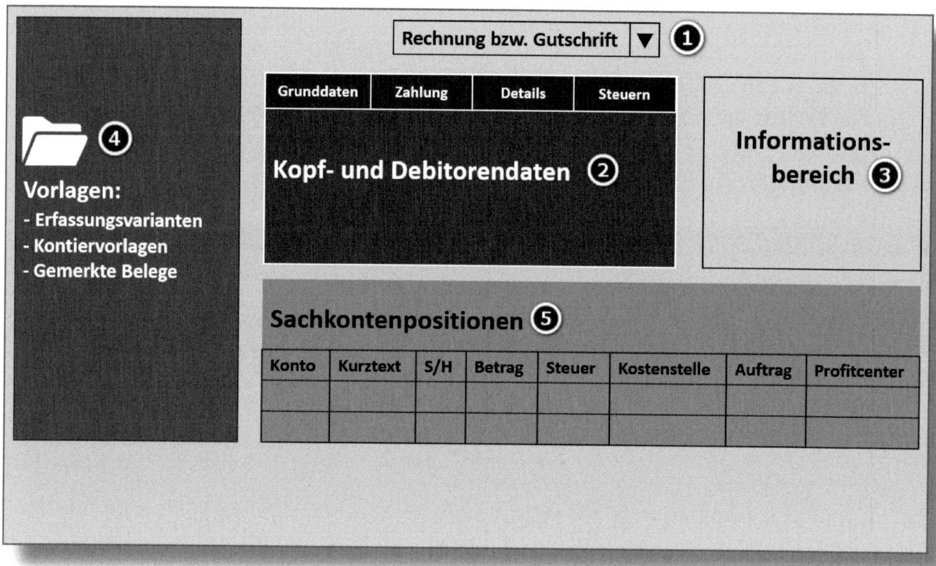

Abbildung 6.2: Übersicht App »Ausgangsrechnung anlegen«

❶ Im oberen Bildbereich wählen Sie über das Feld VORGANG aus, ob Sie eine Rechnung oder Gutschrift buchen wollen.

❷ In diesem Bereich erfassen Sie neben den Belegkopfdaten ebenfalls jene für die Belegposition des Debitors.

❸ Im Informationsbereich werden Ihnen die Detaildaten zum Debitor angezeigt.

❹ Zudem können Sie im linken Bildbereich Vorlagen einblenden, um sich durch die Auswahl einer geeigneten Erfassungsvariante die Eingabe der unter ❺ zu pflegenden Felder zu erleichtern.

❺ Hier werden die SACHKONTENPOSITIONEN erfasst.

> **☛ Verwendung eigener Erfassungsvarianten**
>
> Überlegen Sie, welche Eingabefelder Sie bei der Buchung von Eingangsrechnungen benötigen, und lassen Sie sich von der IT-Abteilung eigene Erfassungsvarianten anlegen.

Um eine Ausgangsrechnung zu erfassen, rufen Sie die App »Ausgangsrechnung anlegen« auf. Es erscheint der in Abbildung 6.3 dargestellte Eingabebildschirm.

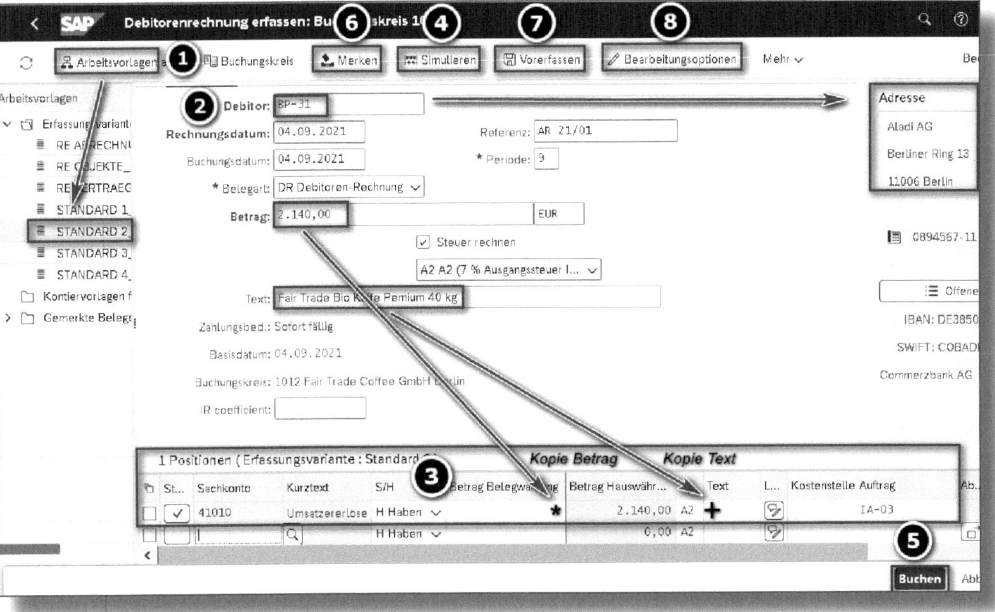

Abbildung 6.3: Debitorenrechnung erfassen – Übersicht

Zunächst wählen Sie im linken Bildschirmbereich über die Schaltfläche ARBEITSVORLAGEN ❶ eine passende ERFASSUNGSVARIANTE aus. Daraufhin erscheinen dort alle der Variante zugeordneten Felder zur Eingabe. In weiterer Folge erfassen Sie den DEBITOR im Kopfbereich, woraufhin Ihnen im Informationsbereich ❷ die Detaildaten zum Debitor, wie beispielsweise dessen Adresse, angezeigt werden.

☛ Verwenden Sie »*« und »+« in den Belegzeilen

Sie können den im Kopf erfassten Betrag und Text durch das Eintragen des Zeichens »*« bzw. »+« von der ersten Belegposition in die weiteren Belegzeilen unten kopieren.

Nachdem Sie den Beleg vollständig erfasst haben, können Sie die Buchung SIMULIEREN ❹ und, wenn die Rechnung korrekt erfasst ist, diesen Beleg auch BUCHEN ❺. Für den Fall, dass Sie den Beleg jedoch nur zwischenspeichern wollen, können Sie ihn MERKEN ❻ oder VORERFASSEN ❼. Diese beiden Funktionen werden im Abschnitt 6.2 noch detaillierter beschrieben.

Unter BEARBEITUNGSOPTIONEN ❽ sind bestimmte Voreinstellungen möglich, etwa, ob die Belegart vom Benutzer eingegeben werden kann oder ihm nur angezeigt wird. Zudem lassen sich die eingeblendeten Felder im Belegkopf reduzieren, indem Sie z. B. das Feld PARTNERGESCHÄFTSBEREICH ausblenden (siehe Abbildung 6.4).

In Abbildung 6.5 haben wir Ihnen die wichtigsten Felder für die Erfassung der ersten Ausgangsrechnung hervorgehoben. Das Feld VORGANG ❶ ist standardmäßig mit dem Eintrag *R Rechnung* voreingestellt und muss für den Fall, dass Sie eine Gutschrift buchen wollen, entsprechend geändert werden. Anschließend erfassen Sie den DEBITOR ❷ und bekommen dessen Adresse und Bankverbindung dann automatisch im Informationsbereich angezeigt.

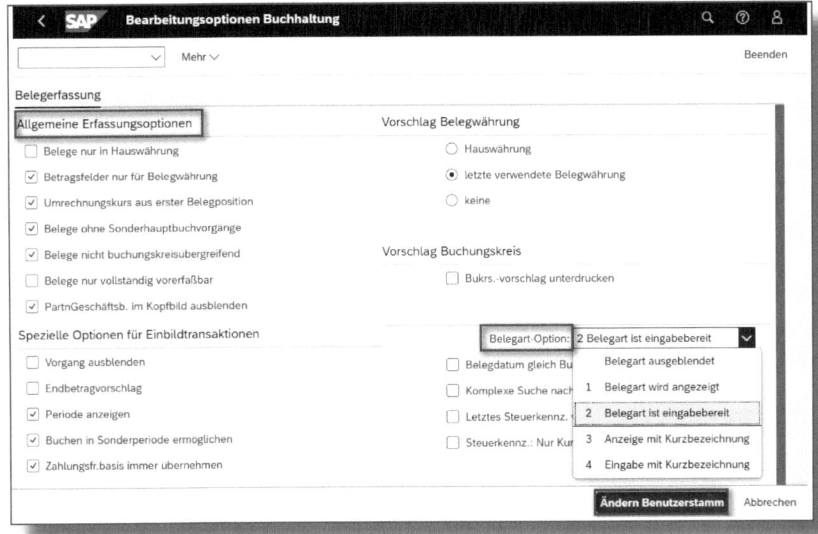

Abbildung 6.4: Bearbeitungsoptionen

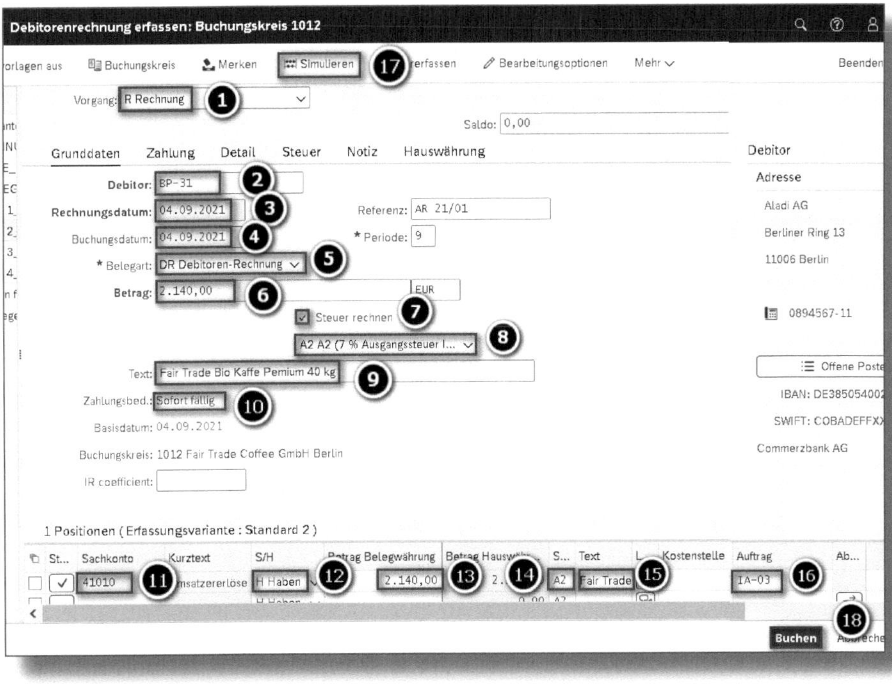

Abbildung 6.5: Debitorenrechnung erfassen – Detail

Schnelle Prüfung der Adresse

Werfen Sie beim Buchen der Ausgangsrechnung einen kurzen Blick auf die Adressdaten. Vergleichen Sie diese Daten mit der Ihnen vorliegenden Rechnung und prüfen Sie, ob Sie den richtigen Debitor ausgewählt haben oder sich die Adresse eventuell geändert hat.

Für den Fall, dass Sie die Debitorennummer nicht kennen, können Sie mithilfe der F4-Taste eine Eingabehilfe aufrufen und nach unterschiedlichen Selektionskriterien die richtige Debitorennummer finden. Über das Rechnungsdatum (= Belegdatum) ❸ und das Buchungsdatum ❹ haben wir im Zusammenhang von Buchungen auf Sachkonten im Abschnitt 3.1 schon gesprochen. In das Feld Referenz geben Sie Ihre Rechnungsnummer ein. Nehmen wir an, die Rechnung an den Kunden »Aladi AG« im Jahr 2021 hat die Rechnungsnummer 21/01, dann geben Sie *21/01* oder *AR 21/01* ein. Die Belegart ❺ kann voreingestellt werden. Erfassen Sie dann den Betrag ❻. Als Nächstes markieren Sie das Kennzeichen Steuer rechnen ❼ und wählen das passende Steuerkennzeichen ❽ aus. In unserem Beispiel wählen wir *A2* für »7 % Mehrwertsteuer« als reduzierten Steuersatz für Lebensmittel aus. In Kapitel 10 haben wir als Beispiel einen Anlagenverkauf mit dem in Deutschland geltenden Normalsteuersatz von 19 % Mehrwertsteuer dargestellt.

Vorbelegung des Kennzeichens »Steuer rechnen«

Anstatt bei jeder Buchung das Kennzeichen »Steuer rechnen« zu markieren, können Sie in Ihren Benutzereinstellungen für den Benutzerparameter XTX den Wert »X« hinterlegen. Damit ist dieses Feld als Vorschlagswert markiert.

Default-Steuerkennzeichen für Debitorenrechnung

Für die Anwendung »Debitorenrechnung« kann in den Systemeinstellungen festgelegt werden, welche Steuerkennzeichen zulässig sind und welches davon als Vorschlagswert erscheinen soll. Ist beispielsweise das Kennzeichen A1 »Mehrwertsteuer Inland 19 %«

> oder das Kennzeichen A2 »Mehrwertsteuer Inland 7 %« das am häufigsten verwendete Kennzeichen, sollte dieses hinterlegt werden.

Im Feld TEXT ❾ erfassen Sie eine aussagekräftige Beschreibung des Geschäftsvorfalls. In unserem Beispiel haben wir »Bio Fair Trade Kaffee Premium 40 kg« eingegeben. Die Eingabe kann bis zu 50 Zeichen umfassen. Die ZAHLUNGSBEDINGUNG ❿ wird aus dem Stammsatz des Debitors übernommen und kann bei Bedarf über den Reiter ZAHLUNG angepasst werden. Bei den Belegpositionen geben Sie das SACHKONTO ⓫, den Betrag, die BELEGWÄHRUNG ⓭ und einen TEXT ⓯ ein. Alternativ können Sie den BETRAG mittels »*« und den TEXT mittels »+« aus den Kopfdaten übernehmen. Nachdem Sie alle Eingaben vorgenommen haben, können Sie den Beleg SIMULIEREN ⓱ oder direkt BUCHEN ⓲.

Der simulierte Beleg in Abbildung 6.6 zeigt die Debitorenposition mit dem eingegebenen Betrag von *2.140 EUR* als Sollposition an. Die Steuer von 7 Prozent wird vom System berechnet, was dazu führt, dass auf der Habenseite der Nettobetrag von *-2.000 EUR* auf dem Umsatzerlöskonto und die Steuer von *-140,00 EUR* auf dem Mehrwertsteuerkonto gebucht werden. Sie haben die Möglichkeit, über die Drucktaste AUSWÄHLEN ein für Sie passendes Layout festzulegen. In unserem Beispiel haben wir das Layout *3SAP* gewählt, um den eingegebenen Innenauftrag inklusive Positionstext angezeigt zu bekommen.

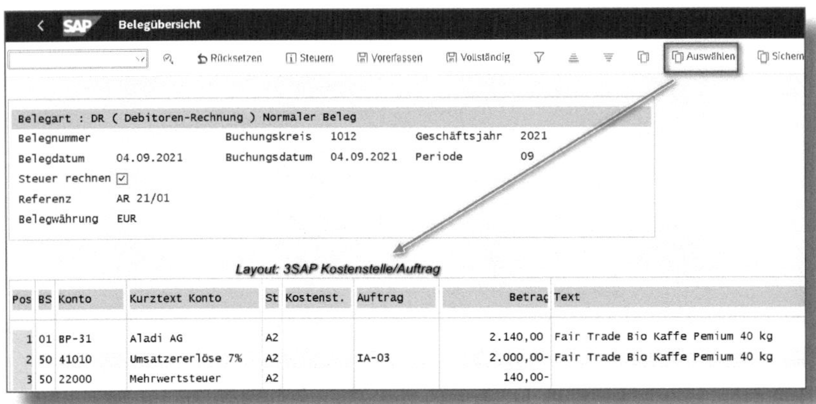

Abbildung 6.6: Debitorenrechnung simulieren und buchen

Da in unserem Beispiel die Simulation das richtige Ergebnis zeigt, buchen wir den Beleg.

6.2 Beleg merken und vorerfassen

Unterschiedlichste Gründe können zu einer Unterbrechung der Belegerfassung führen. Damit die bereits erfassten Daten nicht verloren gehen, haben Sie die Möglichkeit, diese über die Funktionen BELEG MERKEN oder BELEG VORERFASSEN zu sichern und zu einem späteren Zeitpunkt zu ergänzen, abzuändern oder den gespeicherten Beleg ganz zu löschen. In Abbildung 6.7 sind die wesentlichen Unterschiede der beiden Funktionen zum Vorerfassen oder Merken von Belegen dargestellt.

Beleg merken	Beleg vorerfassen
Speicherung unter frei wählbarer Kennung	Speicherung unter finaler Belegnummer
Weiterverarbeitung nur vom Ersteller	Weiterverarbeitung von jedem User
Änderung und Löschen des Belegs möglich	Änderung und Löschen des Belegs möglich
kein Einfluss auf Bilanz/GuV	kein Einfluss auf Bilanz/GuV
in keinem Bericht ersichtlich	nur in bestimmten Einzelpostenberichten darstellbar
	4-Augen-Prinzip und Workflow möglich

Abbildung 6.7: Gegenüberstellung »Beleg merken« und »Beleg vorerfassen«

In beiden Fällen wird der Beleg nicht tatsächlich gebucht, sondern nur zwischengespeichert und kann noch geändert oder auch gelöscht werden. Beim Speichern des vorerfassten Belegs wird die endgültige

Belegnummer vergeben. Dieser Beleg kann von jedem Berechtigten aufgerufen werden, während dies beim gemerkten Beleg nur der Erfasser selbst darf. Soll das *4-Augen-Prinzip* oder ein *Workflow* realisiert werden, ist nur die Funktion »Beleg vorerfassen« geeignet.

☛ Beleg merken oder Beleg vorerfassen?

Sie haben einen umfangreichen Beleg fast fertig erfasst, in zwei Minuten beginnt jedoch eine wichtige Besprechung und Sie wollen die Buchung anschließend gleich fertigstellen? Dann geben Sie als Merkbegriff einfach Ihr Namenskürzel ein und speichern Sie Ihre Eingaben mit *Beleg merken*.

Das zu bebuchende CO-Kontierungsobjekt ist noch zu klären, Sie haben morgen aber Urlaub und werden von einem Kollegen vertreten? Dann verwenden Sie die Funktion *Beleg vorerfassen*.

Zur Demonstration beider Optionen erfassen wir für denselben Debitor noch eine Ausgangsrechnung über *3.210 EUR*, bei der wir auf Wunsch der Controlling-Abteilung als CO-Kontierungsobjekt ein Ergebnisobjekt mit den Merkmalen »Kunde« und »Artikel« zuordnen sollen. Nachdem wir allerdings die vorherige Ausgangsrechnung desselben Debitors auf den Innenauftrag gebucht haben, werden wir vor dem tatsächlichen Verbuchen der Debitorenrechnung nochmals mit der Controlling-Abteilung Rücksprache halten. Damit wir die Verbuchung der Debitorenrechnung nicht abbrechen müssen, da sonst die bereits erfassten Daten verloren gehen, können wir den Beleg entweder merken oder vorerfassen.

6.2.1 Beleg vorerfassen

Aufgrund der beschriebenen Unklarheiten im Zusammenhang mit dem Kontierungsobjekt werden wir die Debitorenrechnung nicht sofort buchen, sondern nur vorerfassen (siehe Abbildung 6.8). Um eine Kontierung auf das Ergebnisobjekt vorzunehmen, klicken Sie in der ersten Belegposition auf das Feld ERGEBNISOBJEKT ❶.

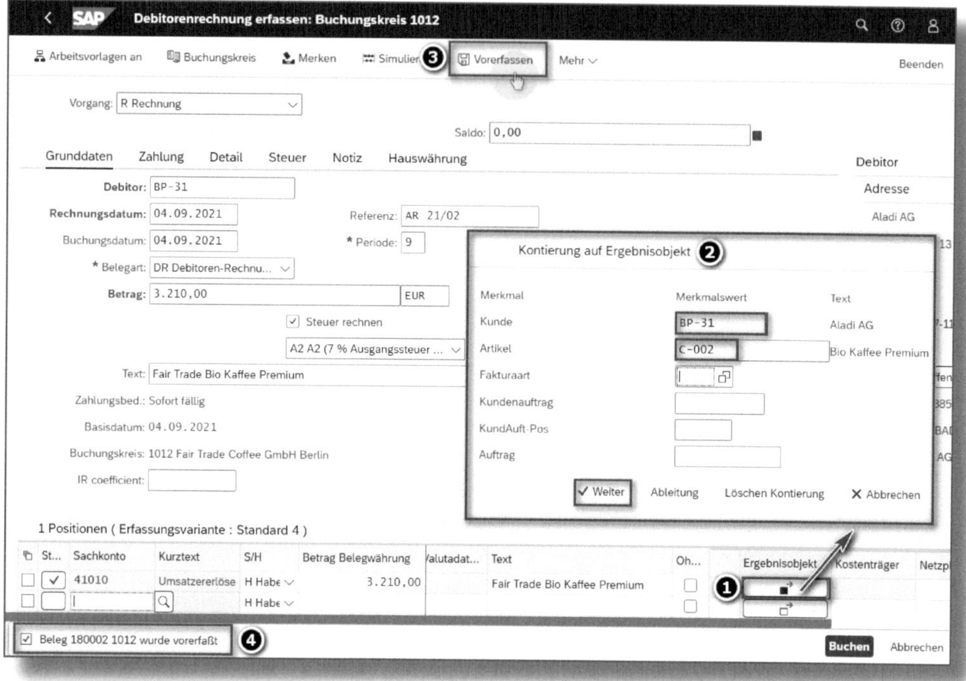

Abbildung 6.8: Debitorenrechnung vorerfassen mit Kontierung auf Ergebnisobjekt

In der daraufhin erscheinenden Eingabemaske KONTIERUNG AUF ERGEBNISOBJEKT ❷ erfassen Sie den KUNDEN *BP-31* sowie den ARTIKEL *C-002*. Anschließend bestätigen Sie Ihre eingegebenen Werte und gelangen zurück zur ursprünglichen Belegerfassungsmaske. Nun können Sie den Beleg über die gleichnamige Schaltfläche vorerfassen ❸. Der Beleg wird dann unter der BELEGNUMMER *180002* ❹ gesichert.

Nachdem sich in der Zwischenzeit die Unklarheiten im Zusammenhang mit dem CO-Kontierungsobjekt geklärt haben, können wir die vorerfasste Debitorenrechnung verbuchen. Dazu verwenden Sie die Fiori-App »Vorerfassten Beleg buchen«. Im Einstiegsbild geben Sie den BUCHUNGSKREIS und die BELEGNUMMER des vorerfassten Belegs an, und über die Drucktaste WEITER gelangen Sie zum Detailbild der vorerfassten Debitorenrechnung (siehe Abbildung 6.9).

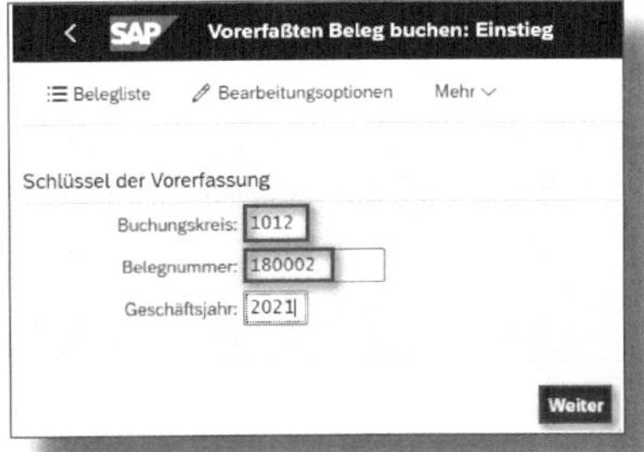

Abbildung 6.9: App »Vorerfassten Beleg buchen«

Wenn Sie den vorerfassten Beleg nicht mehr ändern müssen, können Sie die Verbuchung des Belegs über die Schaltfläche BUCHEN durchführen, und Sie erhalten die Systemmeldung, dass der Buchungsbeleg gebucht wurde (siehe Abbildung 6.10).

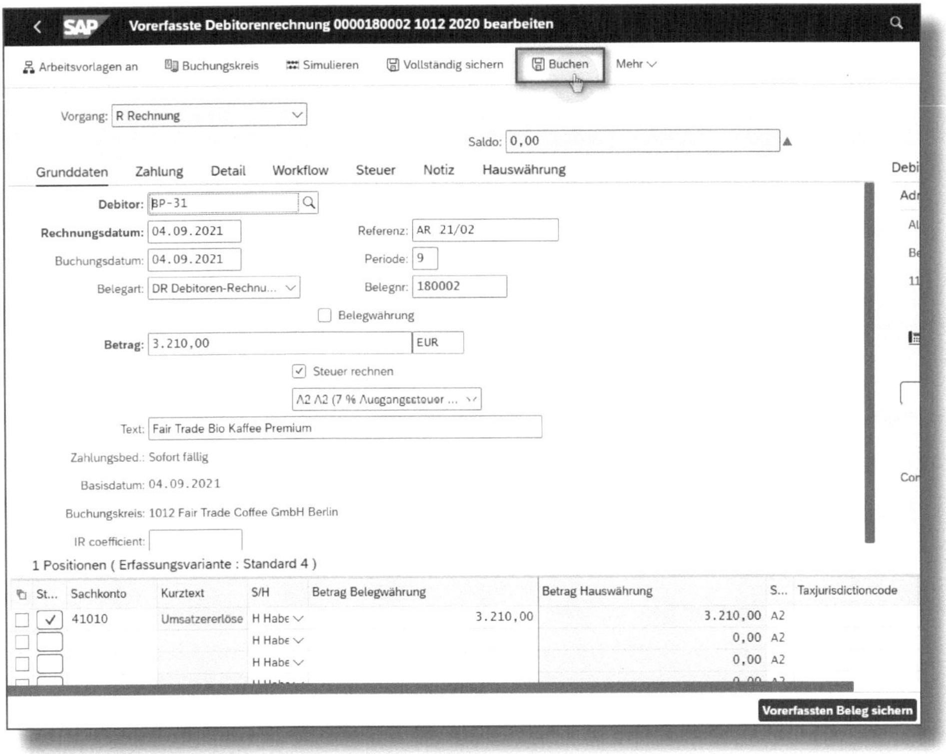

Abbildung 6.10: Buchung des vorerfassten Belegs

6.2.2 Beleg merken

Alternativ hätten Sie die erfassten Daten der Debitorenrechnung auch über die Funktion BELEG MERKEN ❶ sichern können, indem Sie dem Beleg einen beliebigen Merkbegriff als VORLÄUFIGE BELEGNUMMER ❷ zuordnen und ihn anschließend über den Button BELEG MERKEN ❸ speichern. Damit wird der Beleg dann unter der Bezeichnung *AR 21/02* vorgehalten ❹ (siehe Abbildung 6.11).

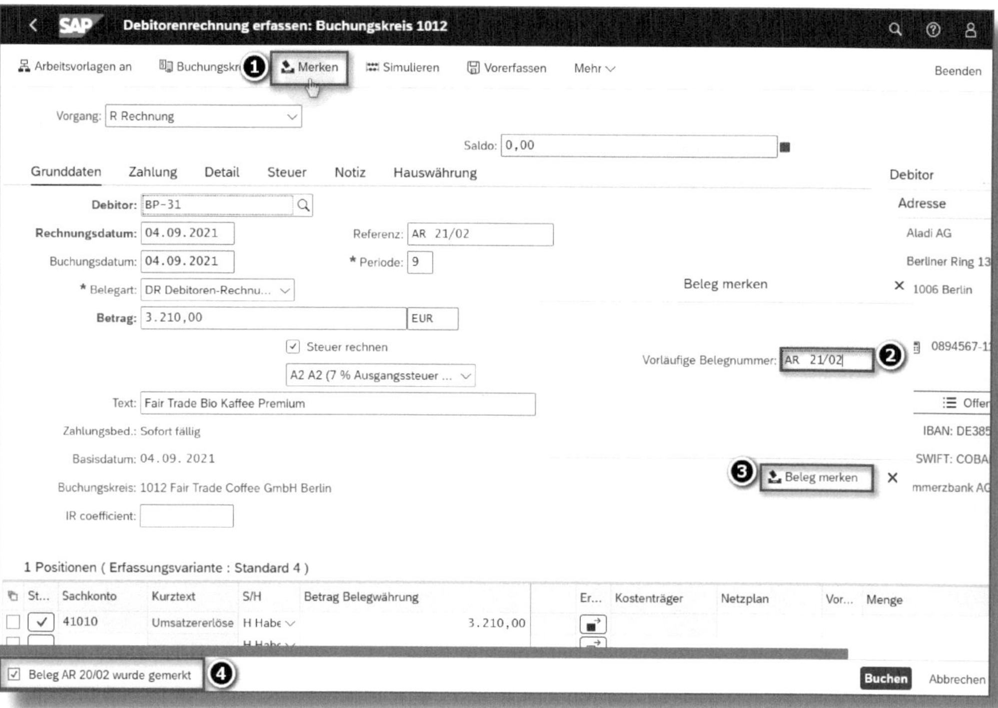

Abbildung 6.11: Debitorenrechnung merken

Wenn Sie den gemerkten Beleg im Anschluss weiterverarbeiten oder sogar löschen wollen, können Sie ihn sich über die ARBEITSVORLAGEN ❶ im Ordner *gemerkte Belege* ❷ anzeigen lassen (siehe Abbildung 6.12). In unserem Fall haben wir die Debitorenrechnung bereits gebucht und wollen den gemerkten Beleg nun löschen. Dazu klicken wir auf den gemerkten Beleg ❸ und wählen über die rechte Maustaste die Option GEMERKTEN BELEG LÖSCHEN ❹.

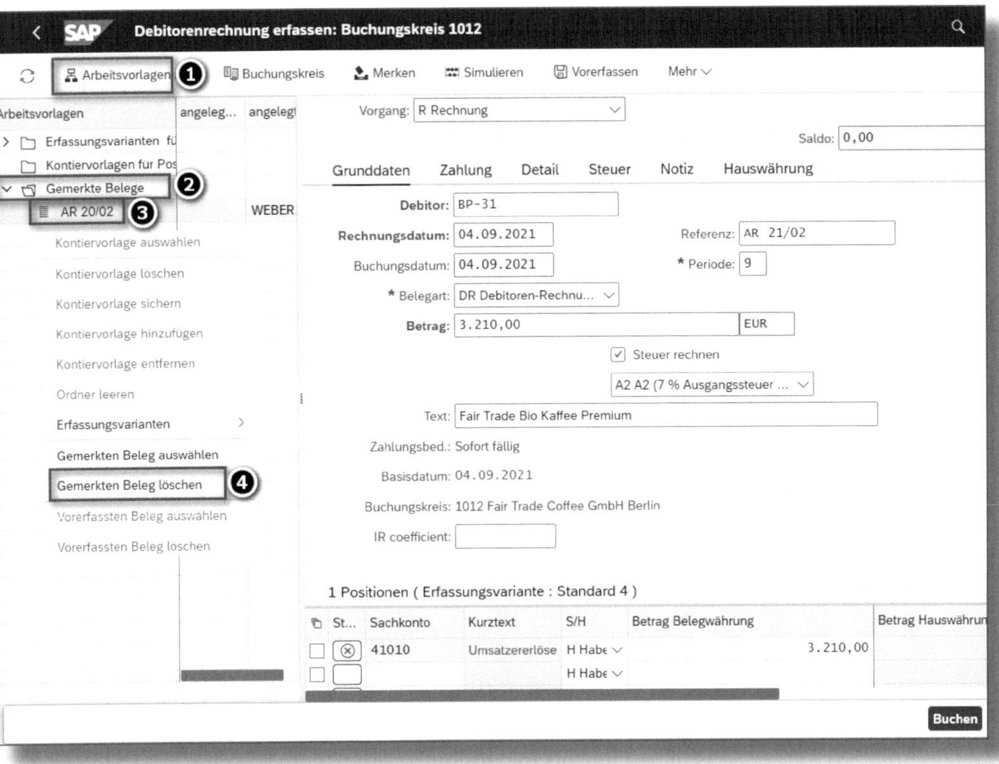

Abbildung 6.12: Gemerkte Belege löschen

6.3 Ausgangsrechnung in Fremdwährung (CHF)

Unsere Beispielfirma »Fair Trade Coffee GmbH« hat von ihrem Schweizer Kunden, der Migrosse AG, einen Großauftrag über 12.000 CHF erhalten, den wir bereits fakturiert haben und nun mit der App »Ausgangsrechnung anlegen« erfassen müssen (siehe Abbildung 6.13).

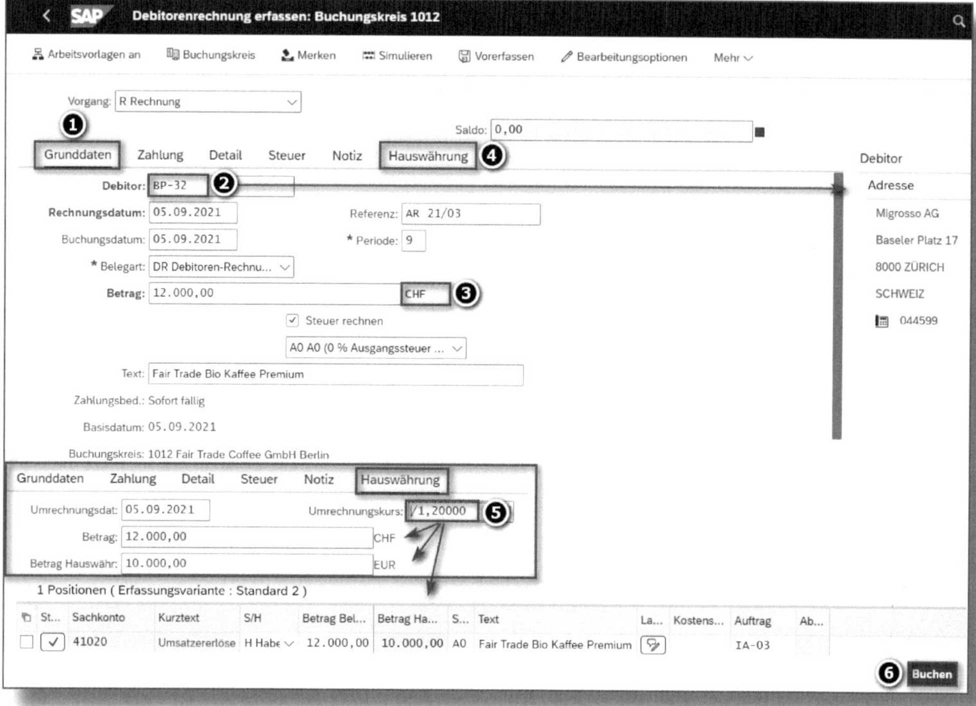

Abbildung 6.13: Ausgangsrechnung in Fremdwährung

Im ersten Schritt erfassen Sie unter dem Reiter GRUNDDATEN ❶ die Debitorennummer, in unserem Fall *BP-32* ❷. Die Adressinformationen zu unserem Schweizer Kunden werden Ihnen rechts angezeigt. Als WÄHRUNG wählen Sie *CHF* ❸ und geben unter dem Reiter HAUSWÄHRUNG ❹ Umrechnungsinformationen ein. Im Feld UMRECHNUNGSKURS ❺ übernimmt das System automatisch den Kurs aus der Kurstabelle, die in der Regel täglich über eine automatisierte Schnittstelle von der IT-Abteilung gepflegt wird. Dieser Umrechnungskurs dient jedoch nur als Vorschlagswert und kann bei Bedarf überschrieben werden. In unserem Fall ändern wir den Kurs auf */1,20000,* wodurch die *12.000 CHF* durch 1,2 dividiert werden und sich ein Betrag von *10.000 EUR* ergibt. Nachdem Sie den Beleg vollständig erfasst haben, können Sie ihn BUCHEN ❻.

Preis- und Mengennotierung bei Umrechnungskursen

Im Allgemeinen wird bei der Pflege der Umrechnungskurse zwischen einer *Mengen-* und einer *Preisnotierung* unterschieden. Bei der Mengennotierung wird der Fremdwährungsbetrag mit dem Kurs multipliziert, bei der Preisnotierung durch den Kurs dividiert.

Eingabe Umrechnungskurs

Der Umrechnungskurs wird in SAP mit fünf Nachkommastellen angezeigt. Sie können aber statt 1,20000 lediglich 1,2 eingeben und bei der Mengennotierung das »*« (Malzeichen) auch weglassen.

Zusätzlich lassen sich zu einem Beleg ANLAGEN ❷ hinzufügen und NOTIZEN ❶ erfassen (siehe Abbildung 6.14). Sie könnten beispielsweise die Ausgangsrechnung einscannen und dieses PDF-Dokument als Anlage hochladen. Für eine Automatisierung dieser Prozesse bietet die SAP gemeinsam mit verschiedenen Partnerfirmen interessante Lösungen zur Belegarchivierung an. Sprechen Sie bei Interesse die SAP direkt an oder googeln Sie nach »SAP-Belegarchivierung«

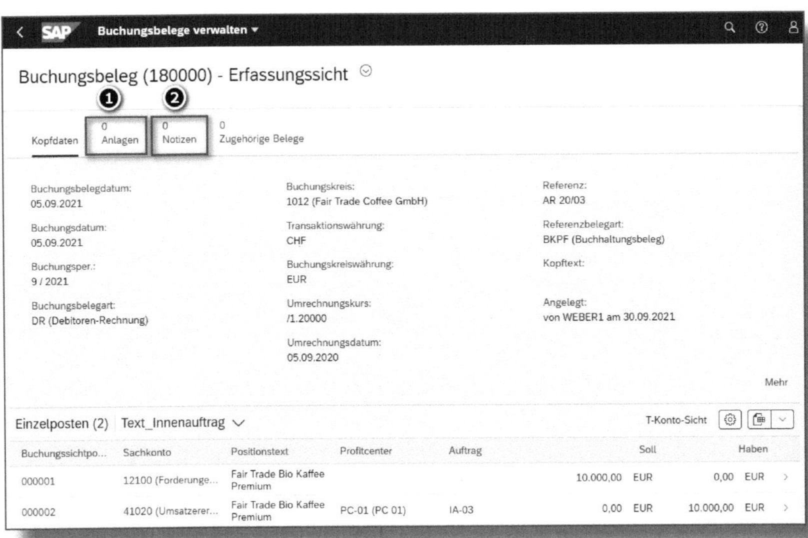

Abbildung 6.14: Belege mit Anlagen und Notizen

Über den entsprechenden Button können Sie sich den Beleg auch in T-KONTO-SICHT anzeigen lassen (siehe Abbildung 6.15).

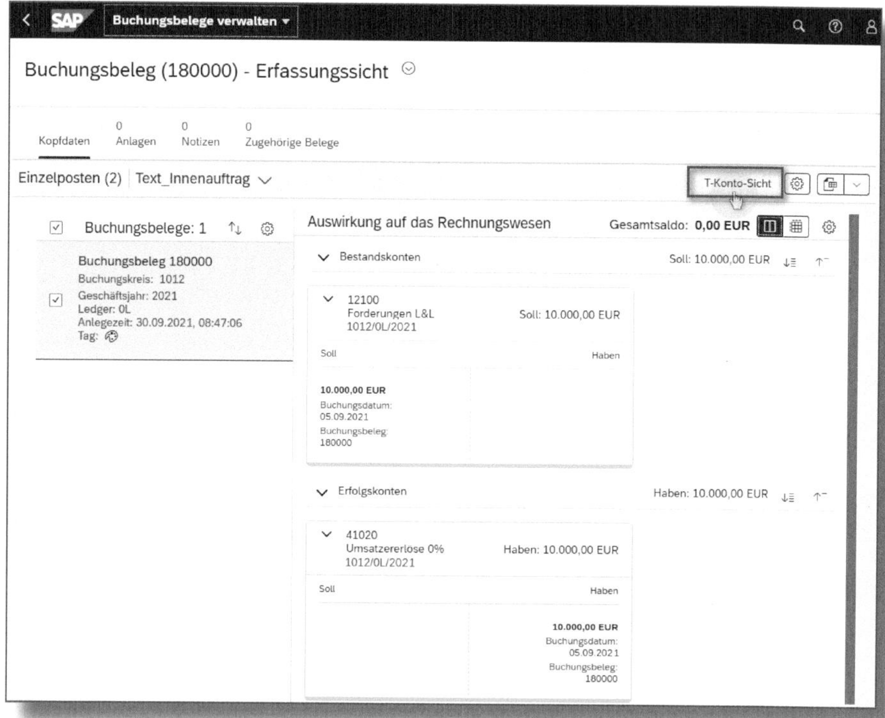

Abbildung 6.15: Anzeige Beleg in T-Konto-Sicht

6.4 Belegstorno und Belegänderung

Es gehört zu den Grundsätzen ordnungsgemäßer Buchhaltung, dass ein mit falschem Konto, falschem Betrag oder falscher CO-Kontierung gebuchter Beleg im Nachhinein nicht einfach geändert werden darf, sondern storniert und erneut gebucht werden muss. Sie haben jedoch bei nicht kritischen Feldern die Möglichkeit, in den Systemeinstellungen zu definieren, ob diese bei Bedarf nachträglich geändert werden dürfen.

In Abbildung 6.16 haben wir Ihnen beide Verfahren beispielhaft dargestellt. Sie rufen zunächst die App »Buchungsbelege verwalten« auf.

Abbildung 6.16: Beleg ändern oder Beleg stornieren

6.4.1 Beleganderung

Für den Fall, dass Sie im Nachhinein beispielsweise den POSITIONSTEXT ❶ ändern wollen, klicken Sie auf die Schaltfläche BEARBEITEN ❷. Wie Sie anhand von Abbildung 6.17 erkennen können, ist nun der POSITIONSTEXT ❶ änderbar, der Betrag ❷ hingegen nicht. Zudem dokumentiert das System bei jeder Belegänderung, wer welche Anpassung (Wert alt und Wert neu) an welchem Datum und zu welcher Uhrzeit vorgenommen hat. Die durchgeführten Belegänderungen können Sie über den Button SICHERN ❸ speichern.

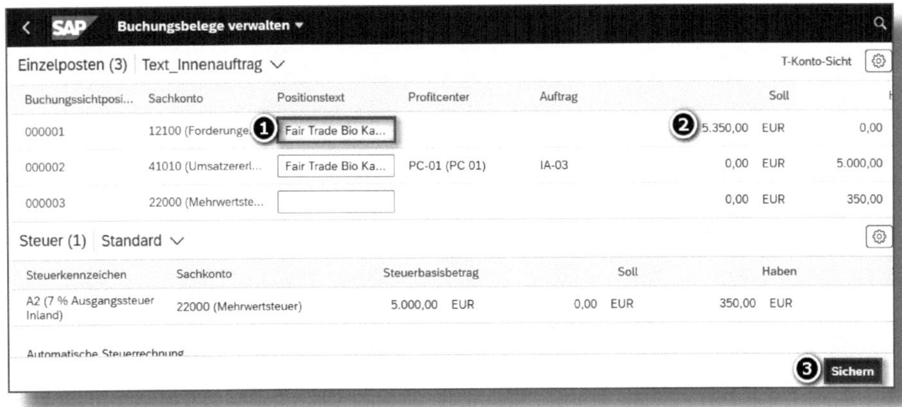

Abbildung 6.17: Beleg ändern

6.4.2 Belegstorno

Gehen wir davon aus, dass der Beleg in Abbildung 6.16 mit falschem Betrag ❸ gebucht wurde. Daher muss er nun über die entsprechende Schaltfläche ❹ storniert werden.

Anschließend müssen Sie einen STORNOGRUND auswählen, ein BUCHUNGSDATUM eingeben und mit der Taste OK bestätigen (siehe Abbildung 6.18). Mögliche Stornogründe können systemseitig hinterlegt werden.

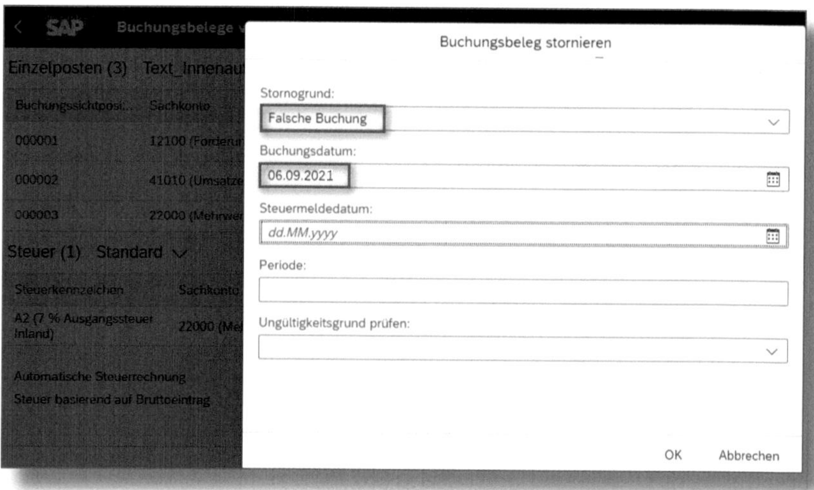

Abbildung 6.18: Buchungsbeleg stornieren

Der stornierte Beleg ist automatisch mit dem ursprünglich gebuchten Beleg verknüpft (siehe Abbildung 6.19), sodass im Belegkopf der jeweils andere Beleg ersichtlich ist.

Nachdem der Buchungsbeleg storniert wurde, können wir die Debitorenrechnung (vgl. Abbildung 6.2) erneut verbuchen, aber diesmal mit dem richtigen Betrag (Abbildung 6.20).

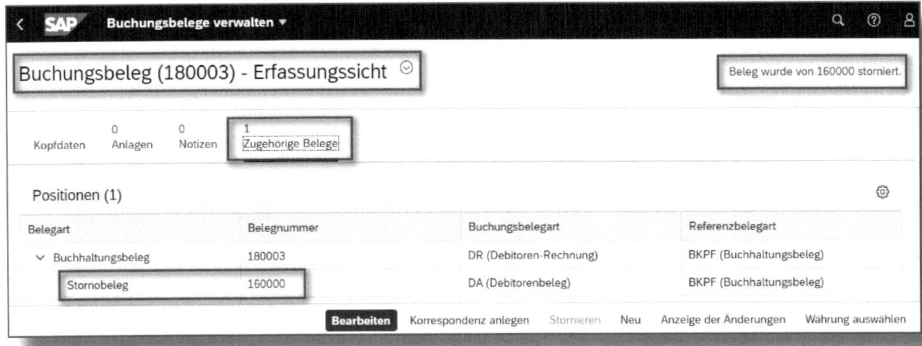

Abbildung 6.19: Stornierter Beleg und Stornobeleg

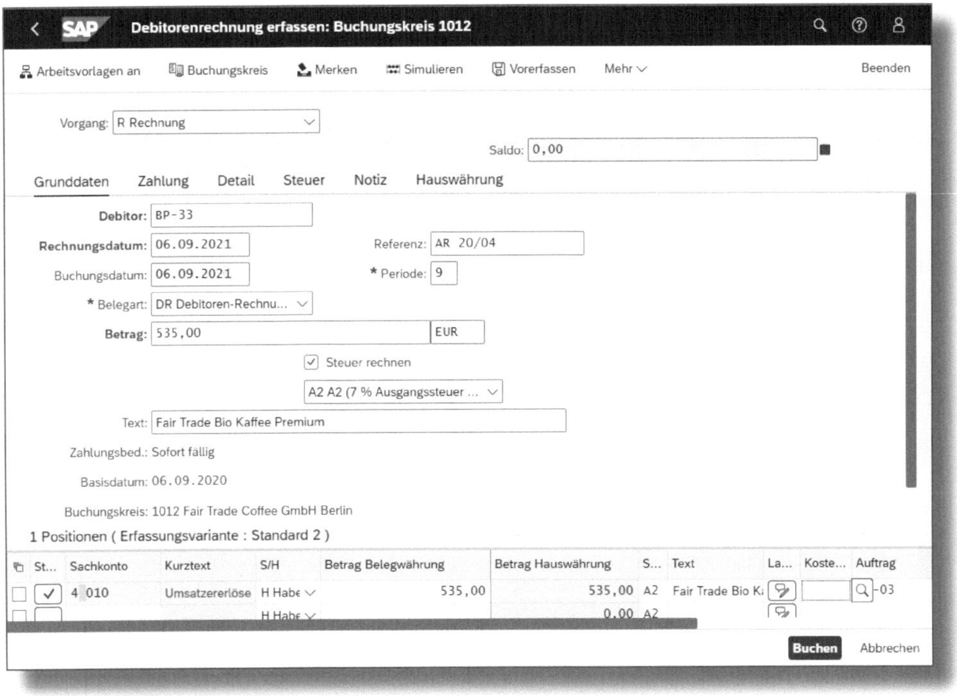

Debitorenrechnung erfassen: Buchungskreis 1012
Arbeitsvorlagen an
Buchungskreis
Merken
Simulieren
Vorerfassen
Mehr
Beenden
Vorgang: R Rechnung
Saldo: 0,00
Grunddaten
Zahlung
Detail
Steuer
Notiz
Hauswährung
Debitor: BP-33
Rechnungsdatum: 06.09.2021
Referenz: AR 20/04
Buchungsdatum: 06.09.2021
* Periode: 9
* Belegart: DR Debitoren-Rechnu...
Betrag: 535,00 EUR
Steuer rechnen
A2 A2 (7 % Ausgangssteuer ...
Text: Fair Trade Bio Kaffee Premium
Zahlungsbed.: Sofort fällig
Basisdatum: 06.09.2020
Buchungskreis: 1012 Fair Trade Coffee GmbH Berlin
1 Positionen (Erfassungsvariante : Standard 2)

St...	Sachkonto	Kurztext	S/H	Betrag Belegwährung	Betrag Hauswährung	S...	Text	La...	Koste...	Auftrag
✓	4 010	Umsatzerlöse	H Habe	535,00	535,00	A2	Fair Trade Bio K			-03
			H Habe		0,00	A2				

Buchen
Abbrechen

Abbildung 6.20: Erneute Buchung der Ausgangsrechnung mit korrektem Betrag

6.5 Buchen mit Vorlage

> **☛ Zeitersparnis: Beleg mit Vorlage erfassen**
>
> Sie müssen nicht jede Buchung vollständig neu erfassen. Nehmen Sie bestehende Buchungsbelege als Vorlage und ändern Sie die kopierten Felder entsprechend ab. Achten Sie aber darauf, wirklich alle notwendigen Anpassungen vorzunehmen.

Einen gerade erstellten Beleg können Sie über MEHR • SPRINGEN • BUCHEN MIT VORLAGE oder mittels der Tastenkombination ⇧ + F9 als Vorlage verwenden.

Unter dem Reiter ABLAUFSTEUERUNG lassen sich noch weitere Einstellungen vornehmen (siehe Abbildung 6.21). Sie können beispielsweise die Vorlagebuchung einfach spiegelverkehrt buchen (UMKEHRBUCHUNG ERZEUGEN) oder nur die Konten ohne Beträge übernehmen (KEINE BETRÄGE VORSCHLAGEN). Probieren Sie einfach die unterschiedlichen Optionen mithilfe der Funktion »Beleg simulieren« aus.

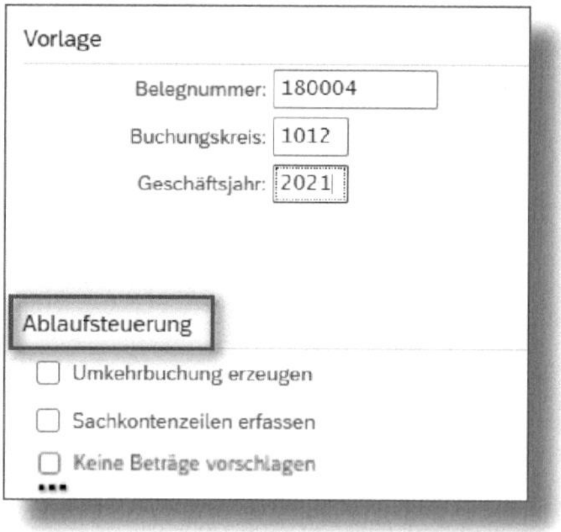

Abbildung 6.21: Buchen mit Vorlage

6.6 Dauerbuchung

Unsere Beispielfirma hat einen Lizenzvertrag mit einem Kunden abgeschlossen, der zusätzliche monatliche Erlöse in Aussicht stellt. Da wir Lizenzerlöse jeden Monat erneut verbuchen müssen, können wir die entsprechende Buchung mithilfe eines Dauerbuchungsurbelegs, eines Dauerbuchungslaufs und durch Abspielen der erstellten Batch-Input-Mappe realisieren (siehe Abbildung 6.22).

		Dauerbuchung	
1	Dauerbuchungs-urbeleg anlegen	FI-Urbeleg	✓ Allg. Daten zur Ausführung pflegen ✓ Angaben zum Belegkopf eingeben ✓ Belegpositionen erfassen
2a	Dauerbuchungs-lauf ausführen	Batch-Input Mappe	✓ Periodisches Ausführen des Dauerbuchungslaufs ✓ Erzeugung Batch-Input Mappe
2b	Batch-Input Mappe abspielen	FI-Beleg	✓ Abspielen der Batch-Input Mappe ✓ Erzeugen der Buchung

Abbildung 6.22: Übersicht Dauerbuchung

Für die Erstellung von Dauerbuchungen im Debitorenbereich sind »klassische« Apps, die also noch die alten GUI-Transaktionen webbasiert aufrufen, zu verwenden (siehe Abbildung 6.23). Wenn Sie Dauerbuchungen nur mit Hauptbuchkonten erstellen wollen, können Sie die native, sprich neu entwickelte Fiori-App »Dauerbuchungsbelege verwalten« nutzen.

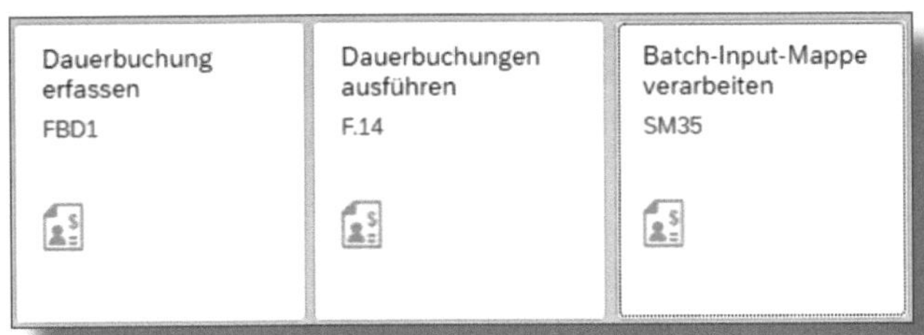

Abbildung 6.23: Fiori-Apps für Dauerbuchungen

☛ Verwendung von Dauerbuchungs- oder Vorlagebelegen

Wenn Sie beispielsweise einen Lizenzvertrag abgeschlossen und dadurch laufende Lizenzeinnahmen haben, müssen Sie jeden Monat die gleiche Buchung wie im Vormonat vornehmen. Statt alle Daten neu einzugeben, können Sie entweder den letzten Buchungsbeleg als Vorlage nehmen oder die Buchung anhand eines *Dauerbuchungsurbelegs* und eines *Dauerbuchungslaufs* durchführen.

6.6.1 Dauerbuchungsurbeleg

Um einen Dauerbuchungsurbeleg anzulegen, rufen Sie die Fiori-App »Dauerbuchung erfassen« auf.

Im Einstiegsbild tragen Sie zunächst die Daten zur Ausführung der Dauerbuchung ein (siehe Abbildung 6.24). Die Lizenzrechnung soll jeweils zum Ersten des Monats fällig sein und bereits mit dem aktuellen Monat beginnen; daher geben Sie im Feld ERSTE AUSFÜHRUNG AM den *01.09.2021* ❶ an. Der Lizenzvertrag wurde für ein Jahr abgeschlossen, weshalb der letzte Tag der Ausführung mit dem *01.08.2022* ❷ anzugeben ist. Da die Lizenzeinnahmen regelmäßig am 1. jedes Monats erfolgen, müssen Sie die Felder ABSTAND IN MONATEN ❸ und TAG DER AUSFÜHRUNG ❹ dementsprechend befüllen.

Nach dem Ausfüllen der allgemeinen Daten geben Sie die Informationen zum Belegkopf ein. Tragen Sie die BELEGART *DR* ❺ für Debitorenrechnung ein, in das Feld REFERENZ ❻ die Rechnungsnummer des Kunden und als BELEGKOPFTEXT ❼ *Lizenzerlöse*. Für die ERSTE BELEGPOSITION wählen Sie den BUCHUNGSSCHLÜSSEL ❽ *01* (Sollbuchung Debitor) und im Feld KONTO ❾ den gewünschten Geschäftspartner aus, in unserem Fall *BP-31*.

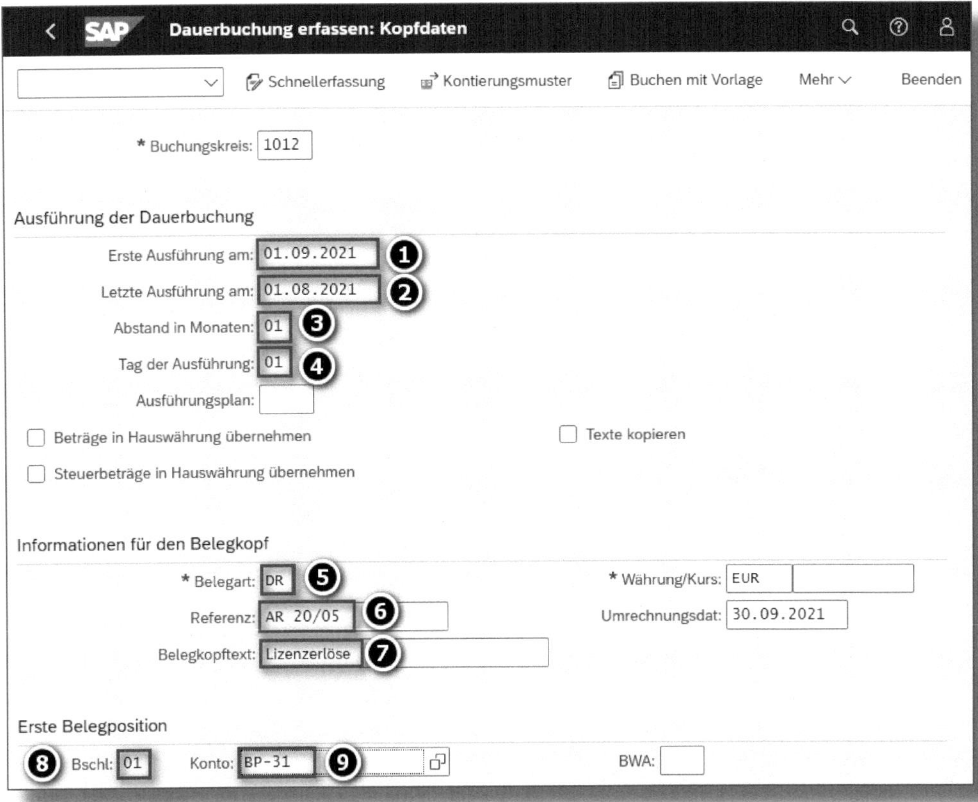

Abbildung 6.24: Dauerbuchungsurbeleg Lizenzerlöse BP-31

Im Detailbild zur ersten Belegposition müssen Sie lediglich den BETRAG ❿ hinterlegen und das Kennzeichen STEUER RECHNEN ⓫ markieren (siehe Abbildung 6.25). Für die zweite (NÄCHSTE) BELEGPOSITION wählen Sie den BUCHUNGSSCHLÜSSEL *50* ⓬ und geben das KONTO *41030* (Lizenzerlöse) ⓭ an.

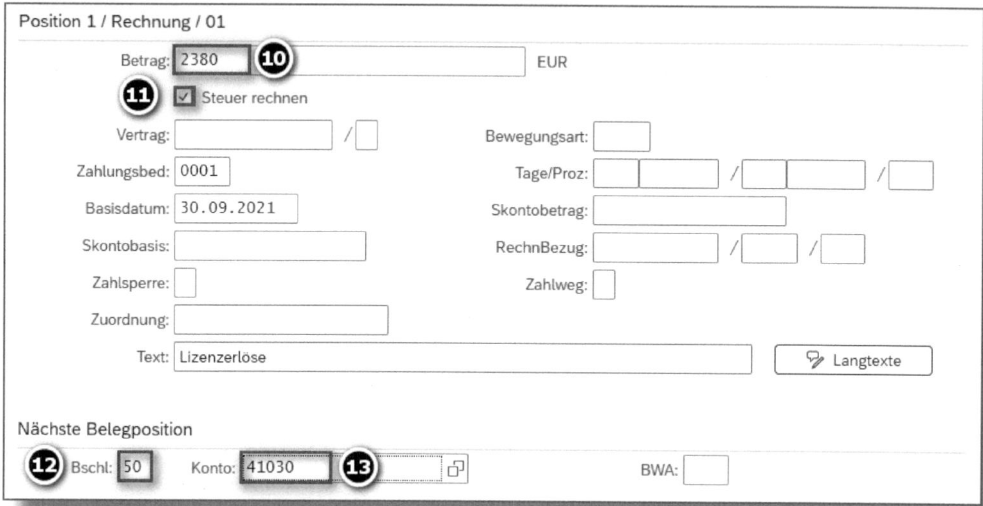

Abbildung 6.25: Erste Belegposition – Dauerbuchungsurbeleg

Im Detailbild zur zweiten Belegposition können Sie den BETRAG ⓮ mit »*« übernehmen und wählen das Steuerkennzeichen *A1* ⓯ aus (siehe Abbildung 6.26). Da es sich um eine Erlösart handelt, geben wir im Feld AUFTRAG ⓰ den Wert *IA-03* ein. Als POSITIONSTEXT ⓱ ergänzen Sie eine aussagekräftige Beschreibung des Geschäftsvorfalls. Nachdem Sie alle Daten erfasst haben, können Sie den Dauerbuchungsurbeleg über die Schaltfläche BUCHEN ⓲ sichern.

Das System erzeugt keinen normalen Beleg, der in der Bilanz ausgewiesen wird, sondern einen Dauerbuchungsurbeleg, der zukünftig die Basis für die monatlich zu erstellenden Buchungen bildet.

Position 2 / Entlastung / 50

Betrag:	* (14) EUR		
Steuerkennz.:	A1 (15)		
		Ohne Skonto:	☐
Kostenstelle:		Auftrag:	IA-03 (16)
PSP-Element:		Ergebnisobjekt:	
Netzplan:			
		Kundenauftrag:	
			Mehr
		Menge:	
Zuordnung:			
Text:	Lizenzerlöse (17)		Langtexte
		(18) Buchen	Abbrechen

Abbildung 6.26: Zweite Belegposition – Dauerbuchungsurbeleg

6.6.2 Dauerbuchungslauf

Damit Sie eine Buchung des zuvor angelegten Dauerbuchungsurbelegs erzeugen können, müssen Sie einmal im Monat einen DAUERBUCHUNGSLAUF ausführen. Dazu rufen Sie die Fiori-App »Dauerbuchungen ausführen« auf.

☛ Nur ein Dauerbuchungslauf für viele Dauerbuchungen

Idealerweise erstellen Sie alle Dauerbuchungsbelege des betreffenden Monats mithilfe eines einzigen Dauerbuchungslaufs.

Im Einstiegsbild zum Ausführen des Dauerbuchungslaufs reicht es, den BUCHUNGSKREIS ❶ und den ABRECHNUNGSZEITRAUM ❷ einzugeben (siehe Abbildung 6.27). Natürlich könnten Sie auch einen konkreten Dauerbuchungsurbeleg ❸ auswählen. Da das Dauerbuchungsprogramm eine BATCH-INPUT-MAPPE ❹ erzeugt, sollten Sie noch eine Bezeichnung zwecks leichterer Erkennung eingeben. Abschließend drücken Sie den Button AUSFÜHREN ❺, um die Batch-Input-Mappe zu erstellen.

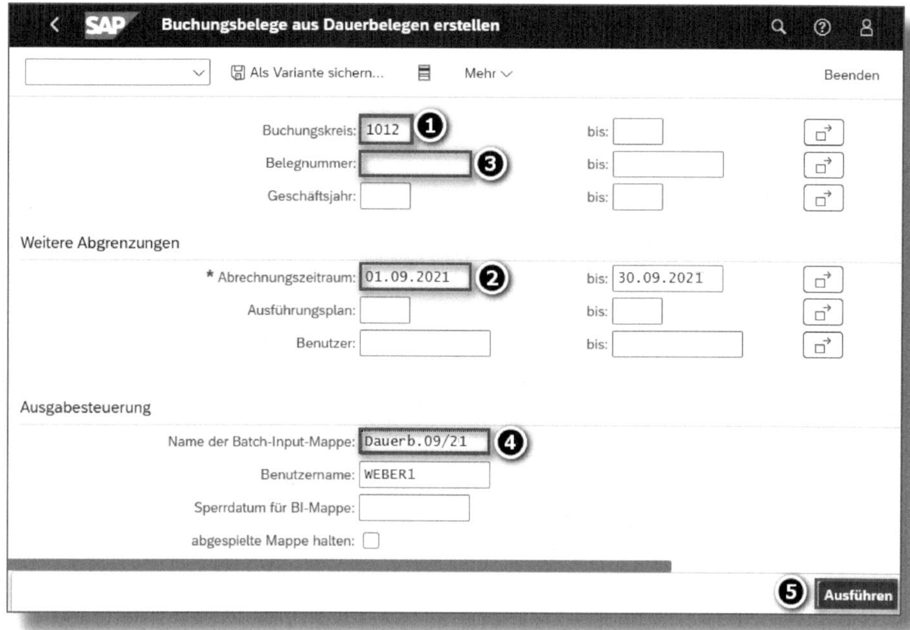

Abbildung 6.27: Ausführen des Dauerbuchungslaufs

6.6.3 Abspielen der Batch-Input-Mappe

Nach Ausführung des Dauerbuchungslaufs müssen Sie die Batch-Input-Mappe ABSPIELEN, damit das System die Echtbuchungen durchführt. Verwenden Sie dazu die Fiori-App »Batch-Input-Mappe verarbeiten« (siehe Abbildung 6.28).

Abbildung 6.28: Dauerbuchungsbelege

Das System hat nach dem Abspielen der Batch-Input-Mappe den in Abbildung 6.29 gezeigten Beleg erzeugt.

Abbildung 6.29: Beleg aus Dauerbuchung – Lizenzerlöse BP-31

Des Weiteren sehen Sie im Bereich ZUGEHÖRIGE BELEGE ❷ die Verknüpfung zum Dauerbuchungsurbeleg ❸.

6.7 Pflege Debitorenkonto

Unter Kontenpflege versteht man die Bearbeitung der auf dem Debitorenkonten gebuchten Beträge. Dabei überprüft der Debitorenbuchhalter die gebuchten Beträge, setzt Mahnsperren oder gleicht offene Posten aus.

6.7.1 Debitorenposten bearbeiten

S/4HANA bietet Ihnen mit der neu entwickelten Fiori-App »Debitorenposten bearbeiten« eine Anwendung, aus der heraus Sie viele Aufgaben direkt erledigen können, wofür früher noch mehrere Transaktionen aufgerufen werden mussten (siehe Abbildung 6.30). Sie ermöglicht es Ihnen beispielsweise, einen oder mehrere Posten zu markieren und diese mit einer Mahnsperre ❶ zu versehen oder nach Excel herunterzuladen ❸, sowie eine Korrespondenz ❷ anzulegen, und so dem Kunden einen Kontoauszug oder eine Aufstellung der offenen Posten direkt zuzumailen.

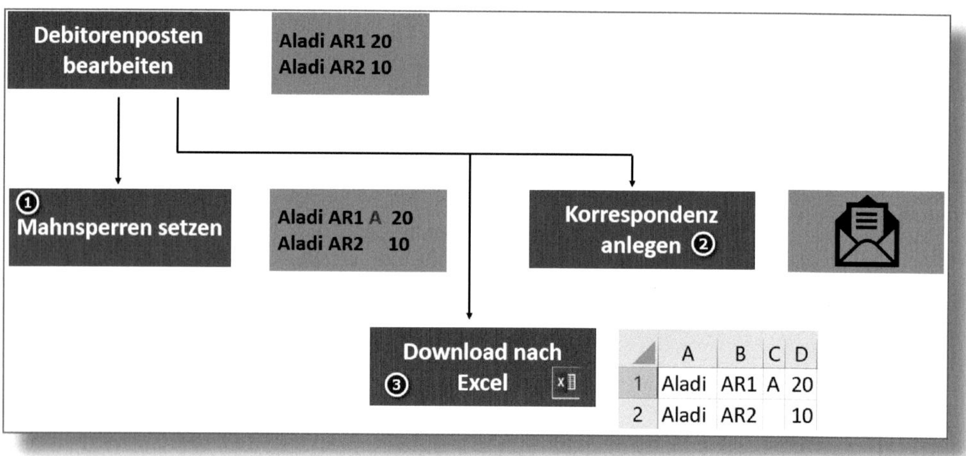

Abbildung 6.30: Funktionen in der App »Debitorenposten bearbeiten«

Nach Aufruf der App »Debitorenposten bearbeiten« (siehe Abbildung 6.31) geben Sie zunächst unter ❶ Ihre Selektionskriterien für die zu bearbeitenden Debitorenposten ein.

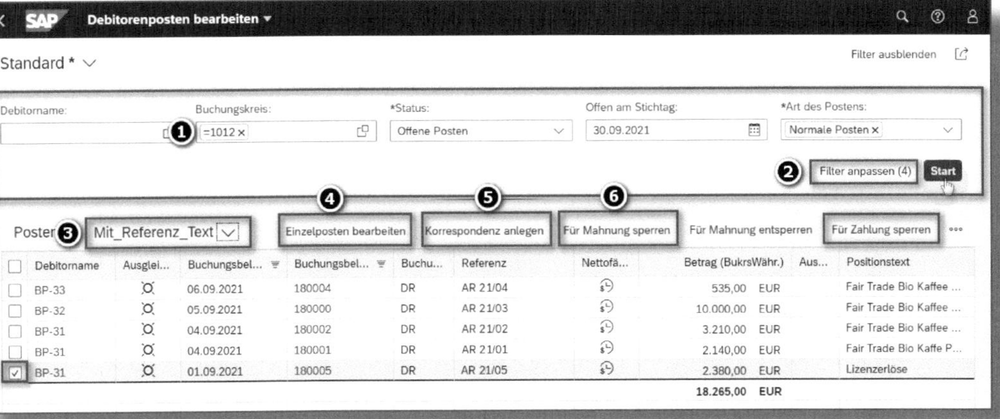

Abbildung 6.31: App »Debitorenposten bearbeiten«

Das Feld STATUS ist standardmäßig mit dem Eintrag *Offene Posten*, das Feld OFFEN ZUM STICHTAG mit dem Tagesdatum und ART DER POSTEN mit *Normale Posten* vorbelegt. Alternativen für den STATUS sind *Ausgeglichene Posten* oder *Alle Posten* und für das Feld ART DER POSTEN *Sonderhauptbuchvorgänge*, *Vorerf. Posten*, *Kreditorenposten* oder *Merkposten*. Zudem können Sie über die Schaltfläche FILTER ANPASSEN ❷ weitere Filterkriterien auswählen.

Um eine Übersicht über alle offenen Posten eines Buchungskreises aufzurufen, müssen Sie das Feld DEBITOR freilassen. Da das Feld BUCHUNGSKREIS standardmäßig vom System vorbelegt ist, wird Ihnen anschließend mit Klick auf START eine Gesamtaufstellung aller offenen Debitorenposten angezeigt.

Wenn Sie jetzt die zuvor angelegte Anzeigevariante *Mit_Referenz_Text* ❸ auswählen, werden Ihnen die Posten nur mit den der Anzeigevariante zugeordneten Feldern dargestellt.

Bisher unerklärt geblieben sind die grafischen Symbole. Das wollen wir jetzt nachholen.

Spalte AUSGLEICHSTATUS:

= offener Posten

= ausgeglichener Posten

Spalte NETTOFÄLLIG (SYMBOL):

= überfälliger Posten

= nicht fälliger Posten

Da in unserem Fall noch keine Ausgangsrechnung bezahlt wurde, werden alle fünf gebuchten Rechnungen als offene Posten mit einer Gesamtsumme in Höhe von *18.265 EUR* angezeigt. Diesen Wert weist auch der Saldo des entsprechenden Abstimmkontos im Hauptbuch aus.

Um nun Ihre Debitorenposten zu bearbeiten, markieren Sie einen oder mehrere Posten und wählen anschließend die gewünschte Aktion, wie beispielsweise EINZELPOSTEN BEARBEITEN ❹, KORRESPONDENZ ANLEGEN ❺ oder FÜR MAHNUNGEN SPERREN ❻.

6.7.2 Korrespondenz für Debitor anlegen

Die Funktion KORRESPONDENZ ANLEGEN ist in SAP S/4HANA neu dazugekommen. Aus diesem Grund wollen wir Ihnen zeigen, wie Sie aus der Anzeige der Posten eines Debitors direkt eine *Korrespondenz* anlegen und diese ausdrucken, oder – noch besser – an den Kunden mailen.

Im Fallbeispiel wollen wir unserem GESCHÄFTSPARTNER *BP-31* einen Kontoauszug mit allen bisherigen Buchungen für den Zeitraum September 2021 übermitteln. Wir markieren daher einen entsprechenden

Posten des Debitors (siehe Abbildung 6.31) und klicken auf die Schaltfläche KORRESPONDENZ ANLEGEN ❺.

☛ Einfache Abstimmung mit Ihren Kunden per E-Mail

Nutzen Sie die vielfältigen neuen Möglichkeiten der Korrespondenzerstellung, um Abstimmungen und Klärungen mit Ihren Kunden einfach und schnell per E-Mail durchzuführen.

Im nächsten Selektionsbild (siehe Abbildung 6.32) sind dadurch die Felder BUCHUNGSKREIS, KONTOART und DEBITOR bereits richtig vorbelegt.

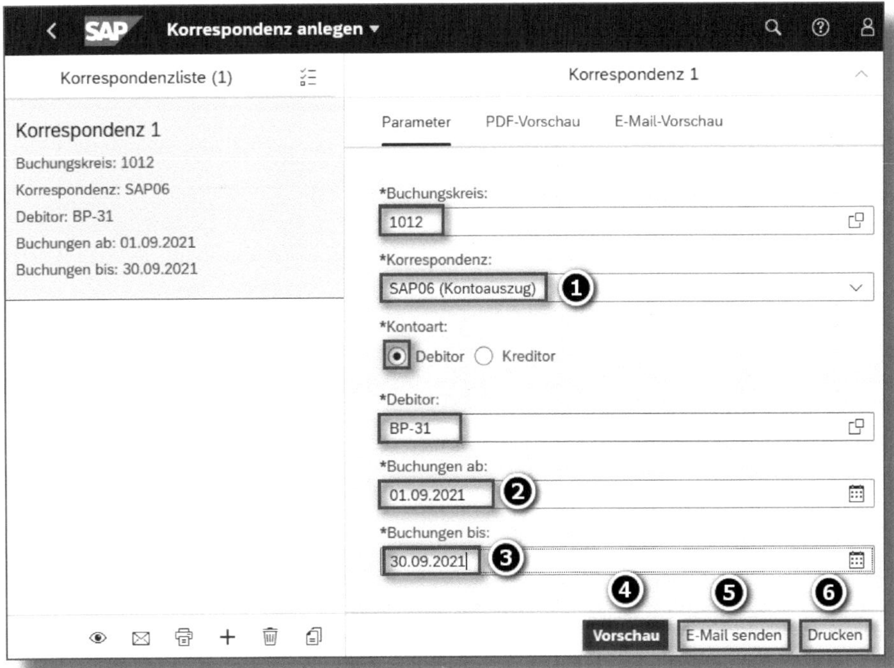

Abbildung 6.32: Korrespondenz anlegen

Wir müssen nur noch die gewünschte KORRESPONDENZ *SAP06 (Kontoauszug)* ❶ und den Zeitraum von *01.09.2021* bis *30.09.2021* in die Felder BUCHUNGEN AB ❷ und BUCHUNGEN BIS ❸ eingeben. Alternativ könnten Sie auch eine andere Korrespondenz wie einen *Brief mit den offenen Posten* zu einem gewissen Stichtag erstellen. Über die Drucktaste VORSCHAU ❹ wollen wir uns die Korrespondenz als PDF-Dokument ansehen (siehe Abbildung 6.33). Anschließend können wir sie als E-MAIL SENDEN ❺ oder DRUCKEN ❻

Abbildung 6.33: Vorschau »Kontoauszug Debitor«

6.7.3 Download von Debitorenposten nach Excel

Zusätzlich können Sie die angezeigten offenen Posten über das in Abbildung 6.34 markierte Symbol nach Excel herunterladen. Diese praktische Funktionalität steht Ihnen bei nahezu allen Apps zur Verfügung, die Daten in Tabellenform darstellen.

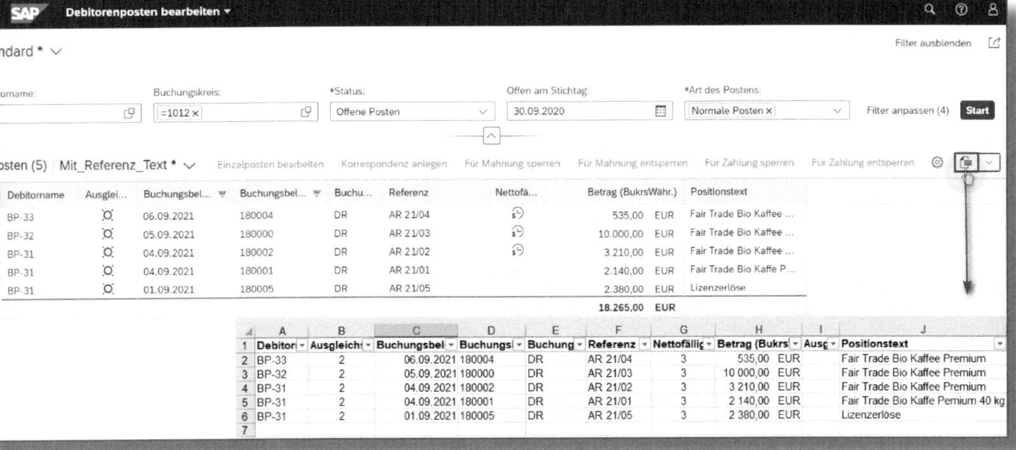

	A	B	C	D	E	F	G	H		I	J
1	Debitor	Ausgleich	Buchungsbel	Buchungs	Buchung	Referenz	Nettofällig	Betrag (Bukrs		Ausg	Positionstext
2	BP-33	2	06.09.2021	180004	DR	AR 21/04	3	535,00	EUR		Fair Trade Bio Kaffee Premium
3	BP-32	2	05.09.2021	180000	DR	AR 21/03	3	10 000,00	EUR		Fair Trade Bio Kaffee Premium
4	BP-31	2	04.09.2021	180002	DR	AR 21/02	3	3 210,00	EUR		Fair Trade Bio Kaffee Premium
5	BP-31	2	04.09.2021	180001	DR	AR 21/01	3	2 140,00	EUR		Fair Trade Bio Kaffe Pemium 40 kg
6	BP-31	2	01.09.2021	180005	DR	AR 21/05	3	2 380,00	EUR		Lizenzerlöse
7											

Abbildung 6.34: Excel-Download der Liste offener Posten

6.8 Debitorengutschrift

Gehen wir mal davon aus, dass die Vertragsunterzeichnung der Lizenzvereinbarung aus unerwarteten Gründen unsererseits nicht rechtzeitig erfolgte. Daher haben wir mit unserem Kunden BP-31 vereinbart, dass der Lizenzvertrag erst zum 01.10.2021 in Kraft tritt und wir ihm zum Ausgleich eine Gutschrift in Höhe der ersten Lizenzgebühren gewähren, die wir nun im System erfassen müssen.

Um eine *Debitorengutschrift* zu erfassen, rufen Sie die Fiori-App »Ausgangsrechnung anlegen« auf (siehe Abbildung 6.35) und wählen als VORGANG die *Gutschrift* ❶ aus. In das Feld REFERENZ ❷ geben Sie dieselbe Referenznummer (*AR 21/05*) ein, die Sie bei der Debitorenrechnungserfassung angegeben haben, um so einen Bezug zur ursprünglichen Rechnung herzustellen. Da es sich um eine Gutschrift handelt, passt das System die BELEGART ❸ sowie das SOLL-/HABEN-KENNZEICHEN automatisch an. Nachdem Sie die Belegposition erfasst haben, können Sie die Gutschrift ❹ buchen.

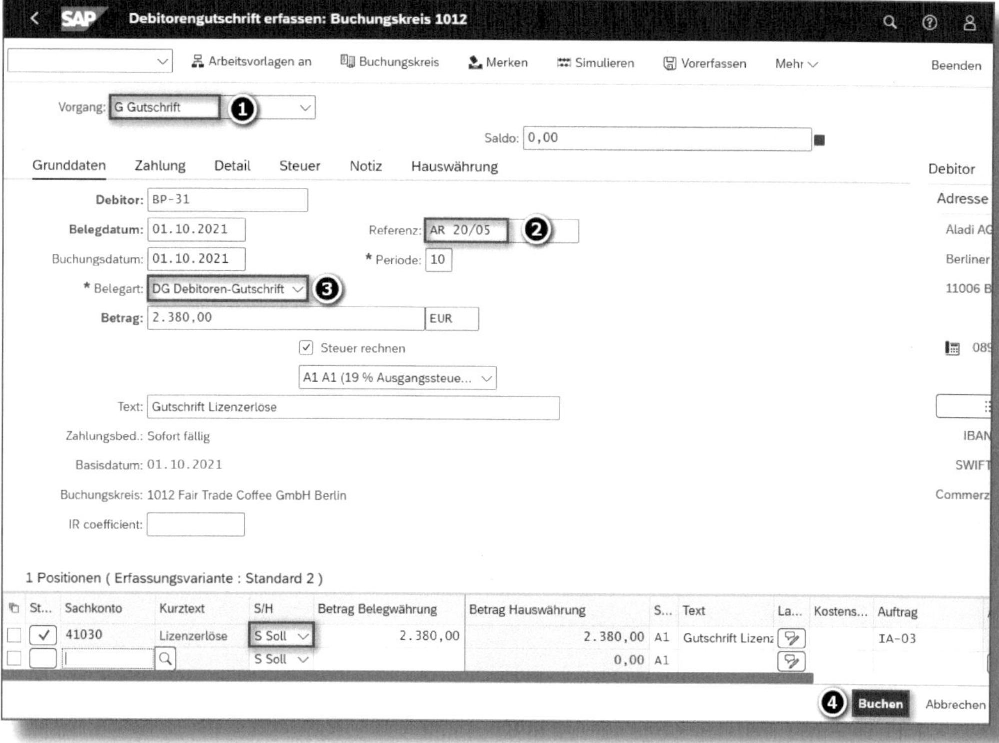

Abbildung 6.35: Debitorengutschrift BP-31

Ein anderes Anwendungsbeispiel für eine Gutschrift wäre ein Preisnachlass über 200 EUR, der einem Kunden nachträglich gewährt wurde.

7 Debitorenkonto ausgleichen

In diesem Kapitel zeigen wir Ihnen, wie Sie offene Posten der Debitoren manuell oder automatisch mithilfe des Ausgleichsprogramms ausgleichen. Zusätzlich zeigen wir Ihnen, wie Sie ausgeglichene Posten wieder zurücknehmen können.

Konten von Debitoren (wie auch Konten von Kreditoren) werden in SAP S/4HANA automatisch immer mit dem Kennzeichen »Verwaltung offene Posten« geführt. Die Verbuchung einer Ausgangsrechnung bewirkt, dass auf dem Debitorenkonto ein offener Posten im Soll entsteht. Dieser wird idealerweise durch die Verbuchung der Zahlung mit dem gleichen Betrag im Haben wieder ausgeglichen. Wir sprechen hier vom Prozess *Buchen mit Ausgleichen* (siehe Kapitel 8). Wurde allerdings auf dem Debitor eine Gutschrift gebucht oder erfolgte eine Zahlung ohne Ausgleich, wodurch ein Posten im Haben entsteht, ist der Status für die im Soll und im Haben gebuchten Posten offen, und der Prozess *Konto ausgleichen* ist durchzuführen.

In »Szenario 8« unserer Firma »Fair Trade Coffee GmbH« wollen wir die Rechnung für die Lizenzerlöse sowie die gewährte Gutschrift manuell bzw. maschinell ausgleichen sowie einen Ausgleich zurücknehmen (siehe Abbildung 7.1).

Nr.	Abschnitt	Datum	Geschäftsfall	Konto	Bezeichnung	Soll	Haben
1	7.1	01.10.2021	Manueller Ausgleich Rechnung mit Gutschrift Lizenzeinnahmen (AR 21/05)	12100 12100	Debitor BP-31/Forderung L&L Debitor BP-31/Forderung L&L	 2 380,00 €	2 380,00 €
2	7.2	01.10.2021	Rücknahme und Storno Ausgleichbeleg (AR21/05) (manueller Kontoausgleich)	12100 12100	Debitor BP-31/Forderung L&L Debitor BP-31/Forderung L&L	 -2 380,00 €	-2 380,00 €
3	7.3	01.10.2021	Maschineller Ausgleich Rechnung mit Gutschrift Lizeneinnahmen (AR 21/05)	12100 12100	Debitor BP-31/Forderung L&L Debitor BP-31/Forderung L&L	 2 380,00 €	2 380,00 €

Abbildung 7.1: »Szenario 8« – Debitorenkonto ausgleichen

Wenn Sie sich den offenen Posten des Geschäftspartners *BP-31* unter Angabe der Referenz *AR 21/05* anzeigen lassen, dann sehen Sie in Abbildung 7.2, dass der *Saldo* aufgrund der jeweils in gleicher Höhe erfassten Rechnung und Gutschrift null ist.

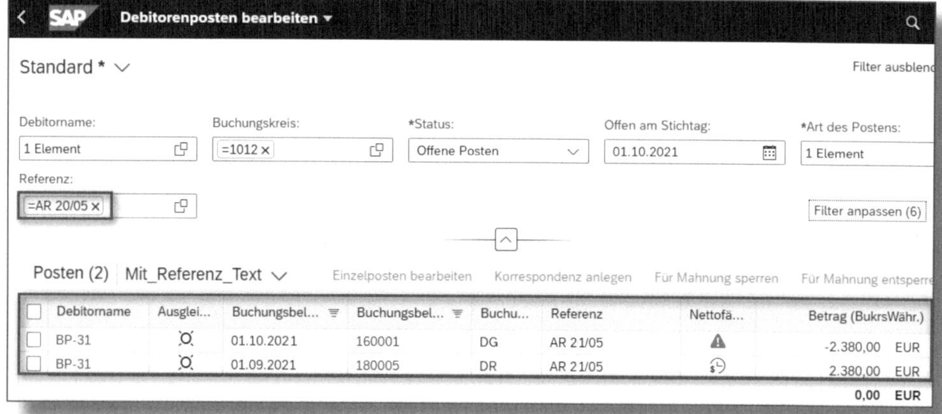

Abbildung 7.2: Offene Posten BP-31

Sie haben daher die Möglichkeit, einen *Kontoausgleich manuell* oder *maschinell* durchzuführen.

7.1 Debitorenkonto manuell ausgleichen

Dazu rufen Sie die Fiori-App »Eingangszahlungen ausgleichen – manueller Ausgleich« auf. Im Einstiegsbild (siehe Abbildung 7.3) drücken Sie auf die Schaltfläche OFFENE POSTEN AUSGLEICHEN ❶.

Im daraufhin erscheinenden Pop-up müssen Sie nur noch das Feld DEBITOR ❷ ergänzen, da der Eintrag für den BUCHUNGSKREIS bereits automatisch gefüllt wurde. Nachdem Sie die Parameter für den Ausgleich über die Schaltfläche OK ❸ bestätigt haben, werden Ihnen die Debitorenrechnung sowie die zuvor erfasste Gutschrift als offene Posten vorgeschlagen (siehe Abbildung 7.4).

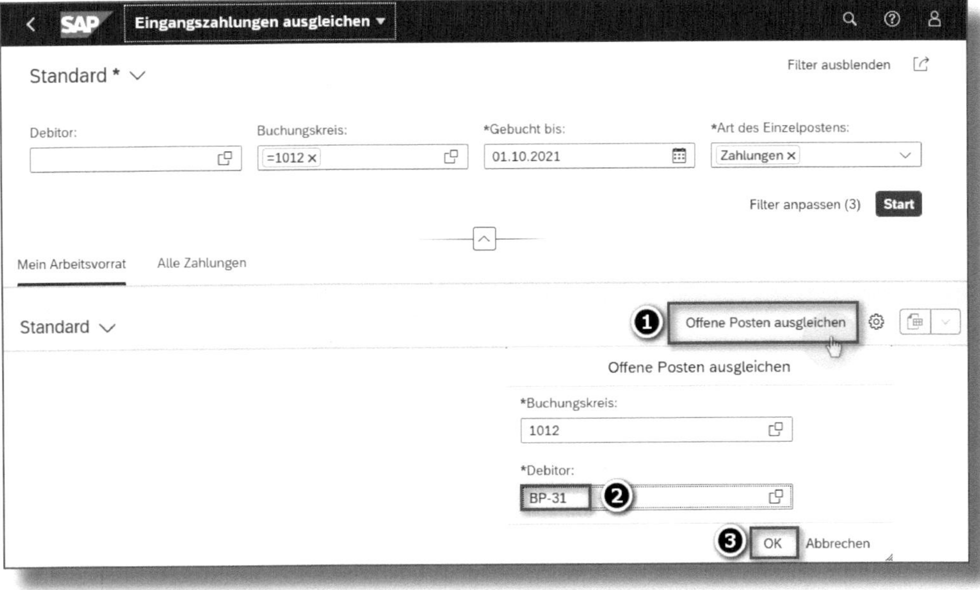

Abbildung 7.3: Funktion Kontoausgleich

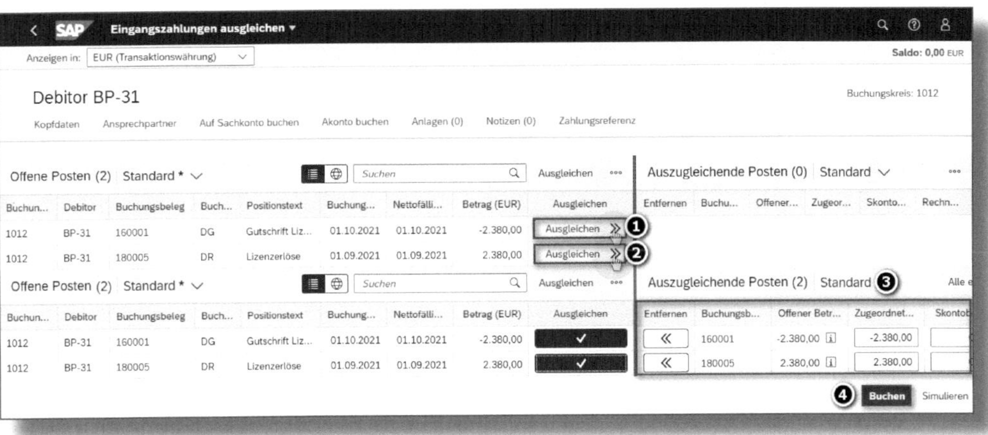

Abbildung 7.4: Ausgleich Konto BP-31

Wenn Sie anschließend bei beiden offenen Posten auf die Schaltfläche AUSGLEICHEN ➊ + ➋ drücken, werden diese in den Bereich AUSZU-

GLEICHENDE POSTEN ❸ übernommen, und Sie können den Ausgleich nun über den Button BUCHEN ❹ vornehmen. Abbildung 7.5 zeigt den vom System erzeugten Ausgleichsbeleg.

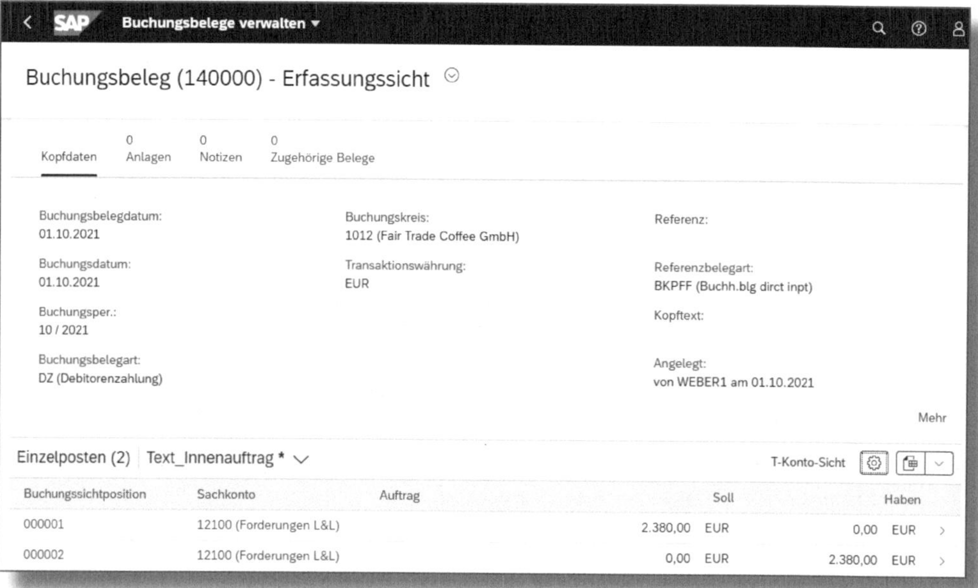

Abbildung 7.5: Ausgleichbeleg BP-31

7.2 Rücknahme des Ausgleichs

Mit der Fiori-App »Ausgleich zurücknehmen«, haben Sie die Möglichkeit, den Ausgleich versehentlich ausgeglichener Positionen rückgängig zu machen.

Nach Aufruf der App (siehe Abbildung 7.6) geben Sie als Selektionskriterium die AUSGLEICHSBELEGNUMMER ❶ ein und wählen START ❷. Daraufhin wird Ihnen der zuvor erzeugte Ausgleichsbeleg ausgegeben, den Sie sich über einen Klick auf das >-Symbol ❸ im Detail anzeigen lassen können.

Anschließend sehen Sie die ursprünglichen offenen Posten der *Debitorenrechnung* und *Gutschrift* sowie die Ausgleichpositionen. Über die Schaltfläche ZURÜCKSETZEN UND STORNIEREN können Sie den Ausgleich zurücknehmen und den erzeugten Ausgleichsbeleg, unter Angabe eines STORNOGRUNDS sowie des Storno-BUCHUNGSDATUMS, stornieren (siehe Abbildung 7.7).

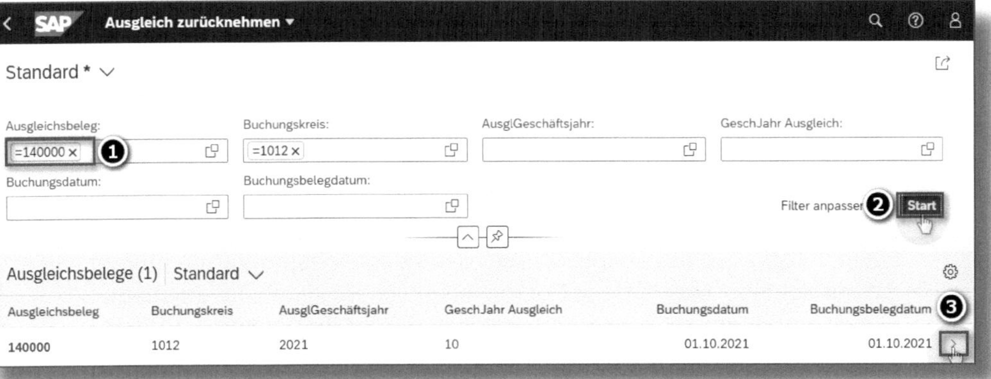

Abbildung 7.6: Ausgleichsrücknahme

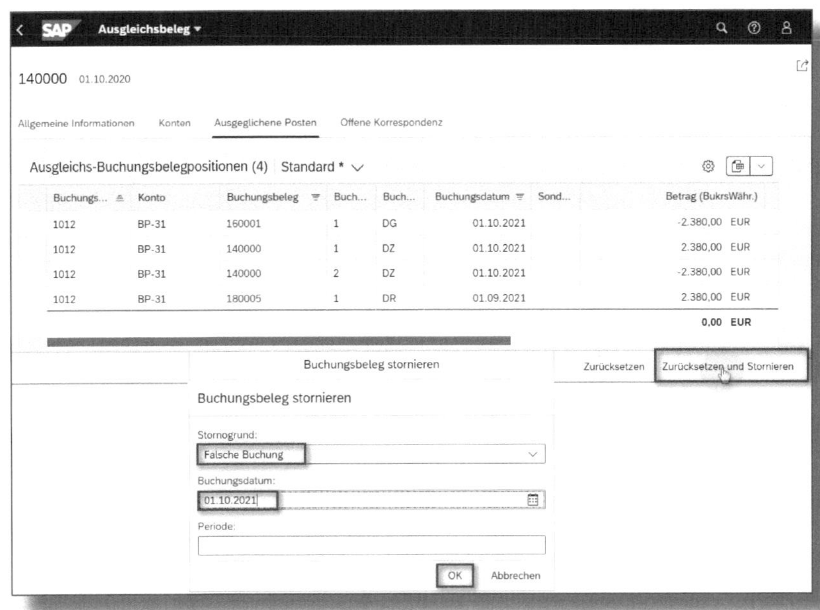

Abbildung 7.7: Ausgleichsrücknahme und Stornierung des Ausgleichsbelegs

7.3 Debitorenkonto maschinell ausgleichen

Neben der Funktion des manuellen Kontoausgleichs können Sie offene Posten eines Kontos, deren Saldo null ist, mithilfe des *automatischen Ausgleichsprogramms* ausgleichen. Um dieses nutzen zu können, müssen Sie im Vorfeld im Customizing ein *Ausgleichskriterium* definieren. Beispielsweise könnte das System den Eintrag im Feld ZUORDNUNG oder im Feld REFERENZ als Kriterium für den maschinellen Ausgleich heranziehen. In unserem Fall haben wir als Ausgleichkriterium das Feld *Referenz* definiert.

Einen automatischen Ausgleich über das Ausgleichsprogramm führen Sie mit der Fiori-App »Offene Posten ausgleichen« durch. Im Einstiegsbild, das Abbildung 7.8 zeigt, geben Sie zunächst im Bereich ALLGEMEINE ABGRENZUNGEN den BUCHUNGSKREIS ❶ an, markieren DEBITOREN AUSWÄHLEN ❷ und grenzen optional im Feld DEBITOR ❸ den automatischen Ausgleich auf einzelne Debitoren ein; anderenfalls sucht das System nach sämtlichen Debitoren, für die ein Ausgleich möglich wäre. Wie Sie erkennen können, steht das Ausgleichsprogramm nicht nur für den Ausgleich offener Debitorenposten, sondern ebenso von offenen Kreditorenposten und Sachkontenposten zur Verfügung.

Im Bereich BUCHUNGSPARAMETER erfassen Sie das AUSGLEICHSDATUM ❹ und setzen für den Fall, dass Sie vor dem tatsächlichen Ausgleich einen Testlauf durchführen wollen, das entsprechende Kennzeichen. Unter AUSGABENSTEUERUNG definieren Sie, ob das System Ihnen neben den ausgleichbaren Belegen ❺ zusätzlich die nicht ausgleichbaren Belege und Fehlermeldungen anzeigen soll. Sobald alle Vorgaben erfolgt sind, können Sie das Ausgleichsprogramm AUSFÜHREN ❻.

Anschließend sehen Sie, dass das System die zuvor offenen Posten ausgeglichen und einen *Ausgleichsbeleg* erzeugt hat (siehe Abbildung 7.9).

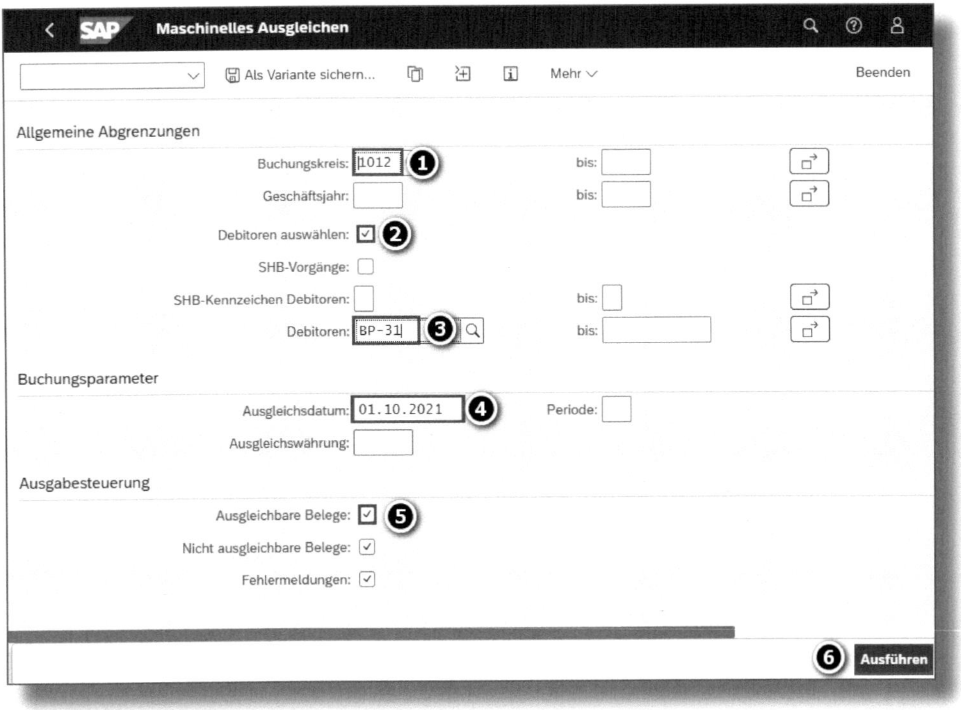

Maschinelles Ausgleichen

Als Variante sichern... Mehr Beenden

Allgemeine Abgrenzungen

Buchungskreis: 1012 ❶ bis:

Geschäftsjahr: bis:

Debitoren auswählen: ☑ ❷

SHB-Vorgänge: ☐

SHB-Kennzeichen Debitoren: bis:

Debitoren: BP-31 ❸ bis:

Buchungsparameter

Ausgleichsdatum: 01.10.2021 ❹ Periode:

Ausgleichswährung:

Ausgabesteuerung

Ausgleichbare Belege: ☑ ❺

Nicht ausgleichbare Belege: ☑

Fehlermeldungen: ☑

❻ Ausführen

Abbildung 7.8: Automatisches Ausgleichsprogramm

Maschinelles Ausgleichen

Mehr Beenden

Fair Trade Coffee GmbH Echtlauf " Detailliste offener und ausgeglichener Pos
Berlin
*

Buchungskreis 1012
Kontoart D
Kontonummer BP-31
Hauptbuchkto 12100

Belegnr	Pos	Ausgleich	Ausgl.bel.	SK	Währg	Betrag	Referenz
160001	001	01.10.2021	10008		EUR	2.380,00-	AR 21/05
180005	001	01.10.2021	10008		EUR	2.380,00	AR 21/05
*		01.10.2021	10008		EUR	0,00	AR 21/05

Abbildung 7.9: Ausgleichsbeleg

8 Zahlungseingang

Im Verlauf dieses Kapitels stellen wir Ihnen vor, wie Sie Eingangszahlungen erfassen, diese buchen, die offenen Posten ausgleichen und welche Möglichkeiten Ihnen im Umgang mit Zahlungsdifferenzen offenstehen. Abschließend geben wir Ihnen einen generellen Überblick über die Thematik Zahlungsbedingungen und die Pflege des Zahlungsbedingungsschlüssels. Außerdem zeigen wir Ihnen die Verbuchung eines Zahlungseingangs unter Inanspruchnahme eines Skontos.

Zu den Aufgaben der Debitorenbuchhaltung gehört es, die Zahlungseingänge im System zu erfassen und die offenen Posten auszugleichen.

Im deutschsprachigen Raum erfolgt der Zahlungseingang meist durch eine Banküberweisung des Kunden, die dann auf dem *Kontoauszug* ersichtlich ist. In SAP S/4HANA kann dieser Kontoauszug maschinell oder manuell verbucht werden.

Nutzen Sie den Elektronischen Kontoauszug

SAP bietet Ihnen die Anwendung *Elektronischer Kontoauszug*, mit der Sie die Bankbuchhaltung weitgehend automatisieren können.

Das »Praxishandbuch Cash Management in SAP S/4HANA® Finance« von Claus Wild (Espresso Tutorials, 2019) enthält ausführliche Informationen zu dieser Anwendung.

Zur Veranschaulichung wollen wir im nun folgenden »Szenario 9« unserer Firma »Fair Trade Coffee GmbH« (siehe Abbildung 8.1) die Zahlungseingänge in Form von Voll- und Teilzahlungen manuell im System erfassen und zeigen Ihnen die Verbuchung eines Zahlungseingangs mit Skonto.

Nr.	Abschnitt	Datum	Geschäftsfall	Konto	Bezeichnung	Soll	Haben
1	8.1	01.10.2021	Zahlungseingang Vollzahlung (CB 21/01)	11040	Commerzbank	2 140,00 €	
				12100	Debitor BP-31/Forderung L&L		2 140,00 €
2	8.2	01.10.2021	Zahlungseingang Teilzahlung (CB 21/02)	11040	Commerzbank	1 500,00 €	
				12100	Debitor BP-31/Forderung L&L		1 500,00 €
3	8.3	05.10.2021	Rechnung Kaffe Standard (AR 21/08)	41010	Umsatzerlöse		1 000,00 €
				2200	Mehrwertsteuer		70,00 €
				12100	Debitor BP-31/Forderung L&L	1 070,00 €	
4	8.3	06.10.2021	Zahlung Kaffee Standard (DB 21/03)	11040	Commerzbank	1 048,60 €	
				71050	Lieferantenskonti	20,00 €	
				22000	Mehrwertsteuer		1 070,00 €
				12100	Debitor BP-31/Forderung L&L	1,40 €	

Abbildung 8.1: »Szenario 9« – Eingangszahlung

Im Allgemeinen kann man beim Zahlungseingang nach den in Abbildung 8.2 dargestellten Fällen unterscheiden:

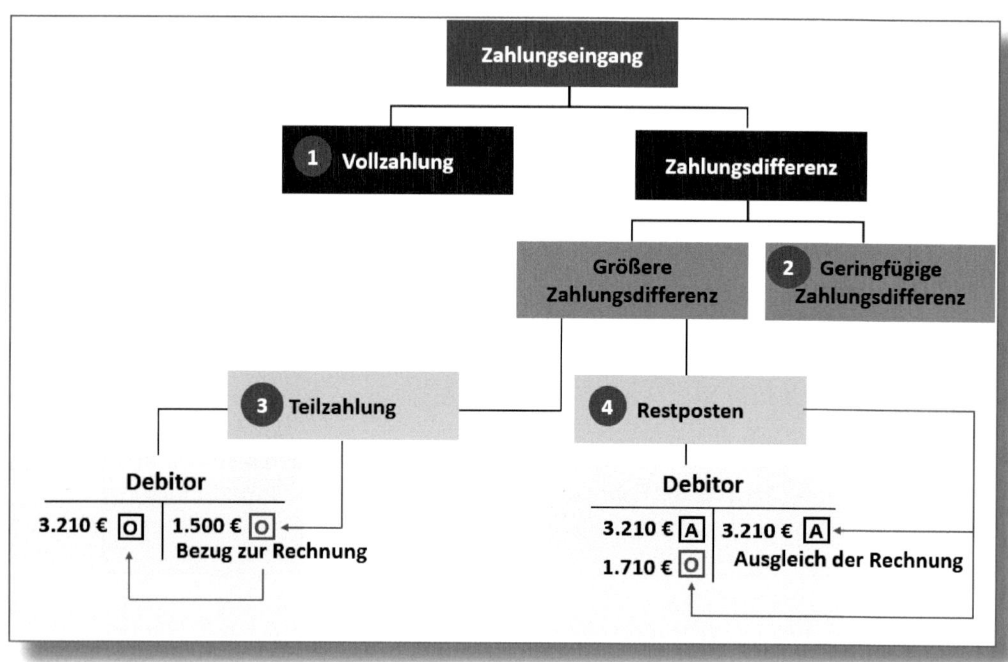

Abbildung 8.2: Überblick Zahlungseingang

❶ In der Regel wird der Kunde den gesamten Rechnungsbetrag überweisen, woraufhin der Bankeingang im Soll sowie der Debitor im Haben gebucht und der offene Posten ausgeglichen wird. Für den Fall, dass sich der Kunde einen ihm gewährten Skonto abzieht, werden der Nettobetrag auf dem Sachkonto »Kundenskonti« und zusätzlich die darauf berechnete Mehrwertsteuer als Mehrwertsteuerkorrektur im Soll gebucht.

Es kann jedoch auch sein, dass der Kunde nicht den gesamten Rechnungsbetrag bezahlt und eine Zahlungsdifferenz entsteht. In diesem Fall ist für die weitere Verbuchung die Höhe der Differenz entscheidend:

❷ Wenn es sich nur um eine geringfügige Differenz handelt, kann in den Systemeinstellungen festgelegt werden, dass diese Differenz automatisch ausgebucht wird. Ist die Differenz größer, haben Sie zwei Optionen, die Zahlungsdifferenz zu buchen:

   ❸ Bei einer *Teilzahlung* wird zwar Bezug auf den offenen Posten der Rechnung genommen, es bleiben aber die ursprüngliche Rechnung wie auch die Teilzahlung als offene Posten bestehen.

   ❹ Wenn Sie die Differenz als *Restposten* erfassen, dann werden für den Differenzbetrag ein Restposten mit Bezug zur Rechnung im Soll sowie zusätzlich der volle Rechnungsbetrag im Haben gebucht und letzterer mit der ursprünglichen Rechnung ausgeglichen.

Zusätzlich könnten Sie einen Zahlungseingang auch ohne Bezug zu einer Rechnung vornehmen, indem das Bankkonto im Soll und der Debitor im Haben bebucht werden.

8.1 Buchen einer Vollzahlung

In unserem Fallbeispiel hat der KUNDE *BP-31* den vollen Rechnungsbetrag in Höhe von *2.140 EUR* bezahlt. Um die Eingangszahlung im System zu erfassen, rufen wir die App »Eingangszahlung buchen« auf (siehe Abbildung 8.3).

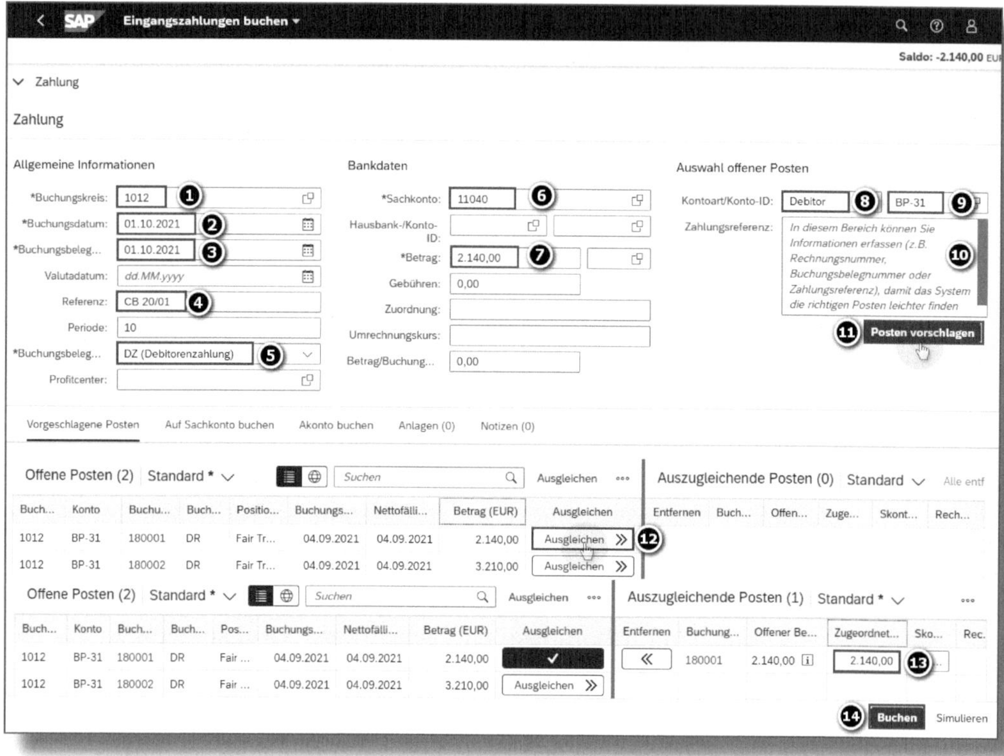

Abbildung 8.3: Zahlungseingang buchen – Vollzahlung

In der daraufhin erscheinenden Eingabemaske sind der BUCHUNGSKREIS ❶ und die BUCHUNGSBELEGART ❺ bereits vorbelegt. Sie tragen das BUCHUNGSDATUM ❷, das BUCHUNGSBELEGDATUM ❸ und als REFERENZ ❹ die Kontoauszugsnummer für den ersten Kontoauszug der Commerzbank im Jahr 2021, in unserem Fall *CB 21/01*, ein. In das Feld SACHKONTO ❻ geben Sie das Konto der *Commerzbank 11040* ein und ergänzen den BETRAG ❼. Im Bereich AUSWAHL OFFENER POSTEN erfassen Sie neben dem Feld KONTOART/KONTO-ID, das in der Regel mit dem Eintrag Debitor ❽ vorbelegt ist, den gewünschten Debitor ❾, in unserem Fall *BP-31*. Zusätzlich können Sie unter ❿ ZAHLUNGSREFERENZ weitere Selektionskriterien festlegen.

Anschließend klicken Sie auf die Schaltfläche POSTEN VORSCHLAGEN ⓫. Daraufhin werden Ihnen im linken unteren Bildschirmbereich alle offenen Posten des Debitors zur Auswahl angezeigt. Wählen Sie den offenen Posten in Höhe von *2.140 EUR* aus und klicken Sie auf die Schaltfläche AUSGLEICHEN ⓬. Daraufhin erscheint der offene Posten im Bereich der auszugleichenden Posten und der offene Betrag wird automatisch ZUGEORDNET ⓭. Sie haben jetzt noch die Möglichkeit, den zugeordneten Betrag sowie den Skontobetrag zu ändern. In unserem Fall wird der Gesamtbetrag ausgeglichen, und Sie können den Beleg nun SIMULIEREN oder gleich BUCHEN ⓮.

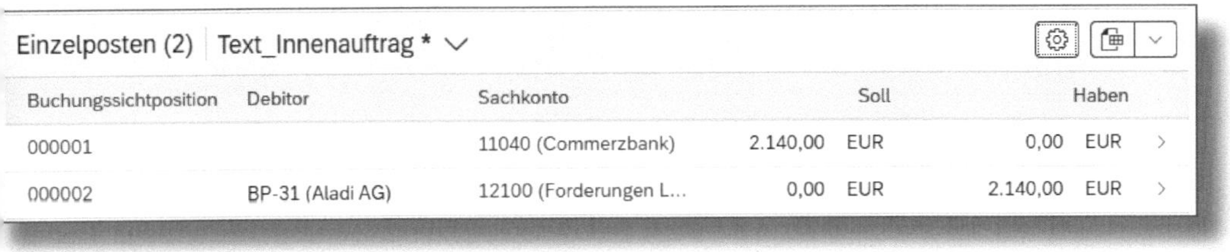

Einzelposten (2) | Text_Innenauftrag *

Buchungssichtposition	Debitor	Sachkonto	Soll		Haben	
000001		11040 (Commerzbank)	2.140,00	EUR	0,00	EUR
000002	BP-31 (Aladi AG)	12100 (Forderungen L...	0,00	EUR	2.140,00	EUR

Abbildung 8.4: Zahlungseingang – simulierter Beleg

Der simulierte Beleg in Abbildung 8.4 zeigt die Bank im Soll und den Debitor sowie das dahinter liegende Abstimmkonto im Haben.

8.2 Buchen einer Teilzahlung

Bei der Verbuchung des Kontoauszugs mussten wir feststellen, dass uns derselbe Kunde (BP-31) diesmal nur einen Teil der Rechnung bezahlt hat. Daher wollen wir für die Rechnung mit der Rechnungsnummer *AR 21/02* über *3.210 EUR* eine TEILZAHLUNG in Höhe von *1.500 EUR* buchen (siehe Abbildung 8.5).

Um eine Teilzahlung zu verbuchen, rufen Sie erneut die Fiori-App »Eingangszahlung buchen« auf. Im Einstiegsbild erfassen Sie, wie vorhin bei der Vollzahlung, den BUCHUNGSKREIS, das BUCHUNGS- und BELEGDATUM, eine REFERENZ und das SACHKONTO der *Commerzbank 11040*. In das Feld BETRAG ❶ geben Sie jedoch nur den Betrag der Teilzahlung ein, in unserem Fall *1.500 EUR*. Anschließend wählen Sie DEBITOR im

Feld KONTOART/KONTO-ID und klicken auf die Schaltfläche POSTEN VORSCHLAGEN ❷. Es wird ein offener Posten mit dem RECHNUNGSBETRAG von *3.210 EUR* vorgeschlagen, den wir übernehmen ❸. Im Feld ZUGEORDNETER BETRÄGE ❹ erfassen Sie den Betrag der TEILZAHLUNG in Höhe von *1.500 EUR* und drücken dann den Button BUCHEN ❺.

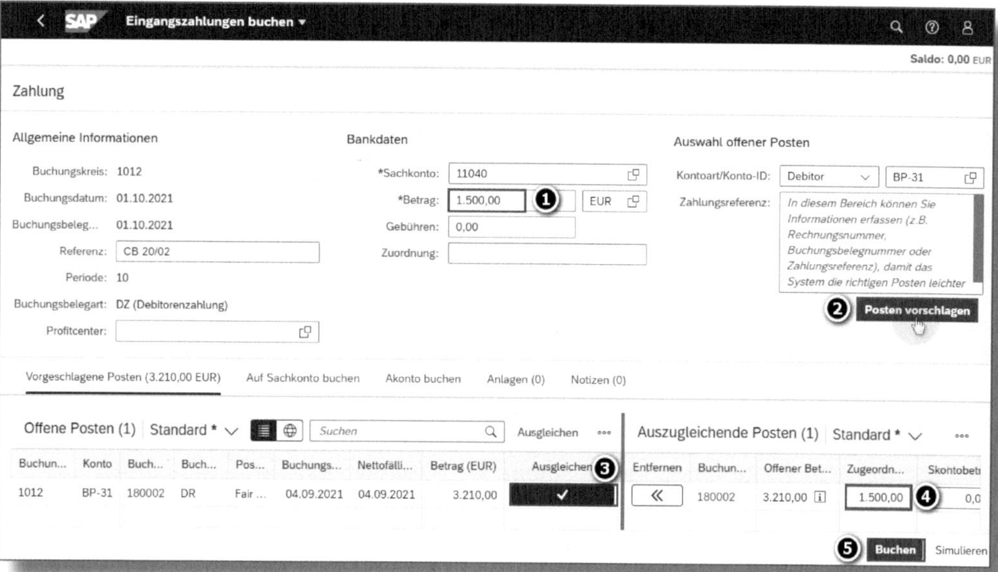

Abbildung 8.5: Zahlungseingang Teilzahlung

Wenn Sie sich anschließend die OFFENEN POSTEN des Debitors anzeigen lassen, dann erkennen Sie, dass der ursprüngliche offene Betrag von *3.210 EUR* um die Teilzahlung reduziert wurde und der SALDO somit *1.710 EUR* beträgt (siehe Abbildung 8.6). Allerdings werden beide Beträge weiterhin als offene Posten ausgewiesen.

Diese anteilige Zahlung könnten Sie auch so buchen, dass die ursprüngliche Forderung ausgeglichen wird und ein *Restposten* in Höhe von 1.710 EUR gebildet wird. Zur besseren Nachverfolgbarkeit empfehlen wir Ihnen allerdings, eher selten mit Restposten zu arbeiten.

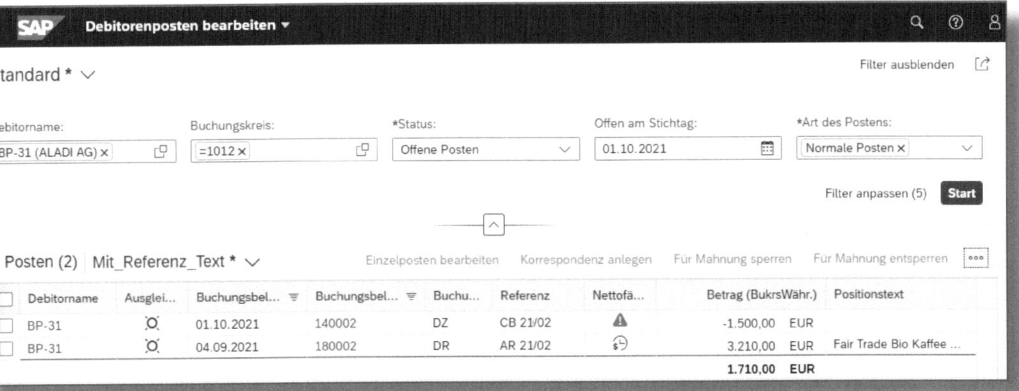

Abbildung 8.6: Offene Posten – ursprüngliche Rechnung und Teilzahlung

8.3 Zahlungseingang mit Skonto

Beim Verkauf einer Ware oder Dienstleistung werden mit dem Kunden nicht nur der Preis, sondern auch die Liefer- und Zahlungsbedingungen vereinbart. Die *Zahlungsbedingung* sagt aus, ob die Rechnung vom Kunden sofort oder innerhalb einer bestimmten Frist zu bezahlen ist und ob ein Skonto gewährt wird. Unter *Skonto* versteht man einen Preisnachlass auf den Rechnungsbetrag bei Zahlung innerhalb einer bestimmten Frist.

Im SAP-System wird die mit dem Kunden vereinbarte Zahlungsbedingung in Gestalt eines *Zahlungsbedingungsschlüssels* im Geschäftspartnerstammsatz eingegeben.

Alle Zahlungsbedingungsschlüssel und ihre jeweilige Bedeutung werden in den Systemeinstellungen (d. h. im Customizing) hinterlegt.

In unserem Beispielszenario verwenden wir folgende Zahlungsbedingungen:

- *0001* sofort zahlbar ohne Abzug
- *0002* innerhalb von 14 Tagen 2 % Skonto, innerhalb von 30 Tagen ohne Abzug

Neben den Fristen und dem Skontoprozentsatz kann in der Zahlungskondition auch ein Vorschlagswert für das Basisdatum (d. h. das Datum, ab dem die Skontofrist berechnet wird) hinterlegt werden. Da die Skontofrist in der Regel mit der Ausstellung der Rechnung startet, empfehlen wir Ihnen, bei Ausgangsrechnungen das Belegdatum (entspricht dem Rechnungsdatum) als Vorschlagswert zu verwenden.

Bei der Buchung einer Ausgangsrechnung wird die im Stammsatz hinterlegte Zahlungsbedingung als Vorschlag übernommen. Diesen Wert können Sie bei Bedarf sowohl vor als auch nach der Buchung noch verändern. Die im Beleg ausgewiesene Zahlungsbedingung bildet die Basis für die Berechung und Verbuchung des Skontos. Dabei unterscheidet man zwischen dem *Bruttoverfahren* und dem *Nettoverfahren*. Ausgangsrechnungen werden so gut wie immer über das Bruttoverfahren gebucht. Das bedeutet, dass bei der Rechnung der Bruttobetrag und erst bei der Zahlung der in Anspruch genommene Skonto verbucht wird. Die Verbuchung erfolgt auf einem Aufwandskonto, das meist als »Kundenskonti« oder »Skontoaufwand« bezeichnet wird.

In unserem Beispielszenario gewähren wir unserem Kunden BP-31 auf die Kaffeerechnung für Oktober 2021 einen Skonto von 2 %, wenn der Kunde die Rechnung innerhalb von 14 Tagen begleicht. Wir werden den Rechnungsausgang und Zahlungseingang unter Inanpruchnahme des Skontos nach dem Bruttoverfahren verbuchen.

Bei der Skontobuchung nach dem Bruttoverfahren erfolgt die Buchung der Ausgangsrechnung unabhängig vom gewährten Skonto. Der gesamte vom Kunden in Anspruch genommene Skonto wird erst bei der Zahlung und dem Ausgleich des offenen Postens als Aufwand (bzw. als Erlösschmälerung) auf das Konto »Kundenskonti« (bzw. »Skontoaufwand«) gebucht. Da sich durch den in Anspruch genommenen

Skonto auch die Steuerbemessung ändert, ist außerdem eine Mehrwertsteuer-Korrekturbuchung vorzunehmen.

Wir rufen zunächst die App »Ausgangsrechnungen anlegen« auf (siehe Abbildung 8.7). Im oberen Bereich wird »Debitorenrechnung erfassen: Buchungskreis 1012« angezeigt.

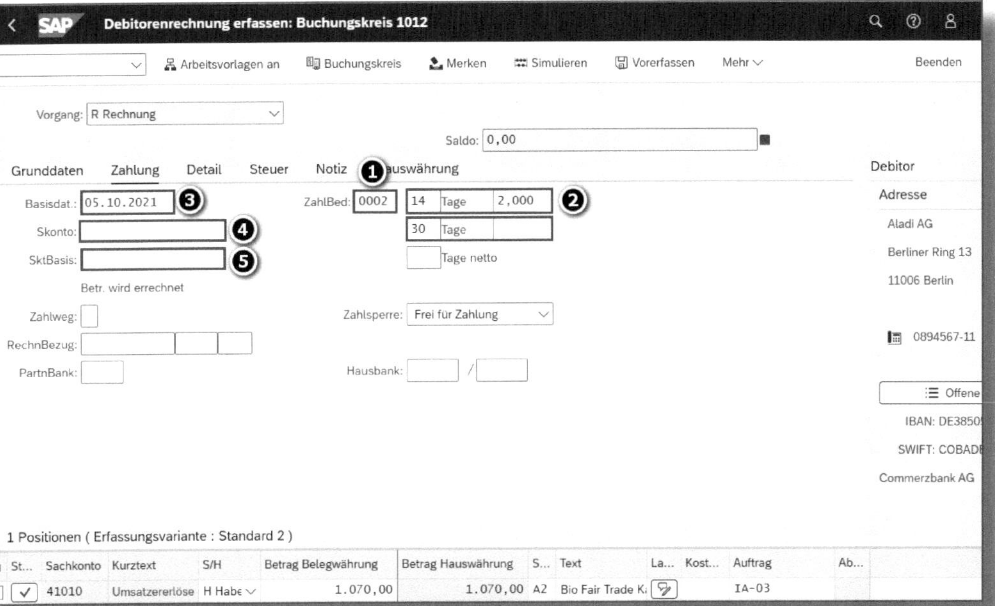

Abbildung 8.7: Buchen Ausgangsrechnung – Skonto Bruttoverfahren

Sobald wir für die Ausgangsrechnung im Belegkopf die GRUNDDATEN inklusive der Standardbelegart *DR* für Debitorenrechnung erfasst haben, wechseln wir auf den Reiter ZAHLUNG und ersetzen im Feld ZAHLBED den vorgeschlagenen Zahlungsbedingungsschlüssel *0001* mit *0002* ❶. Dadurch werden die Felder mit den Tagen und Prozentssätzen ❷ sowie das BASISDATUM ❸ automatisch gefüllt. Die Felder SKONTO ❹ und SKONTOBASIS ❺ können bei Bedarf manuell gefüllt werden.

Anschließend erfassen Sie die Belegpostionen und buchen den Beleg. Die in Abbildung 8.8 dargestellen Beträge und Konten sind unabhängig von der Zahlungsbedingung und dem gewährten Skonto.

Einzelposten (3) | Text_Innenauftrag ∨ **BelegNr: 180009** T-Konto-Sicht

Buchungssichtposi...	Sachkonto	Positionstext	Profitcenter	Auftrag	Soll		Haben	
000001	12100 (Forderunge...	Bio Fair Trade Kaffee Premium			1.070,00	EUR	0,00	EUR
000002	41010 (Umsatzererl...	Bio Fair Trade Kaffee Premium	PC-01 (PC 01)	IA-03	0,00	EUR	1.000,00	EUR
000003	22000 (Mehrwertste...				0,00	EUR	70,00	EUR

Steuer (1) | Standard ∨

Steuerkennzeichen	Sachkonto	Steuerbasisbetrag		Soll		Haben		Steuersatz
A2 (7 % Ausgangssteuer Inland)	22000 (Mehrwertsteuer)	1.000,00	EUR	0,00	EUR	70,00	EUR	7.00

Abbildung 8.8: Beleg Ausgangsrechnung – Skonto Bruttoverfahren

Zur besseren Nachvollziehbarkeit für Sie buchen wir die Ausgangszahlung unter Inanspruchnahme der 2 % Skonto über die App »Eingangszahlungen buchen« (siehe Abbildung 8.9).

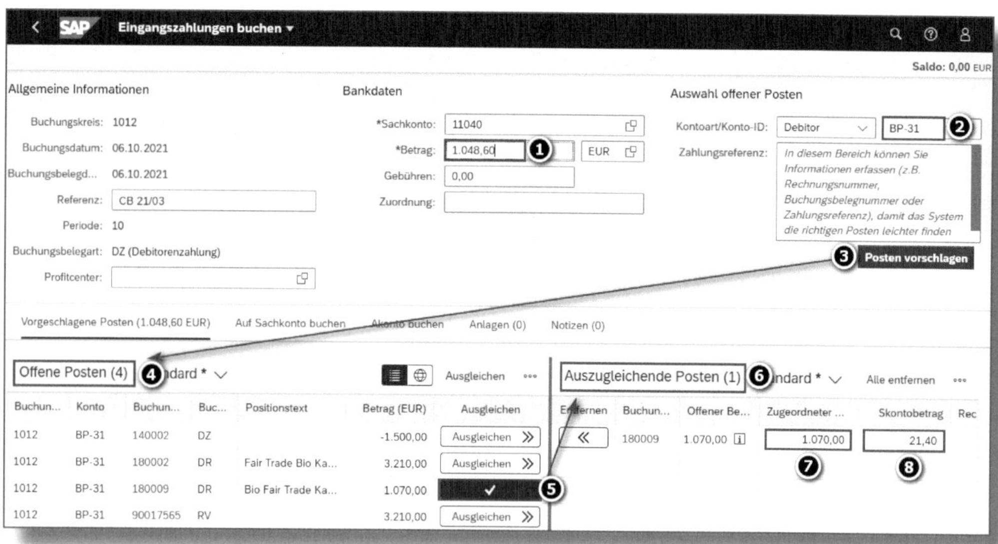

Abbildung 8.9: Buchung Zahlungseingang – Skonto Bruttoverfahren

Im Feld BETRAG geben Sie den tatsächlich bezahlten Betrag (in unserem Beispiel den um den Skonto verminderten) in Höhe von *1.048,60 EUR* ❶ sowie den Debitor *BP-31* ❷ ein und drücken dann auf POSTEN ANZEIGEN ❸. Es werden Ihnen daraufhin auf der linken Seite die OFFENEN POSTEN ❹ angezeigt. Wählen Sie den entsprechenden Posten über den Button AUSGLEICHEN ❺ aus, finden Sie den auszugleichenden Posten ❻ im rechten Bildschirmbereich. Dort können Sie den vorgeschlagenen BETRAG ❼ und den SKONTOBETRAG ❽ noch ändern. Nachdem Sie den Button BUCHEN gedrückt haben, erzeugt das System die Belegnummer 140003 (siehe Abbildung 8.10).

inzelposten (4) | Text_Innenauftrag * ∨ **BelegNr: 140003** T-Konto-Sicht

Buchungssichtposition	Sachkonto	Soll		Haben		Positionstext
000001	11040 (Commerzbank)	1.048,60	EUR	0,00	EUR	
000002	71050 (Kundenskonti)	20,00	EUR	0,00	EUR	
000003	12100 (Forderungen L&L)	0,00	EUR	1.070,00	EUR	
000004	22000 (Mehrwertsteuer)	1,40	EUR	0,00	EUR	

teuer (1) | Standard ∨

Steuerkennzeichen	Sachkonto	Steuerbasisbetrag		Soll		Haben		Steuersatz
A2 (7 % Ausgangssteuer Inland)	22000 (Mehrwertsteuer)	20,00	EUR	1,40	EUR	0,00	EUR	7.00

Abbildung 8.10: Beleg Eingangszahlung – Skonto Bruttoverfahren

Auf dem Konto 71050 (KUNDENSKONTI) wird ein **Skontoaufwand** von *20 EUR* (2 % Skonto) und auf dem Konto 22000 (MEHRWERTSTEUER) wird die **Mehrwertsteuerkorrektur** von *1,40 EUR* verbucht.

9 Mahnung

Verfolgen Sie in diesem Kapitel anhand unserer Beispielfirma die einzelnen Schritte des Mahnprozesses.

Da es immer wieder vorkommen kann, dass nicht alle Kunden ihre fälligen Rechnungen fristgerecht begleichen, kommt der Debitorenbuchhaltung die wichtige Aufgabe zu, die überfälligen Posten dieser Kunden zu mahnen. SAP bietet Ihnen im Rahmen der Anwendung *Mahnlauf* Werkzeuge an, um den Prozess *Mahnung* zu automatisieren.

9.1 Prozessschritte Mahnlauf

Auch in unserer Beispielfirma zahlen nicht alle Kunden fristgerecht. Daher wollen wir im »Szenario 10« diese Kunden an ihre Zahlungsverpflichtung erinnern und ihnen einen Mahnbrief übermitteln. Bevor wir allerdings einen Mahnlauf anlegen, möchten wir Ihnen einen generellen Überblick über die Prozessschritte einer Mahnung verschaffen (siehe Abbildung 9.1).

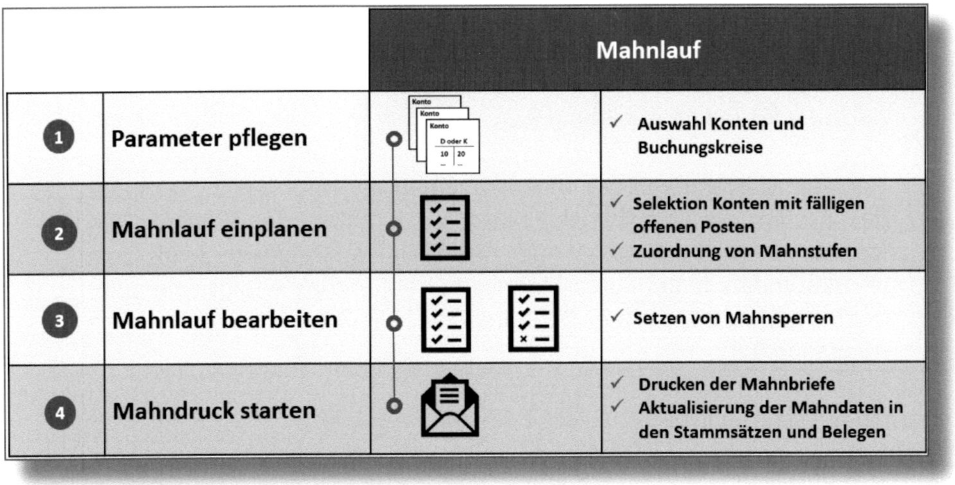

		Mahnlauf	
1	Parameter pflegen	Konto / Konto / Konto / D oder K / 10 / 20	✓ Auswahl Konten und Buchungskreise
2	Mahnlauf einplanen		✓ Selektion Konten mit fälligen offenen Posten ✓ Zuordnung von Mahnstufen
3	Mahnlauf bearbeiten		✓ Setzen von Mahnsperren
4	Mahndruck starten		✓ Drucken der Mahnbriefe ✓ Aktualisierung der Mahndaten in den Stammsätzen und Belegen

Abbildung 9.1: Prozessschritte Mahnlauf

❶ Im ersten Schritt legen Sie einen Mahnlauf an und selektieren in den Parametern den Buchungskreis sowie die gewünschten Debitoren.

❷ Als Nächstes planen Sie den Mahnvorschlag ein. Daraufhin selektiert das System die überfälligen Posten und ordnet diesen eine Mahnstufe zu.

❸ Sie können den Mahnvorschlag noch bearbeiten und eventuell Mahnsperren setzen.

❹ Der letzte Schritt ist der Mahndruck. Damit werden die Mahnbriefe gedruckt bzw. per E-Mail versendet und die Mahnstufe beim Debitor und beim gemahnten Posten eingetragen.

9.2 Mahnlauf in SAP S/4HANA?

Für die Abwicklung des Mahnlaufs stehen Ihnen zwei Apps zur Verfügung. Mit der klassischen App »Mahnungen anlegen« (entspricht der GUI-Transaktion *F150*) legen Sie den Mahnlauf gemäß den in Abbildung 9.1 dargestellten Prozessschritten an. In unserem Fall verwenden wir die neu entwickelte Fiori-App »Meine Mahnvorschläge«.

Im Einstiegsbild klicken Sie auf die Schaltfläche MAHNVORSCHLAG ANLEGEN ❶ und im daraufhin erscheinenden Pop-up auf die Schaltfläche ANLEGEN ❷ (siehe Abbildung 9.2).

Nachdem Sie einen neuen Mahnvorschlag angelegt haben, selektiert das System die überfälligen Posten. Sie erhalten das Ergebnis des Mahnvorschlags aufgelistet nach den einzelnen Debitoren sowie dem im Stammsatz hinterlegten Mahnverfahren, und es erfolgt eine automatische Zuordnung Ihrer Debitoren zur jeweiligen Mahnstufe (siehe Abbildung 9.3).

Abbildung 9.2: Mahnvorschlag anlegen

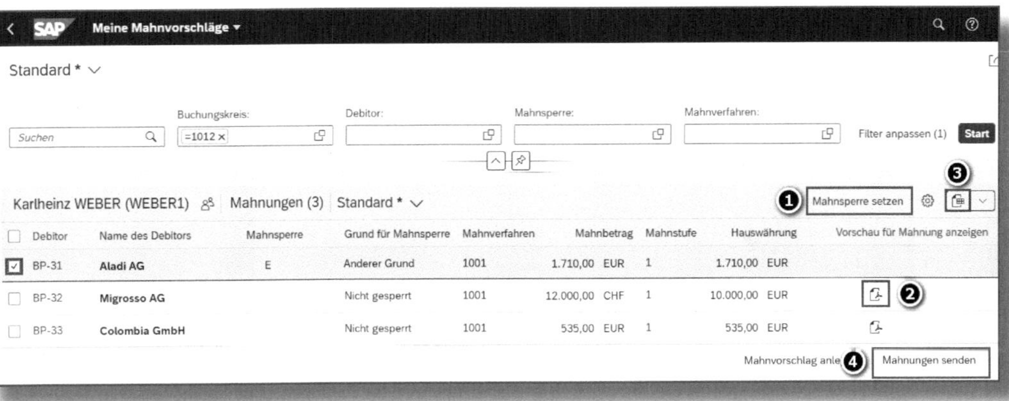

Abbildung 9.3: Ergebnis Mahnvorschlag

Sie haben nun die Möglichkeit, einzelne Debitoren zu markieren und bei diesen beispielsweise eine MAHNSPERRE ❶ zu setzen. In unserem Fall haben wir im Mahnvorschlag für den DEBITOR *BP-31* manuell eine Mahnsperre gesetzt, da wir per 01.10.2021 eine Teilzahlung erhalten haben und der Kunde uns zugesagt hat, den restlichen Betrag innerhalb der nächsten Tage zu begleichen, wodurch der Geschäftspartner im Zuge dieses Mahnlaufs nicht gemahnt wird. Wohingegen unsere anderen beiden KUNDEN *BP-32* und *BP-33*, deren Rechnungen über *10.000 EUR* bzw. *535 EUR* zum Zeitpunkt der Mahnung seit mehr als 20 Tagen überfällig sind, anzumahnen sind.

Mit Klick auf das mit ❷ markierte Icon können Sie sich den erzeugten Mahnbrief als Vorschau anzeigen lassen (siehe Abbildung 9.4) oder über das Icon ❸ das hier dargestellte Ergebnis nach Excel downloaden. Über den Button MAHNUNGEN SENDEN ❹ wählen Sie Ihre bevorzugte Ausgabemethode für Mahnungen. Wenn im Debitorenstammsatz eine E-Mail-Adresse hinterlegt ist, wird das Mahnschreiben per E-Mail an den Geschäftspartner versandt.

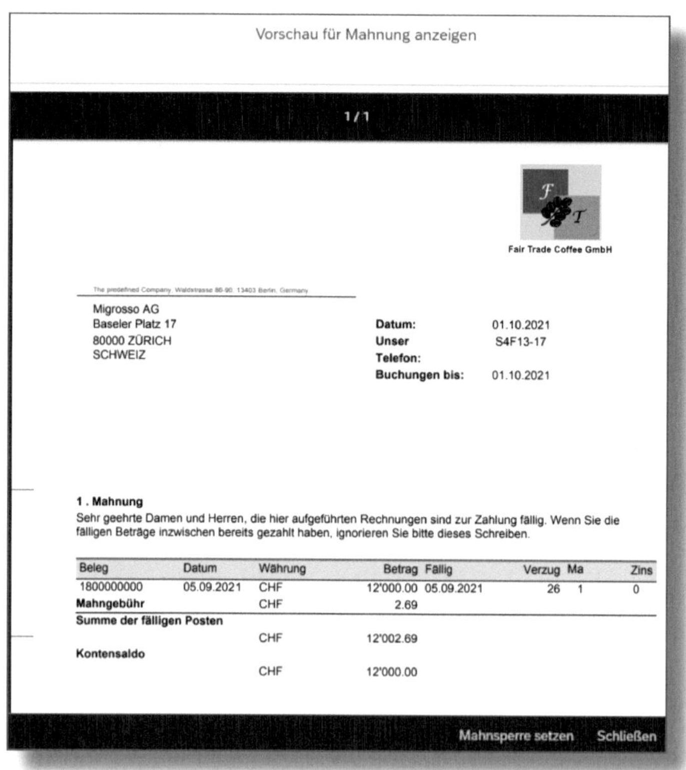

Vorschau für Mahnung anzeigen

1/1

Fair Trade Coffee GmbH

The predefined Company, Waldstrasse 86-90, 13403 Berlin, Germany

Migrosso AG
Baseler Platz 17
80000 ZÜRICH
SCHWEIZ

Datum: 01.10.2021
Unser S4F13-17
Telefon:
Buchungen bis: 01.10.2021

1 . Mahnung

Sehr geehrte Damen und Herren, die hier aufgeführten Rechnungen sind zur Zahlung fällig. Wenn Sie die fälligen Beträge inzwischen bereits gezahlt haben, ignorieren Sie bitte dieses Schreiben.

Beleg	Datum	Währung	Betrag	Fällig	Verzug	Ma	Zins
1800000000	05.09.2021	CHF	12'000.00	05.09.2021	26	1	0
Mahngebühr		CHF	2.69				
Summe der fälligen Posten							
		CHF	12'002.69				
Kontensaldo							
		CHF	12'000.00				

Mahnsperre setzen Schließen

Abbildung 9.4: Mahnschreiben als PDF-Dokument

☛ Mahnungen per Mail verschicken

Nutzen Sie die Möglichkeit, Mahnungen nicht mehr auszudrucken, sondern per E-Mail zu versenden. Dazu müssen Sie in der Rolle Kunde (FI) auf Buchungskreisebene die E-Mail-Adresse des Empfängers hinterlegen, und Ihre IT bzw. Ihr Berater muss die dafür notwendigen Systemeinstellungen vornehmen.

Des Weiteren aktualisiert das System die Mahndaten des Geschäftspartners in den Stammdaten. In unserem Fall hat es nach dem Übermitteln der Mahnungen die MAHNSTUFE *1* ❶ und das Datum LETZTE MAHNUNG *01.10.2021* ❷ in die Stammdaten der GESCHÄFTSPARTNER *BP-32* und *BP-33* übernommen (siehe Abbildung 9.5).

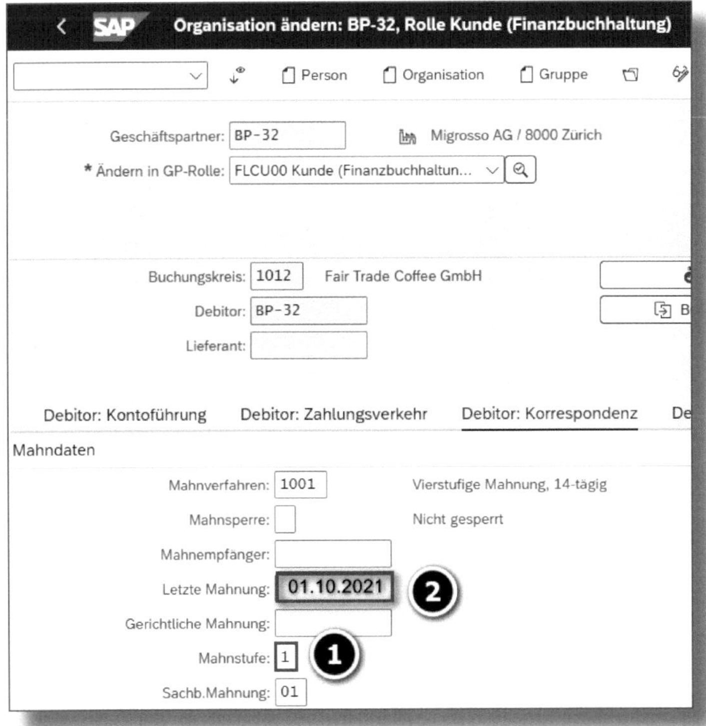

Abbildung 9.5: Aktualisierung Mahndaten im Stammsatz BP-32

Zusätzlich werden das Mahndatum und die Mahnstufe auch in den anzumahnenden offenen, überfälligen Posten fortgeschrieben.

10 Anlagenverkauf

Anhand des Verkaufs eines gebrauchten Notebooks aus dem Anlagenvermögen unserer Beispielfirma wollen wir Ihnen nachfolgend die Verbuchung eines Geschäftsvorfalls und die Integration zwischen Anlagenbuchhaltung (FI-AA) und Debitorenbuchhaltung (FI-AR) demonstrieren.

Wenn Sie eine Anlage veräußern und diesen Vorgang nicht über das Vertriebsmodul SD abwickeln, können Sie diesen Abgang mit der Debitorenbuchhaltung integriert oder nicht integriert buchen. Bei der integrierten Methode können der Verkauf und der Abgang der Anlage in einem Vorgang verbucht werden.

☛ Integration zwischen den Modulen

Optimieren Sie Ihre Prozesse, indem Sie die abteilungs- und modulübergreifenden Integrationsmöglichkeiten von SAP S/4HANA nutzen. Wir empfehlen Ihnen daher, den Anlagenverkauf integriert mit der Debitorenbuchhaltung zu buchen.

Beim *Anlagenabgang integriert mit Debitor* (siehe Abbildung 10.1) erfasst der Buchhalter den Debitor, die Mehrwertsteuer, den Erlös und die Anlage in einer Buchung. Das System erzeugt jedoch mehrere Belege: einen für die Debitorenbuchhaltung (1a) und mindestens einen für die Anlagenbuchhaltung (1b).

Anlagenabgang integriert mit Debitor					
1	Erfassung Rechnung + Anlagenabgang	Debitor 1.190 € Mehrwertsteuer 190 € Erlös Anlagenverk. -1.000 € *x Anlagenabgang: Anl.Nr.*	1a	Buchung Rechnung	Debitor 1.190 € Erlös Anl.Verk. -1.000 € Mehrwertst. -190 €
			1b	Buchung Anlagen-abgang	Anlage -1.500 € WB 167 € Verr. Anl.Abgang 1.000 € Mindererlös 333 €

Abbildung 10.1: Anlagelagenabgang integriert mit Debitor

Wenn Sie den *Anlagenabgang nicht integriert* buchen wollen, erfolgt die Verbuchung in zwei Schritten (siehe Abbildung 10.2): In der Debitorenbuchhaltung erfassen Sie eine Ausgangsrechnung (1) und in der Anlagenbuchhaltung den Anlagenabgang (2). Buchungstechnisch werden in beiden Varianten (Anlagenabgang integriert und nicht integriert) jeweils dieselben Konten bebucht. Der einzige Unterschied ist, dass Sie beim nicht integrierten Anlagenabgang die Buchungen separat in der Debitoren- und der Anlagenbuchhaltung erfassen.

Anlagenabgang nicht integriert mit Debitor					
1	Erfassung Rechnung	Debitor 1.190 € Erlös Anl.Verk. -1.000 € Mehrwertst. -190 €	1	Buchung Rechnung	Debitor 1.190 € Erlös Anl.Verk. -1.000 € Mehrwertst. -190 €
2	Erfassung Anlagen-abgang	Anlage *Anl.Nr.* Erlös 1.000 €	2	Buchung Anlagen-abgang	Anlage -1.500 € WB 167 € Verr. Anl.Abgang 1.000 € Mindererlös 333 €

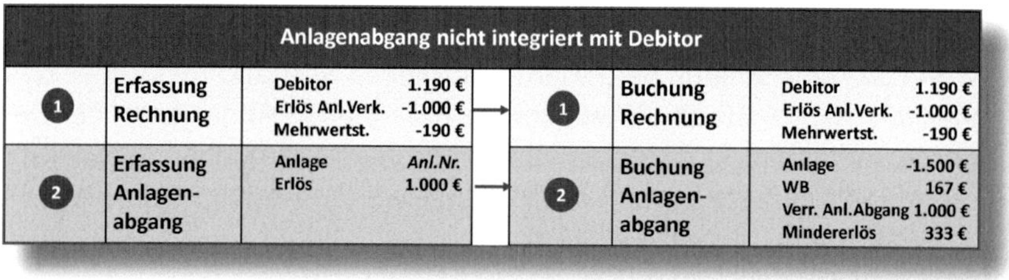

Abbildung 10.2: Anlagenabgang nicht integriert mit der Debitorenbuchhaltung

In »Szenario 11« unserer Beispielfirma »Fair Trade Coffee GmbH« (siehe Abbildung 10.3) zeigen wir Ihnen anhand des Verkaufs eines Notebooks beide genannten Varianten für einen Anlagenabgang mit den dazugehörigen Buchhaltungsbelegen.

Nr.	Abschnitt	Datum	Geschäftsfall	Konto	Bezeichnung	Soll	Haben
1	10.1	05.10.2021	Verkauf Notebook (AR 21/06)	12100	Debitor BP-33/Forderung L&L	1 190,00 €	
				46001	Erlös Anlagenverkauf		1 000,00 €
				22000	Mehrwertsteuer		190,00 €
2	10.1	05.10.2021	Verkauf Notebook (AR 21/06)	16040	Anlage 2 (Acer A5123) | EDV-Anl.		1 500,00 €
				16041	Wertberichtigung EDV-Anlagen	167,00 €	
				70030	Verr. Anlagenabgang	1 000,00 €	
				71010	Mindererlös Anlagenabgang	333,00 €	
3	10.2	05.10.2021	Verkauf Notebook (AR 21/07) (Debitoren)	12100	Debitor BP-33/Forderung L&L	1 190,00 €	
				46001	Erlös Anlagenverkauf		1 000,00 €
				22000	Mehrwertsteuer		190,00 €
4	10.2	05.10.2021	Verkauf Notebook (AR 21/07) (Anlagen)	16040	Anlage 2 (Acer A5123) | EDV-Anl.		1 500,00 €
				16041	Wertberichtigung EDV-Anlagen	167,00 €	
				70030	Verr. Anlagenabgang	1 000,00 €	
				71010	Mindererlös Anlagenabgang	333,00 €	

Abbildung 10.3: »Szenario 11« – Anlagenabgang

10.1 Anlagenabgang integriert mit Debitor

Um die Anforderungen der parallelen Rechnungslegung besser abbilden zu können, wurde die Buchungslogik der neuen Anlagenbuchhaltung in S/4HANA so geändert, dass das System nicht nur getrennte Buchungen für den Verkauf und Anlagenabgang erzeugt, sondern dass je Rechnungslegungsvorschrift ein eigener Abgangsbeleg erstellt wird (siehe Abbildung 10.4).

Erfasster Beleg

01 D - Debitor:	BP-34 – Computer-TEC - 12100 Forderungen L&L	1.190 € (Steuer190 €)
50 46001	Erlöse Anlagenverkauf	1.000 €
	x Anlagenabgang: Anlage 14 – Acer A5123	

Erzeugte Belege

Beleg	Ledger-Gruppe	S/H	BS	Text	Konto	Betrag
Operativer Beleg	(1) Ohne Ledger-Gruppe	S	01	Debitor BP-34 – Computer-TEC	12100	1.190 €
	Leer	H	50	Erlös Anlagenverkauf	46001	- 1.000 €
		H	50	Mehrwertsteuer	22000	- 190 €
Bewertungsbelege	(2a) Mit Ledger-Gruppe	S	70	Wertberichtigung EDV-Anlagen	16041	167 €
	Handelsrecht	S	40	Verr. Anlagenabgang	70030	1.000 €
		S	40	Mindererlös Anlagenabgang	71010	333 €
		H	75	EDV-Anlagen (ACER A5123)	16040	- 1.500 €
	(2b) Mit Ledger-Gruppe	S	70	Wertberichtigung EDV-Anlagen	16041	167 €
	IFRS	S	40	Verr. Anlagenabgang	70030	1.000 €
		S	40	Mindererlös Anlagenabgang	71010	333 €
		H	75	EDV-Anlagen (ACER A5123)	16099	- 1.500 €

Abbildung 10.4: Buchungen bei integriertem Anlagenabgang

Sie erfassen den Debitor im Soll und das Konto 46001 – ERLÖSE ANLAGENVERKAUF im Haben. Das System erzeugt in diesem Fall einen *operativen Beleg* und je Rechnungslegungsvorschrift einen *Bewertungsbeleg*. Wenn wir das Anlagevermögen nach Handelsrecht und IFRS bewerten, erhalten wir also insgesamt drei Belege. Im operativen Beleg, der für Handelsrecht und IFRS gilt, werden der Debitor bzw. das Abstimmkonto im Soll und das Erlöskonto sowie die Mehrwertsteuer im Haben gebucht.

Da die Anlage nach beiden Rechnungslegungsvorschriften gleich bewertet wurde, entstehen zwei identische Belege, in denen die EDV-Anlage im Haben und das zugehörige Wertberichtigungskonto, das Verrechnungskonto für den Anlagenabgang sowie der Mindererlös aus dem Anlagenabgang im Soll gebucht werden.

Um mit der neuen Anlagenbuchhaltung in S/4HANA einen integrierten Anlagenabgang zu buchen, rufen Sie die App »Abgang buchen (integriert) mit Debitor« auf (siehe Abbildung 10.5).

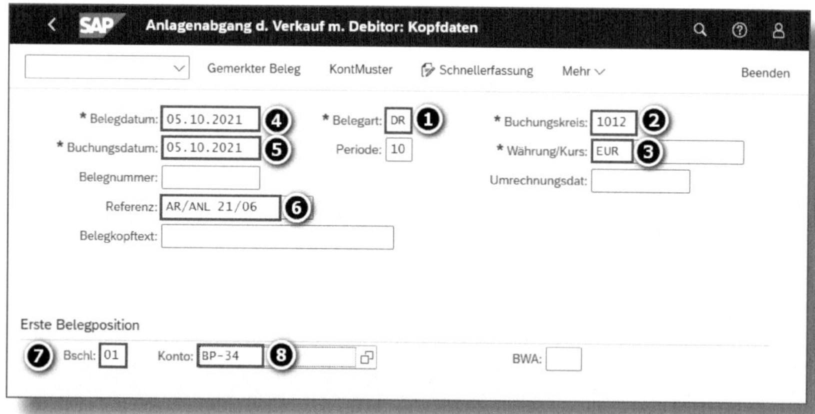

Abbildung 10.5: Anlagenabgang integriert buchen – Belegkopf

Diese klassische App entspricht der GUI-Transaktion *F-92*. Wie in der Transaktion müssen Sie auch hier pro Belegzeile einen Buchungsschlüssel erfassen. Wir verwenden nur die Buchungsschlüssel *01* für die Buchung auf der Debitorenposition und *50* für die Buchung auf der Erlösposition, da die Buchungsschlüssel 70 und 75 für die Anlagenbuchung vom System automatisch zugeordnet werden.

Zunächst erfassen Sie die Daten des Belegkopfes. BELEGART ❶, BUCHUNGSKREIS ❷ und WÄHRUNG ❸ sollten schon vorbelegt sein. Sie ergänzen noch das BELEGDATUM ❹ und das BUCHUNGSDATUM ❺. In das Feld REFERENZ ❻ geben Sie die Rechnungsnummer des Debitors ein (in unserem Beispiel *AR/ANL 21/06* für die Rechnungsnummer 6/2021 der Computer-TEC GmbH). Im unteren Bildschirmbereich tragen Sie den BUCHUNGSSCHLÜSSEL *01* für Debitoren ❼ und die KONTO-

NUMMER *BP-34* für die Computer-TEC GmbH ❽ ein. Abschließend drücken Sie die Enter-Taste.

Es erscheint das Detailbild für die erste Belegposition (siehe Abbildung 10.6).

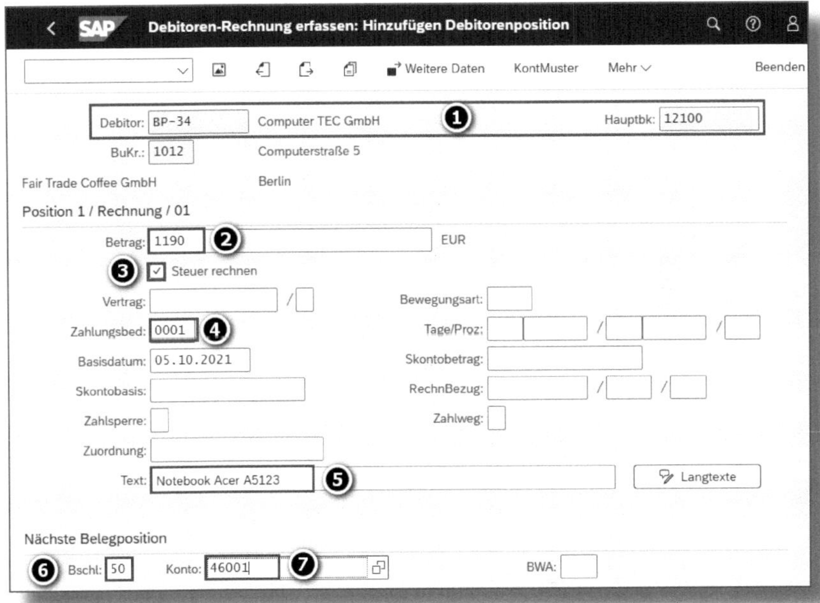

Abbildung 10.6: Anlagenabgang integriert buchen – Debitorenposition

Im oberen Bildschirmbereich ❶ sehen Sie den eingegebenen Debitor *BP-34* und das verknüpfte Abstimmkonto *12100*. Sie geben dann den BETRAG inklusive Steuer ein ❷ und aktivieren die Funktion STEUER RECHNEN ❸. Die ZAHLUNGSBEDINGUNG ❹ wird aus dem Debitorenstamm übernommen, kann aber überschrieben werden. Als TEXT ❺ verwenden Sie eine aussagekräftige Beschreibung (in unserem Beispiel *Notebook ACER A5123*).

Für die nächste Belegposition erfassen Sie den Buchungsschlüssel (BSCHL) *50* ❻ sowie das KONTO *46001 – Erlöse Anlagenverkauf* ❼ und rufen wieder das Detailbild über die Enter-Taste auf.

F4-Taste für Suche nach Anlagennummer

Wenn Sie im Feld KONTONUMMER die F4-Taste drücken, werden Ihnen die von Ihnen zuletzt angelegten Anlagennummern angezeigt.

Um Werte aus der ersten Buchungszeile automatisch zu übernehmen, geben Sie in das Feld BETRAG ❶ »*« und in das Feld TEXT ❸ »+« ein (siehe Abbildung 10.7). Zusätzlich wählen Sie im Feld STEUERKENNZ. ❷ das zutreffende Steuerkennzeichen (in unserem Beispiel *A1* für 19 % Ausgangssteuer) aus. Abschließend markieren Sie das Feld ANLAGENABGANG ❹. Im daraufhin erscheinenden Pop-up erfassen Sie die ANLAGE ❺, die Sie veräußern wollen, ergänzen das Datum des Anlagenabgangs im Feld BEZUGSDATUM ❻ und markieren das Feld VOLLABGANG ❼. Da es sich um einen Anlagenabgang mit Erlös handelt, hat das System bereits die richtige BEWEGUNGSART *210* vorgeschlagen. Übernehmen Sie die Daten für den Anlagenabgang mittels Haken. Nachdem Sie die Daten vollständig erfasst haben, können Sie den Anlagenabgang BUCHEN ❽.

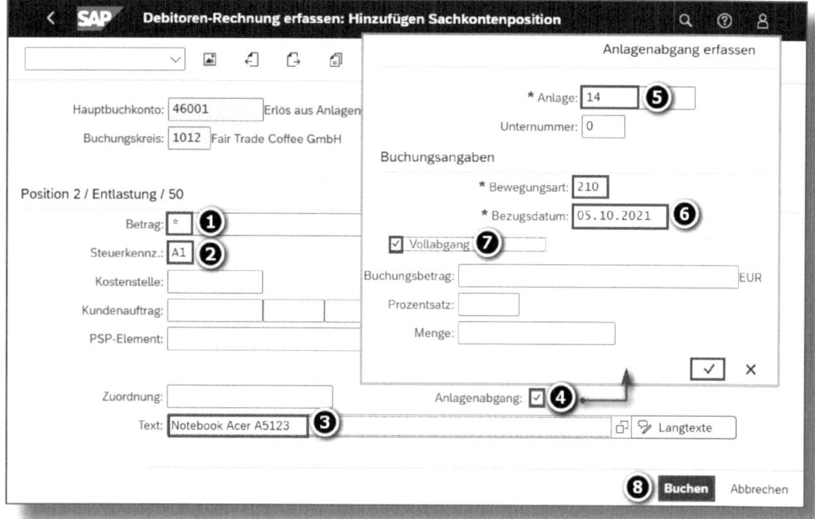

Abbildung 10.7: Anlagenabgang integriert buchen – Sachkontenposition und Anlagendetails

Das System hat automatisch drei Belege erzeugt. Die Belege 180006 ❶ und 180007 ❷ in Abbildung 10.8 sind für die Rechnungslegungsvorschrift nach IFRS relevant, während die Belege 180006 ❶ und 700003 ❷ in Abbildung 10.9 für das Handelsrecht von Belang sind. Der operative Beleg 180006 wurde in beide Ledger gebucht.

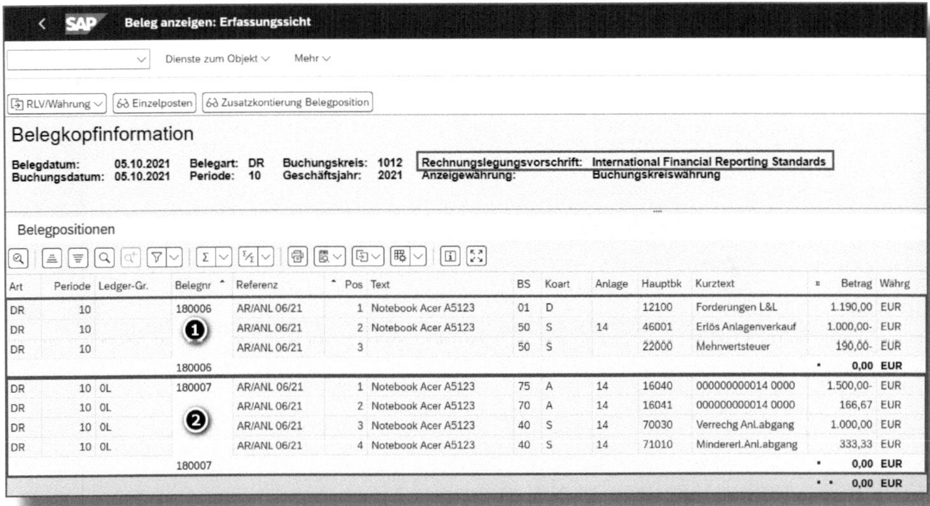

Abbildung 10.8: IFRS – Belege 180006 und 180007

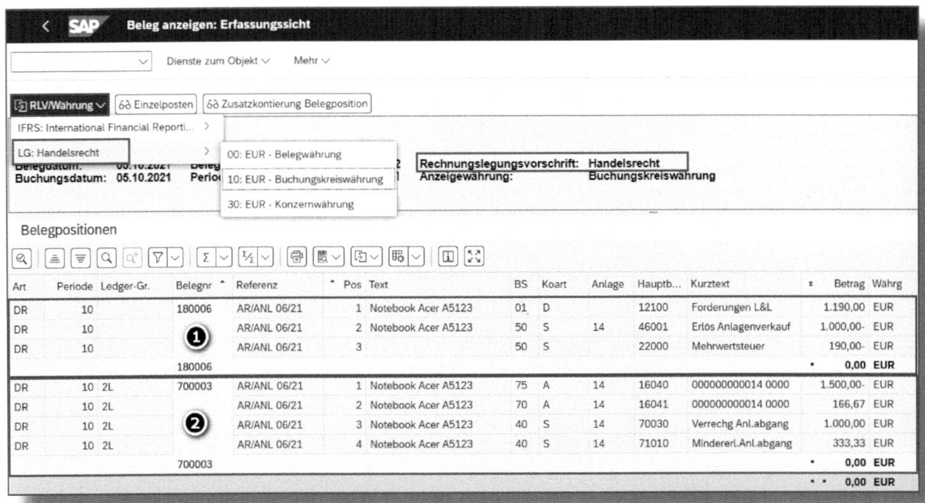

Abbildung 10.9: Handelsrecht – Belege 180006 und 700003

Durch die Buchung des Anlagenabgangs wird im Anlagenstammsatz unter dem Reiter ALLGEMEIN das Datum der DEAKTIVIERUNG übernommen (siehe Abbildung 10.10).

Abbildung 10.10: Anlagenstamm – Deaktivierungsdatum

10.2 Anlagenabgang nicht integriert

Beim nicht integrierten Anlagenabgang erfolgt zunächst seitens der Debitorenbuchhaltung die Buchung der Rechnung aus dem Anlagenabgang gegen das Erlöskonto. In einem zweiten Schritt wird in der Anlagenbuchhaltung der Anlagenabgang verbucht.

Das Erstellen der Ausgangsrechnung und deren automatische Verbuchung im Finanzwesen könnte auch über das Vertriebsmodul SD erfolgen (vgl. dazu auch Abschnitt 12.3).

Unsere Beispielfirma hat inzwischen einen zweiten Computer an denselben Kunden verkauft. Im ersten Schritt des Anlagenabgangs erfassen wir die Debitorenrechnung mithilfe der Fiori-App »Ausgangsrechnung anlegen« (siehe Abbildung 10.11).

Der dazugehörige Buchungsbeleg ist in Abbildung 10.12 dargestellt.

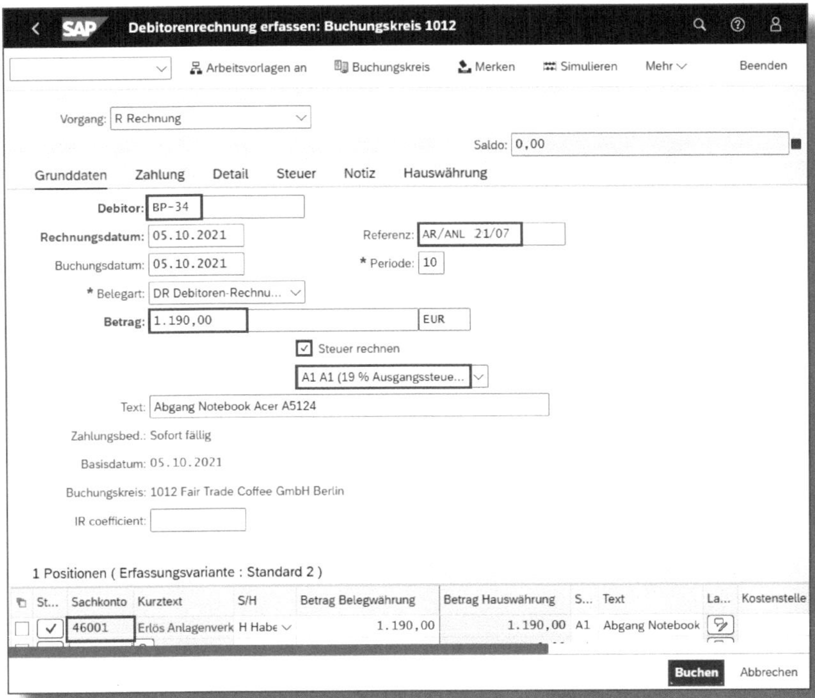

Debitorenrechnung erfassen: Buchungskreis 1012

Arbeitsvorlagen an | Buchungskreis | Merken | Simulieren | Mehr | Beenden

Vorgang: R Rechnung

Saldo: 0,00

Grunddaten | Zahlung | Detail | Steuer | Notiz | Hauswährung

Debitor: BP-34

Rechnungsdatum: 05.10.2021 Referenz: AR/ANL 21/07

Buchungsdatum: 05.10.2021 * Periode: 10

* Belegart: DR Debitoren-Rechnu...

Betrag: 1.190,00 EUR

☑ Steuer rechnen

A1 A1 (19 % Ausgangssteue...

Text: Abgang Notebook Acer A5124

Zahlungsbed.: Sofort fällig

Basisdatum: 05.10.2021

Buchungskreis: 1012 Fair Trade Coffee GmbH Berlin

IR coefficient:

1 Positionen (Erfassungsvariante : Standard 2)

St...	Sachkonto	Kurztext	S/H	Betrag Belegwährung	Betrag Hauswährung	S...	Text	La...	Kostenstelle
✓	46001	Erlös Anlagenverk	H Habe	1.190,00	1.190,00	A1	Abgang Notebook		

Buchen | Abbrechen

Abbildung 10.11: Debitorenrechnung zum Anlagenabgang

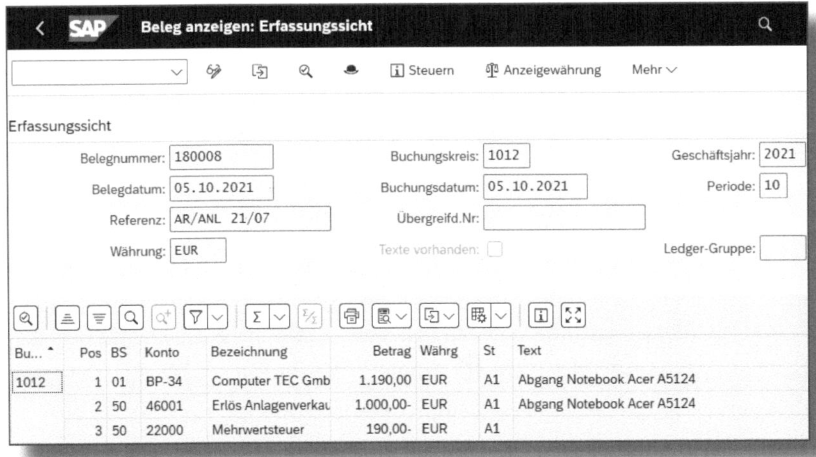

Beleg anzeigen: Erfassungssicht

Steuern | Anzeigewährung | Mehr

Erfassungssicht

Belegnummer: 180008 Buchungskreis: 1012 Geschäftsjahr: 2021

Belegdatum: 05.10.2021 Buchungsdatum: 05.10.2021 Periode: 10

Referenz: AR/ANL 21/07 Übergreifd.Nr.:

Währung: EUR Texte vorhanden: Ledger-Gruppe:

Bu...	Pos	BS	Konto	Bezeichnung	Betrag	Währg	St	Text
1012	1	01	BP-34	Computer TEC Gmb	1.190,00	EUR	A1	Abgang Notebook Acer A5124
	2	50	46001	Erlös Anlagenverkau	1.000,00-	EUR	A1	Abgang Notebook Acer A5124
	3	50	22000	Mehrwertsteuer	190,00-	EUR	A1	

Abbildung 10.12: Buchungsbeleg Anlagenverkauf

Für den zweiten Schritt rufen wir in der Anlagenbuchhaltung die App »Abgang buchen (nicht integriert) Ohne Debitor« auf (siehe Abbildung 10.13).

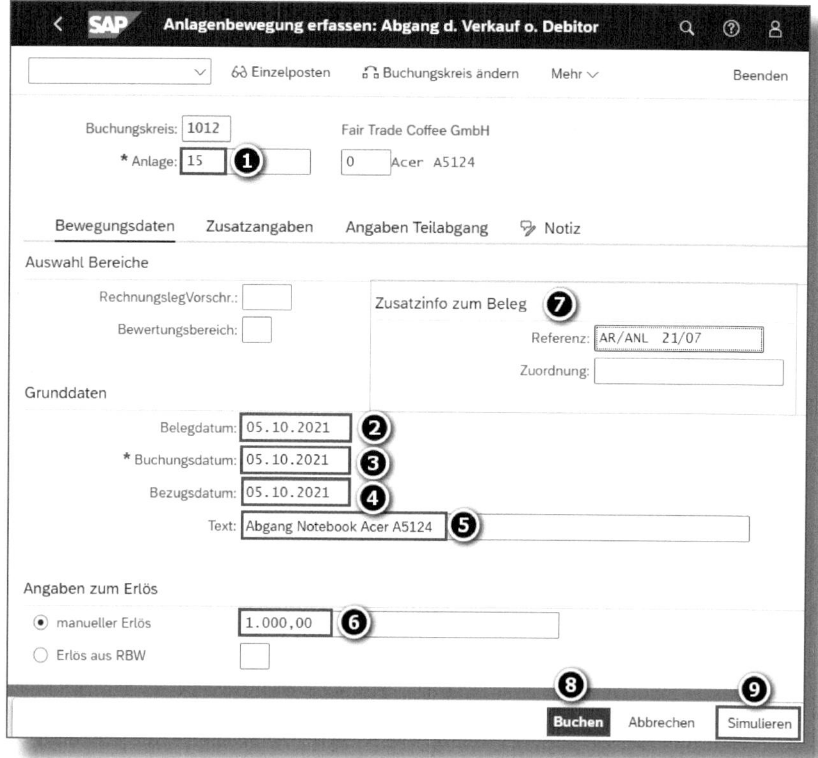

Abbildung 10.13: Anlagenabgang – nicht integriert

Diese App entspricht der klassischen GUI-Transaktion *ABAON*.

Im Einstiegsbild erfassen Sie die ANLAGE ❶, die veräußert wird, und im Bereich GRUNDDATEN geben Sie in die entsprechenden Felder nachfolgende Informationen ein: BELEGDATUM ❷, BUCHUNGSDATUM ❸, BEZUGSDATUM ❹ und TEXT ❺ sowie erzielter ERLÖS ❻ aus dem Anlagenverkauf. Falls der Erlös dem Restbuchwert entspricht, müssen Sie ihn nicht manuell erfassen, sondern das dementsprechende Feld markieren. Wenn Sie möchten, geben Sie unter ZUSATZINFO ZUM BELEG ❼ weitere Daten wie die Rechnungsnummer in das Feld REFERENZ ein. Abschließend können Sie den Beleg SIMULIEREN ❾ oder gleich VERBUCHEN ❽.

Bei der Verbuchung des nicht integrierten Anlagenabgangs erzeugt das System je Rechnungslegungsvorschrift eine Buchung. In diesem Beispiel wurden die Belege *10011* für IFRS und *700006* für Handelsrecht erzeugt (siehe Abbildung 10.14).

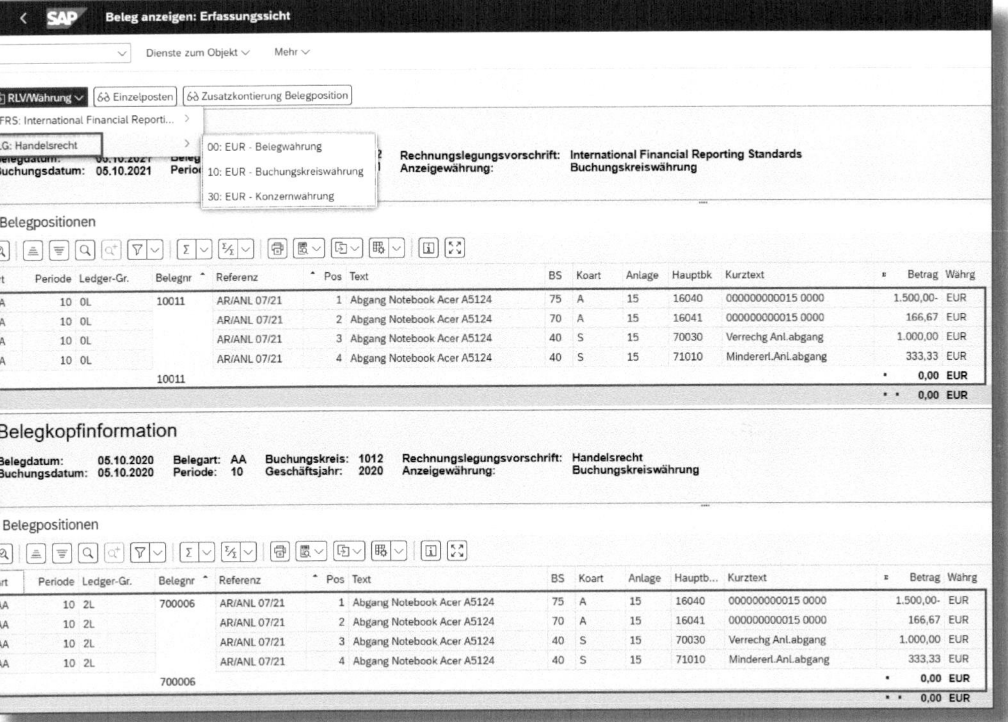

Abbildung 10.14: Buchungsbeleg bei nicht integriertem Anlagenabgang

11 Anzahlung

In diesem Kapitel zeigen wir Ihnen anhand eines Praxisbeispiels, wie Sie erhaltene Anzahlungen in der Debitorenbuchhaltung verbuchen können.

Der Anzahlungsprozess besteht aus den in Abbildung 11.1 dargestellten vier Schritten:

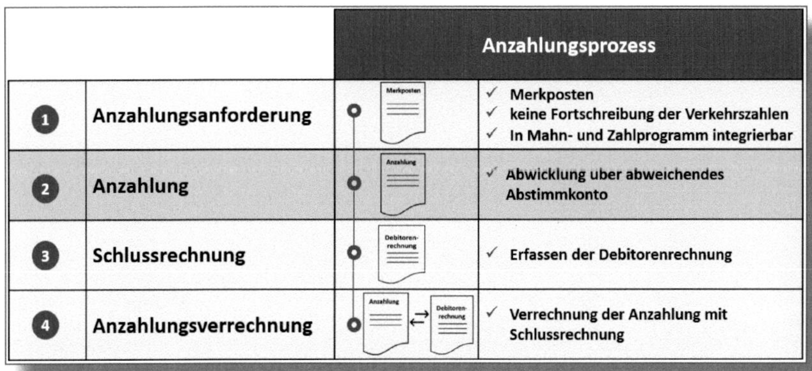

Abbildung 11.1: Übersicht Anzahlungsprozess

In »Szenario 12« demonstrieren wir beispielhaft die Abwicklung des Anzahlungsprozesses für eine vom Kunden *erhaltene Anzahlung.* Dabei werden wir zu Beginn eine Anzahlungsanforderung erstellen, in weiterer Folge die vom Kunden geleistete Anzahlung buchen, die Schlussrechnung erfassen und diese mit der zuvor erhaltenen Anzahlung verrechnen (siehe Abbildung 11.2).

Nr.	Abschnitt	Datum	Geschäftsfall	Konto	Bezeichnung	Soll	Haben
1	11.1	10.09.2021	Anzahlungsanforderung (ANZ. 21/01)	12100	Debitor BP-31/Forderung L&L	1 000,00 €	
2	11.2	15.09.2021	Anzahlung Kaffee Premium (ANZ. 21/01)	21190	Erhaltene Anzahlung/ BP-31		1 000,00 €
				11040	Commerzbank	1 000,00 €	
3	11.3	21.09.2021	Rechnung Kaffee Premium (AR 21/09)	41010	Umsatzerlöse		10 000,00 €
				22000	Mehrwertsteuer		700,00 €
				12100	Debitor BP-31/Forderung L&L	10 700,00 €	
4	11.4	21.09.2021	Verrechnung Anzahlung (ANZ. 21/01)	21190	Erhaltene Anzahlung/ BP-31	1 000,00 €	
				12100	Debitor BP-31/Forderung L&L		1 000,00 €

Abbildung 11.2: »Szenario 12« – Anzahlungsprozess

11.1 Anzahlungsanforderung

In unserem Fallbeispiel liegt ein Großauftrag des Kunden Aladi AG über *10.700 EUR* vor. Mit diesem Geschäftspartner wurde vereinbart, dass im Vorfeld per 06.10.2021 eine Anzahlung über *1.000 EUR* ohne Steuer zu leisten ist.

Damit wir an die vom Kunden zu leistende Anzahlung erinnert werden, werden wir eine Anzahlungsanforderung erfassen. Dazu rufen Sie die Fiori-App »Debitorenanzahlungsanforderungen verwalten« auf und klicken auf die Schaltfläche ANLEGEN (siehe Abbildung 11.3).

Abbildung 11.3: Anzahlungsanforderung anlegen

Im Bereich der Kopfdaten geben Sie das Beleg- bzw. Buchungsdatum ein, erfassen eine dazugehörige Referenz und klicken auf ANLEGEN. Im sich öffnenden Screen (siehe Abbildung 11.4) erfassen Sie den DEBITOR *BP-31* ❶, wählen das ZIELSONDERHAUPTBUCHKENNZEICHEN ❷ *A* für Anzahlungen und geben den BETRAG ❸, das STEUERKENNZEICHEN *A0* ❹ und das BASISDATUM ❺ für die zu leistende Anzahlung ein. Anschließend können Sie die Anzahlungsanforderung BUCHEN ❻.

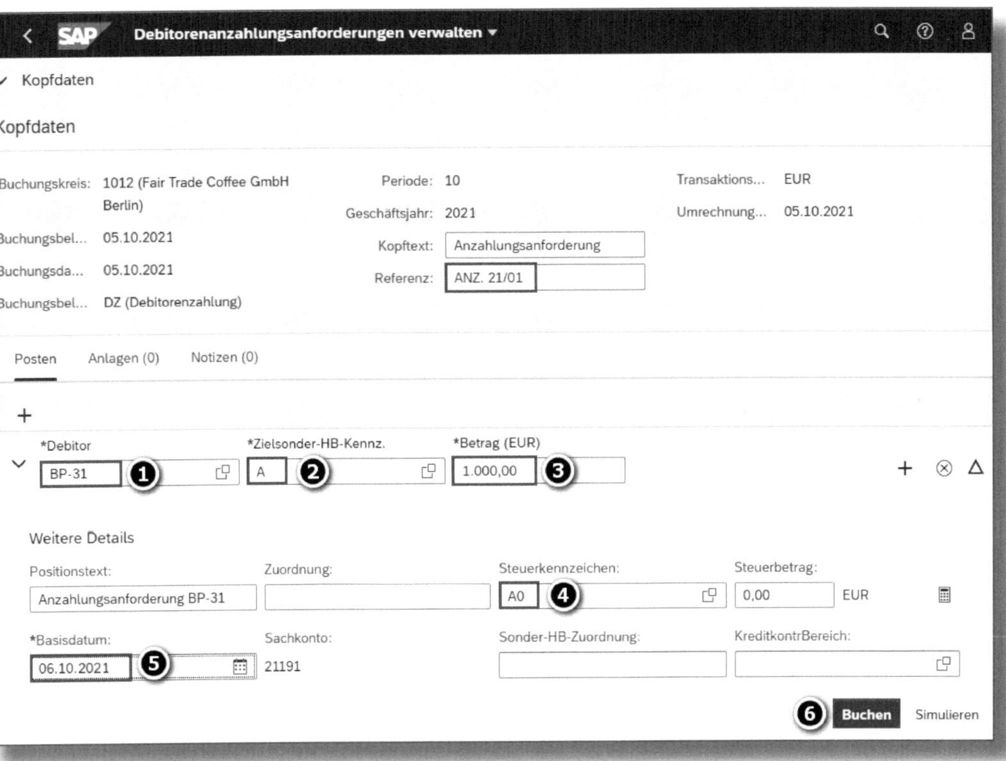

Abbildung 11.4: Anzahlungsanforderung erfassen

Für eine steuerpflichtige Anzahlung geben Sie das passende Steuerkennzeichen (beispielsweise A1 oder A2) bereits bei der Anzahlungsanforderung ein, damit bei der Verbuchung der Anzahlung automatisch die richtigen Steuerkonten verwendet werden.

Die zuvor erfasste Anzahlungsanforderung ist ebenfalls als MERKPOSTEN am Debitor ersichtlich. Dazu rufen Sie die App »Debitorenposten bearbeiten« auf (siehe Abbildung 11.5), schränken bei ART DES POSTENS auf *Merkposten* ein und drücken START. Daraufhin wird der vorher gebuchte Merkposten angezeigt.

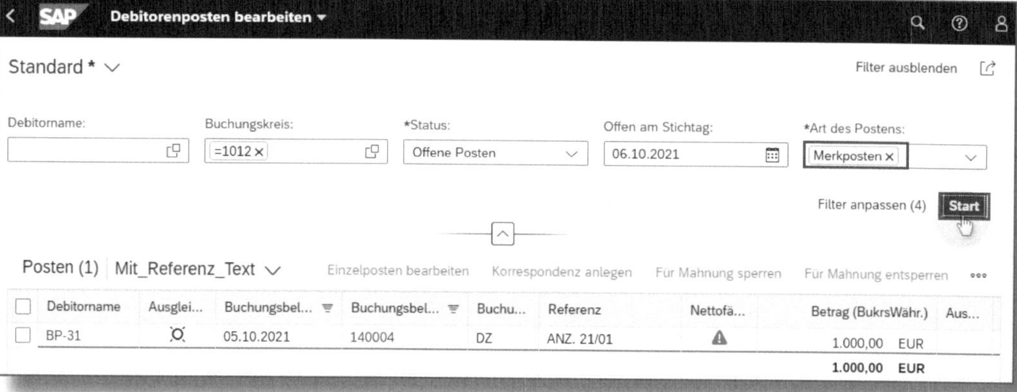

Abbildung 11.5: Merkposten Anzahlungsanforderung

11.2 Anzahlung

Sobald der Kunde die Anzahlung auf unser Bankkonto überwiesen hat und wir diese verbuchen wollen, rufen wir die Fiori-App »Debitorenanzahlungen buchen« auf.

Im Einstiegsbild zur Debitorenanzahlungserfassung (siehe Abbildung 11.6) wählen wir das BELEG- ❶ und das BUCHUNGSDATUM ❷ aus und geben eine REFERENZ ❸ an, in unserem Fall *Anz. 21/01* für die erste Anzahlung im laufenden Jahr. Die BELEGART, der BUCHUNGSKREIS und die WÄHRUNG wurden bereits vom System vorgeschlagen. Als Nächstes tragen wir den DEBITOR ❹ ein, wählen das SONDERHAUPTBUCHKENNZEICHEN ❺ *A* für Anzahlungen aus und erfassen das BANKKONTO ❻ sowie den BETRAG ❼ für die Anzahlung.

Über die Schaltfläche ANFORDERUNGEN ❽ öffnen Sie ein neues Fenster (siehe Abbildung 11.7). Hier lässt sich die zuvor erfasste Anzahlungsanforderung mit der Anzahlung verknüpfen, indem Sie die Zeile markieren und auf die Schaltfläche ANZAHLG. HINZ. klicken.

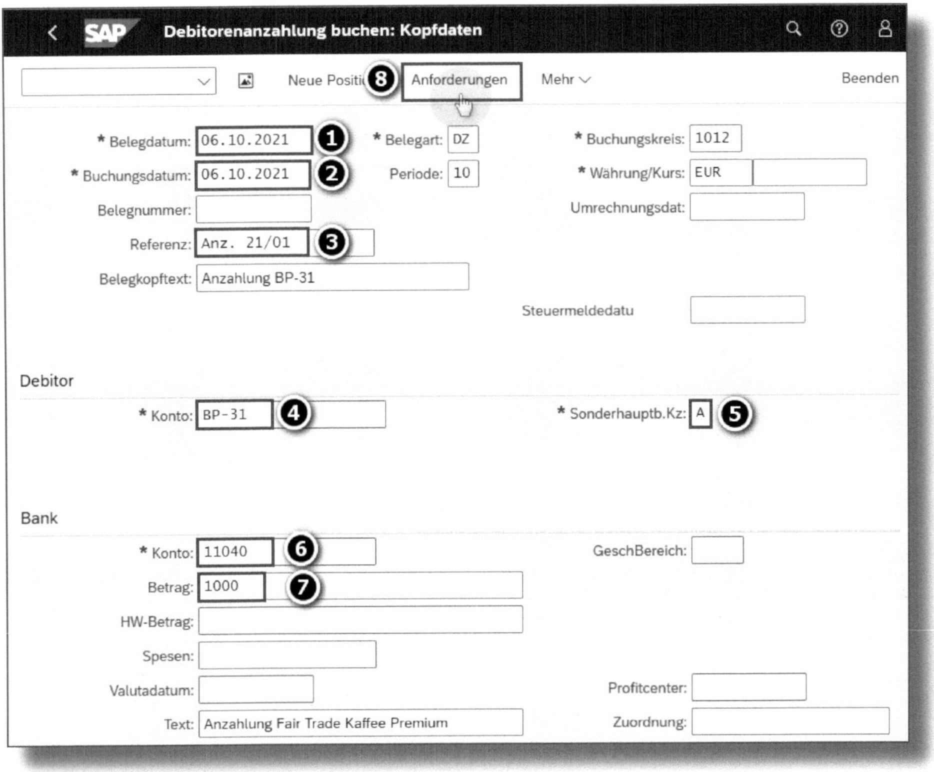

Abbildung 11.6: Anzahlung erfassen

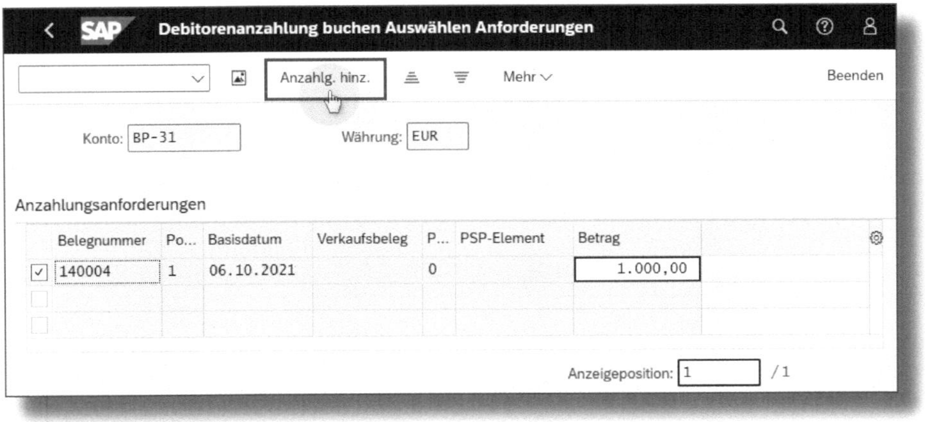

Abbildung 11.7: Hinzufügen der Anzahlungsanforderung

Es erscheint der in Abbildung 11.8 gezeigte Beleg, den wir über die Schaltfläche BUCHEN verbuchen.

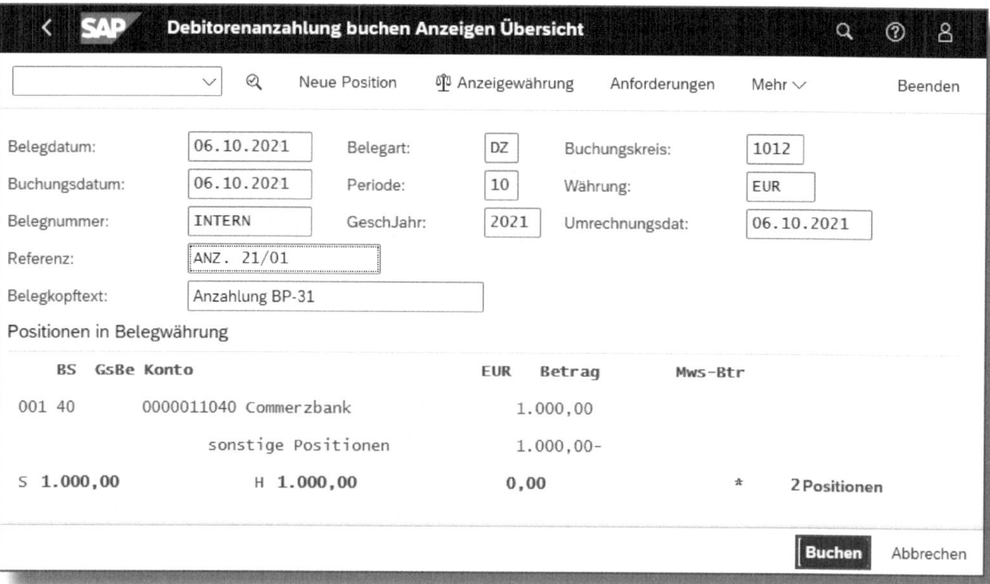

Abbildung 11.8: Buchen der Anzahlung

Wenn Sie anschließend über die App »Debitorenposten bearbeiten« die Debitorenposten zum DEBITOR *BP-31* aufrufen, erkennen Sie, dass die Anzahlungsanforderung durch die Verrechnung mit der Anzahlung ausgeglichen wurde und die Anzahlung als offener Sonderhauptbuchvorgang ersichtlich ist (siehe Abbildung 11.9).

Der zugehörige Buchungsbeleg zeigt ebenfalls, dass die Anzahlung nicht auf das Debitoren-Abstimmkonto *12100*, Forderungen aus Lieferungen und Leistungen, sondern auf das abweichende Abstimmkonto für Anzahlungen *21190* gebucht wurde (siehe Abbildung 11.10).

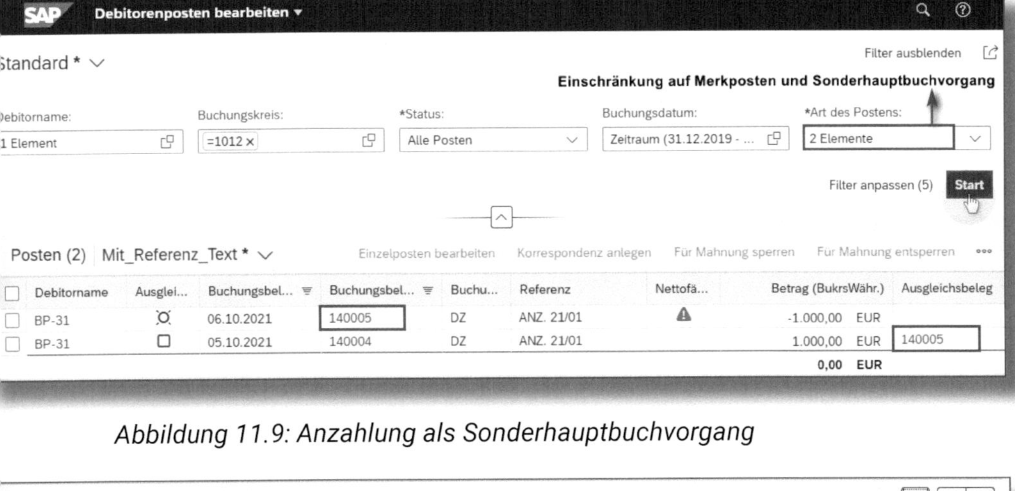

Debitorname	Auslgei...	Buchungsbel...	Buchungsbel...	Buchu...	Referenz	Nettofä...	Betrag (BukrsWähr.)	Ausgleichsbeleg
BP-31		06.10.2021	140005	DZ	ANZ. 21/01		-1.000,00 EUR	
BP-31		05.10.2021	140004	DZ	ANZ. 21/01		1.000,00 EUR	140005
							0,00 EUR	

Abbildung 11.9: Anzahlung als Sonderhauptbuchvorgang

nzelposten (2) Text_Innenauftrag * T-Konto-Sicht

Buchungssichtposition	Sachkonto	Positionstext	Soll	Haben
000001	11040 (Commerzbank)		1.000,00 EUR	0,00 EUR
000002	21190 (Erhaltene Anzahlung)	Anzahlungsanforderung BP-31	0,00 EUR	1.000,00 EUR

Abbildung 11.10: Buchung auf abweichendes Abstimmkonto

11.3 Schlussrechnung

Sobald wir die Schlussrechnung über *10.700 EUR* von unserem Geschäftspartner *BP-31* erhalten, erfassen wir diese mithilfe der Fiori-App »Ausgangsrechnung anlegen« (siehe Abbildung 11.11).

Zuerst geben wir den DEBITOR *BP-31* ❶ ein. Daraufhin wird uns die INFORMATION eingeblendet ❷, dass eine ANZAHLUNG über *1.000 EUR* existiert. Im Feld REFERENZ ❸ erfassen wir nun beispielsweise wieder die Rechnungsnummer, in unserem Fall *AR 21/09*, geben den gewünschten BETRAG ❹ ein und wählen das entsprechende STEUERKENNZEICHEN *A2* ❺ aus. Nachdem wir die dazugehörige Belegposition ❻ erfasst haben, können wir die Debitorenrechnung BUCHEN ❼.

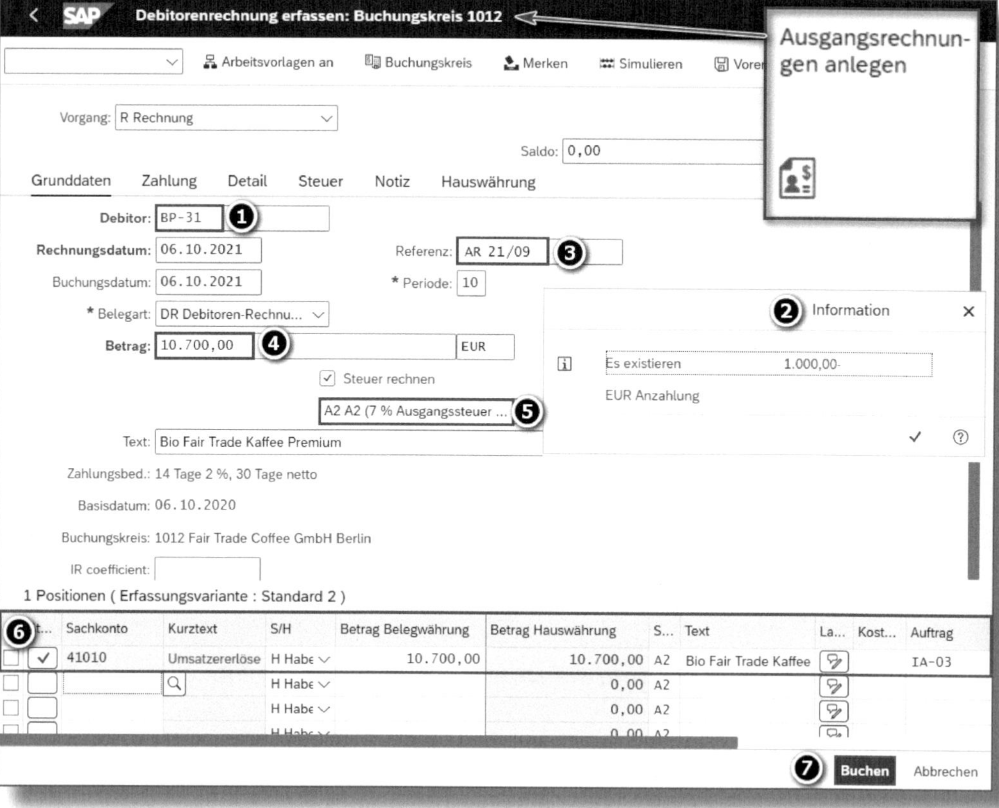

Abbildung 11.11: Buchen der Schlussrechnung

11.4 Anzahlungsverrechnung

Der letzte Schritt im Anzahlungsprozess besteht in der Verrechnung der Anzahlung mit der Schlussrechnung. Dazu rufen Sie die Fiori-App »Eingangszahlungen ausgleichen – manueller Ausgleich« auf.

Als Selektionskriterien wählen wir den Kunden *BP-31* ❶ und als ART DES EINZELPOSTENS *Anzahlungen* ❷ aus (siehe Abbildung 11.12).

Abbildung 11.12: Einstiegsbild Anzahlungsverrechnung

Nach Klick auf die Schaltfläche START ❸ wird uns die zuvor erfasste Anzahlung angezeigt. Über das >-Symbol ❹ gelangen Sie in die nächste Erfassungsebene (siehe Abbildung 11.13).

Abbildung 11.13: Durchführen der Anzahlungsverrechnung

Unter OFFENE POSTEN finden wir die zuvor erfasste Schlussrechnung von *10.700 EUR*. Durch einen Klick auf die Schaltfläche AUSGLEICHEN ❶ können wir nun die Schlussrechnung mit der Anzahlung verrechnen. Dazu müssen wir im Bereich des zugeordneten Betrags ❷ die *1.000 EUR* aus der Anzahlung erfassen. Abschließend führen wir die Verrechnung der Anzahlung über die Schaltfläche BUCHEN ❸ durch.

12 Vertriebsprozess mit Integration zwischen den Modulen Vertrieb (SD), Materialwirtschaft (MM), Finanzbuchhaltung (FI) und Controlling (CO)

Zunächst geben wir Ihnen einen Überblick über die wesentlichen Schritte des integrierten Vertriebsprozesses. Anschließend durchlaufen Sie diese Prozessschritte anhand eines konkreten Beispiels: angefangen beim Kundenauftrag über die Lieferung und Rechnung bis zur Zahlung.

Wie bereits in Abschnitt 2.2.1 erwähnt, besteht in SAP S/4HANA eine enge Verzahnung zwischen den Modulen SD (Vertrieb), MM (Materialwirtschaft), FI (Finanzbuchhaltung) und CO (Controlling).

Der Prozess »Lead to Cash« bzw. »Order to Cash« umfasst, vereinfacht dargestellt, die folgenden Prozessschritte bzw. Aktivitäten (siehe auch Abbildung 12.1):

⓿ Vertriebsvoraktivitäten wie Anfrage und Angebot. Diese ersten Schritte des End-to-End-Prozesses werden wir hier nicht darstellen, da sie keine Auswirkungen auf das Rechnungswesen haben.

❶ Kundenauftrag

❷ Lieferung und Warenausgang

❸ Ausgangsrechnung

❹ Eingangszahlung

		SD/MM	FI (Universal Journal)	CO (Universal Journal)
1	Auftrag	Kundenauftrag: Menge 50 kg, Preis 60 €, Betrag 3.000 €	×	*Auftragseingang:* (L: ZP) Erlöse HW: -3.000 € (Mat./Kunde/Land)
2	Lieferung	Warenausgang: Menge 50 kg	FI-Beleg: Verbrauch HW 2.000 €, Bestand - 2.000 €	Verbrauch HW 2.000 € (Mat./Kunde/Land)
3	Rechnung (Ausgang)	Fakturabeleg: Betrag 3.000 €	FI-Beleg: Debitor 3.210 €, Erlöse HW - 3.000 €, Mehrwertsteuer - 210 €	*Umsatz:* Erlöse HW -3.000 € (Mat./Kunde/Land)
4	Zahlung (Eingang)	×	FI-Beleg: Bank 3.210 €, Debitor - 3.210 €	

Abbildung 12.1: Prozess »Order to Cash«

Abbildung 12.1 zeigt das nachfolgend beschriebene, in Szenario 13 abgebildete Beispiel der Abwicklung eines Kundenauftrags über 50 kg Kaffee zu 60 EUR/kg und einem Gesamtauftragswert über 3.000 EUR. Die Vorverkaufsaktivitäten sowie die ersten drei Schritte werden mithilfe des SAP-Moduls Vertrieb (SD) abgewickelt. Die Verbuchung der Ausgangszahlung als vierter Schritt im Prozess erfolgt in der Finanzbuchhaltung.

Wir zeigen Ihnen die durch den Vertriebsprozess im Finanzwesen (FI) bzw. Controlling automatisch generierten Buchungen. Aus Sicht des Controllings werden wir nur die im Universal Journal gebuchte *Margin Analysis* (vormals buchhalterische Ergebnisrechnung) darstellen und nicht die eventuell auch in der kalkulatorischen Ergebnisrechnung gebuchten Werte betrachten.

Folgende Belege werden in den verschiedenen Modulen generiert:

❶ In den Systemeinstellungen kann eingestellt werden, dass die Anlage eines Kundenauftrags einen CO-relevanten Beleg erzeugt. Ist dies der Fall, wird der Auftragseingang in Höhe von 3.000 EUR in ein sogenanntes *Vorhersage*- bzw. *Simulationsledger* gebucht. Für die Finanzbuchhaltung ist dieser Auftragseingang nicht relevant, und es wird auch kein FI-Beleg erzeugt.

❷ Die Lieferung erzeugt zunächst einen SD-Beleg, der anschließend gebuchte Warenausgang einen MM-, einen FI- und einen künstlichen CO-Beleg. *Künstlicher CO-Beleg* bedeutet in diesem Zusammenhang, dass zwar eine mit A (für »artificial«) beginnende Belegnummer vergeben, tatsächlich aber nur ein Beleg im Universal Journal gespeichert wird, der alle FI- und CO-relevanten Informationen umfasst. Im MM-Beleg wird die abgefasste und gelieferte Menge von 50 kg verbucht. Auf Basis der im System hinterlegten Kontenfindung wird automatisch im FI-Beleg das Materialverbrauchskonto im Soll und das Materialbestandskonto im Haben mit dem Betrag von 2.400 EUR verbucht. Dieser Betrag ergibt sich (laut Preissteuerung) aus der Multiplikation von Menge mal Preis.

❸ Beim Erstellen der Rechnung werden automatisch ein SD-, ein FI- und ein künstlicher CO-Beleg erzeugt. Der FI-Beleg zeigt im Soll den Bruttobetrag der Rechnung in Höhe von 3.210 EUR, im Haben den Nettobetrag von 3.000 EUR auf dem Debitor und den Steuerbetrag von 210 EUR auf dem Mehrwertsteuerkonto.

❹ Bei der Zahlung, die im Modul FI abgewickelt wird, erzeugt das System eine Buchung nur eines FI-Belegs, bei der das Bankkonto im Soll sowie der Debitor im Haben in Höhe von 3.210 EUR bebucht werden und der offene Debitorenposten ausgeglichen wird.

Obwohl der Debitorenbuchhalter in der Regel keine Kundenaufträge und Lieferungen anlegen wird, möchten wir Ihnen in »Szenario 13« die Prozessschritte Anlage Kundenauftrag, Ausführung Lieferung / Warenausgang sowie Erstellung Ausgangsrechnung vorstellen. Da die Anlage des Kundenauftrags keine Buchung erzeugt, sind in Abbildung 12.2 nur die Buchungen für den Warenausgang und die Rechnung dargestellt.

r.	Abschnitt	Datum	Geschäftsfall	Konto	Bezeichnung	Soll	Haben
1	12.2	19.09.2021	Warenausgang Kaffee Standard	13600	Bestand Handelsware		2 000,00 €
				51600	Verbrauch Handelsware	2 000,00 €	
2	12.3	19.09.2021	Rechnung Kaffee Standard (AR 21/10)	12100	Debitor BP-31/Forderungen L&L	3 210,00 €	
				41010	Umsatzerlöse		3 000,00 €
				22000	Mehrwertsteuer		210,00 €

Abbildung 12.2: »Szenario 13« – Vertriebsprozess

12.1 Kundenauftrag

Eine Bestellung des Kunden Aladi AG hat unser Unternehmen erreicht. Ein Vertriebsmitarbeiter legt dafür einen neuen Kundenauftrag im System an. Dazu ruft er die App »Kundenaufträge verwalten« auf, mit der er sowohl bestehende Kundenaufträge verwalten als auch einen neuen Kundenauftrag anlegen kann (siehe Abbildung 12.3).

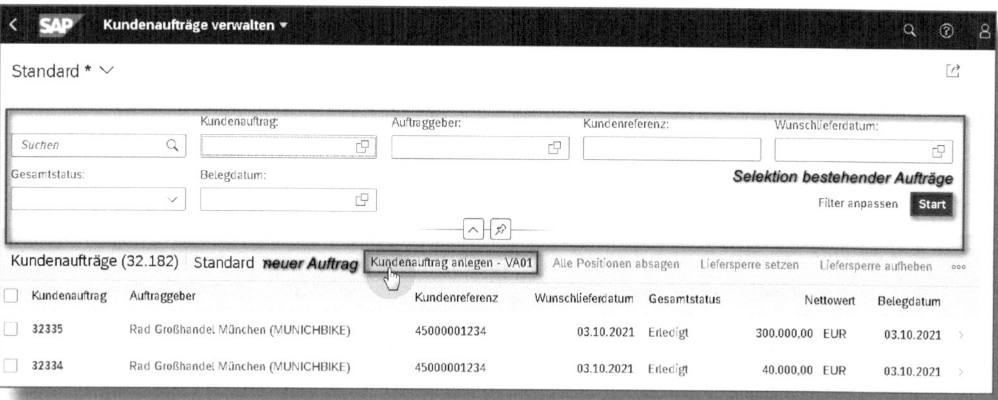

Abbildung 12.3: App »Kundenaufträge verwalten«

Da er einen neuen Kundentrag anlegen will, klickt er auf die Drucktaste Kundenauftrag anlegen – VA01. Über den Link wird eine klassische App aufgerufen (siehe Abbildung 12.4), die der GUI-Transkation *VA01* entspricht.

Im Einstiegbild gibt der Vertriebsmitarbeiter zunächst die Auftragsart *TA* ❶ für Terminauftrag ein und erfasst dann die entsprechenden Organisationsdaten ❷ wie Verkaufsorganisation, Vertriebsweg und Sparte. Anschließend bestätigt er über den Button Weiter ❸.

Im Übersichtsbild für den Terminauftrag (siehe Abbildung 12.5) erfasst er für unser Beispiel zunächst den Auftraggeber *BP-31* ❶, übernimmt aus der Bestellung des Kunden die Bestellnummer und das Bestelldatum, also die Kundenreferenz ❷ und das Kundenreferenzdatum ❸, und trägt das Wunschlieferdatum ❹ des Kunden ein. Das System füllt dann automatisch den Warenempfänger ebenfalls mit *BP-31* und ergänzt Name und Adresse sowie die Zahlungsbedingung der *Aladi AG* aus dem Stammsatz des Geschäftspartners.

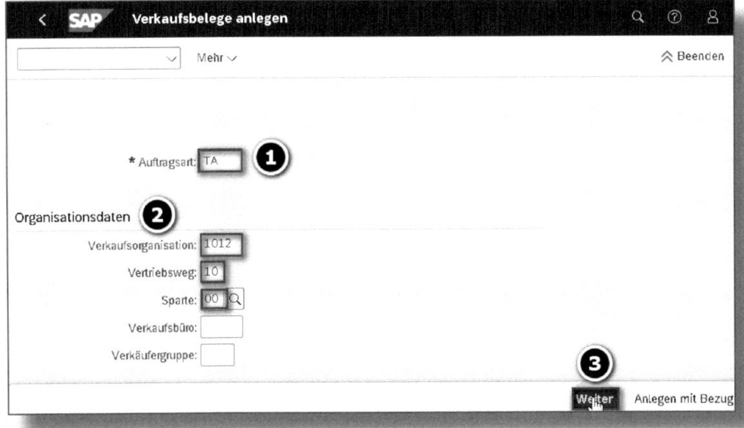

Abbildung 12.4: Verkaufsbeleg anlegen

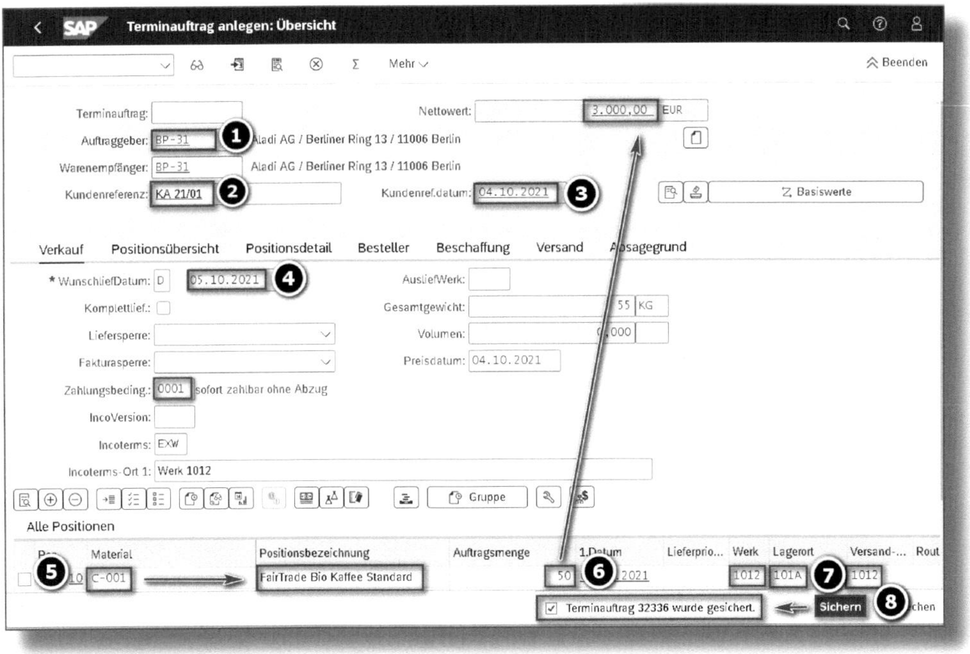

Terminauftrag anlegen: Übersicht
Mehr
Beenden
Terminauftrag:
Nettowert: 3.000,00 EUR
Auftraggeber: BP-31 Aladi AG / Berliner Ring 13 / 11006 Berlin
Warenempfänger: BP-31 Aladi AG / Berliner Ring 13 / 11006 Berlin
Kundenreferenz: KA 21/01
Kundenref.datum: 04.10.2021
Basiswerte
Verkauf Positionsübersicht Positionsdetail Besteller Beschaffung Versand Absagegrund
* WunschliefDatum: D 05.10.2021
AusliefWerk:
Komplettlief.:
Gesamtgewicht: 55 KG
Liefersperre:
Volumen: 0,000
Fakturasperre:
Preisdatum: 04.10.2021
Zahlungsbeding.: 0001 sofort zahlbar ohne Abzug
IncoVersion:
Incoterms: EXW
Incoterms-Ort 1: Werk 1012
Gruppe
Alle Positionen
Pos Material Positionsbezeichnung Auftragsmenge 1.Datum Lieferprio... Werk Lagerort Versand-... Rout
10 C-001 FairTrade Bio Kaffee Standard 50 2021 1012 101A 1012
Terminauftrag 32336 wurde gesichert.
Sichern

Abbildung 12.5: Terminauftrag anlegen – Übersicht

Unter Position 10 erfasst er dann das MATERIAL *C-001* ❺ und die AUFTRAGSMENGE *50* ❻ sowie den LAGERORT 101A ❼. Die POSITIONSBEZEICHNUNG, das WERK und die VERSANDSTELLE wurden als Vorschlagswerte automatisch gefüllt und könnten überschrieben werden. Mithilfe der Drucktaste SICHERN ❽ wird der Kundenauftrag unter der Auftragsnummer 32336 gespeichert.

Die Verbindung zwischen Werten des Vertriebs und den Werten der Buchhaltung wird über die KONDITIONEN der Positionsdetails hergestellt (siehe Abbildung 12.6).

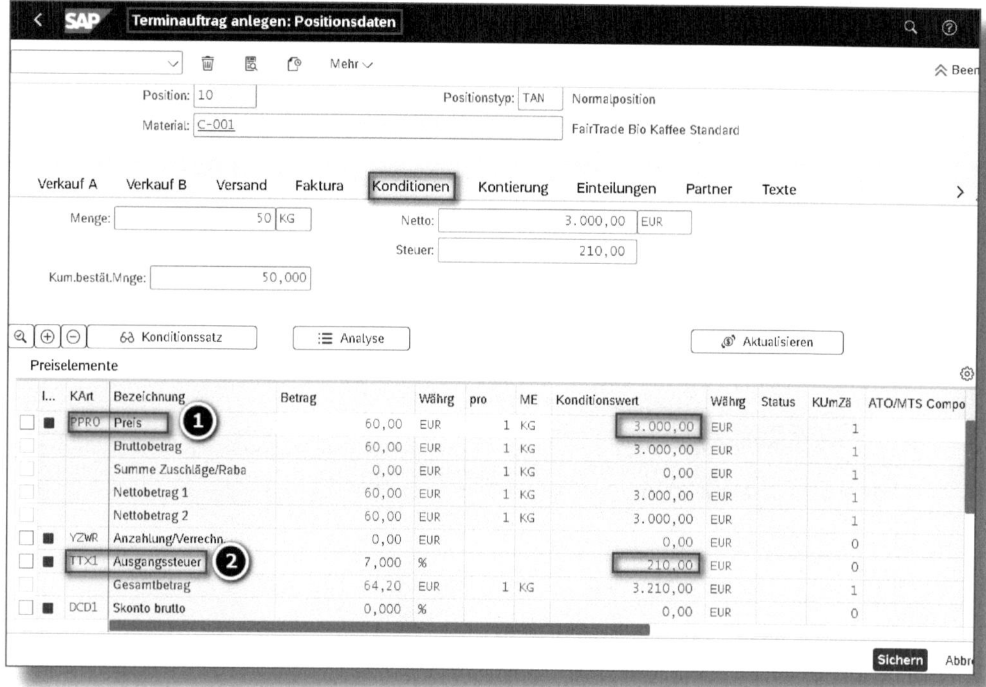

Abbildung 12.6: Terminauftrag – Positionsdaten, Konditionen

In der Spalte KART sind die Konditionsarten dargestellt. Die Konditionsart *PR00 – Preis* ❶ mit dem Wert *3.000 EUR* ist mit dem Erlöskonto verknüpft, während die Konditionsart *TTX1 – Ausgangssteuer* ❷ mit dem Wert *210 EUR* mit dem Mehrwertsteuerkonto verbunden ist.

In Abbildung 12.7 können Sie unter KONTIERUNG ❶ die für das Controlling relevante Kontierung auf PROFITCENTER *PC-01* und ERGEBNISOBJEKT sowie unter EINTEILUNGEN ❷ das LIEFERDATUM und die BESTÄTIGTE MENGE erfassen.

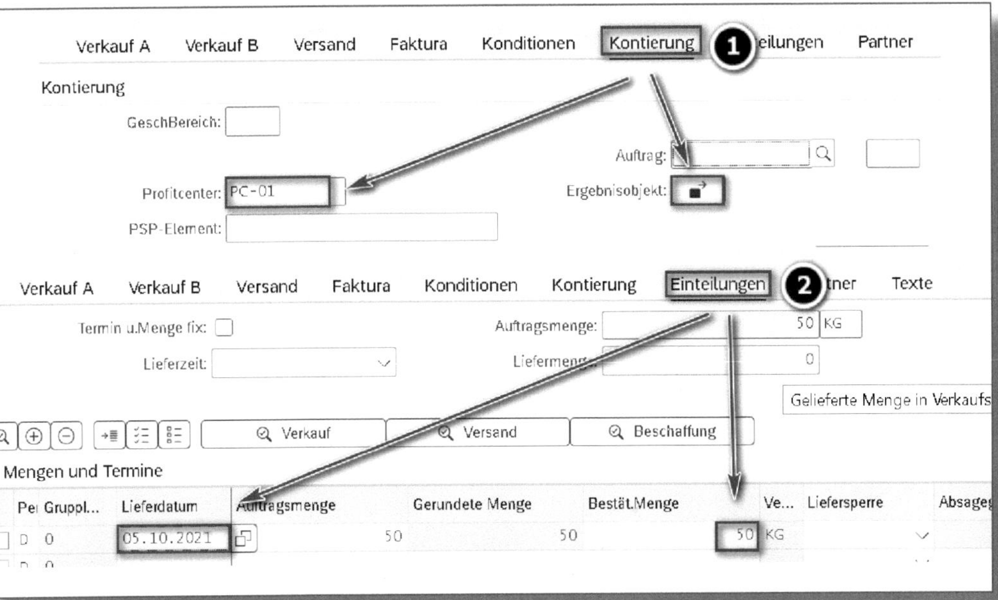

Abbildung 12.7: Terminauftrag – Positionsdaten Kontierung und Einteilung

Um diesen bzw. alle Aufträge eines Kunden analysieren zu können, ruft der Vertriebsmitarbeiter nochmals die App »Kundenaufträge verwalten« auf (siehe Abbildung 12.8), schränkt auf den AUFTRAGGEBER *BP 31* ❶ ein und drückt dann den Button START ❷. Daraufhin wird der KUNDENAUFTRAG *32236* ❸ mit dem GESAMTSTATUS *offen* und einem NETTOWERT von *3.000 EUR* ausgegeben.

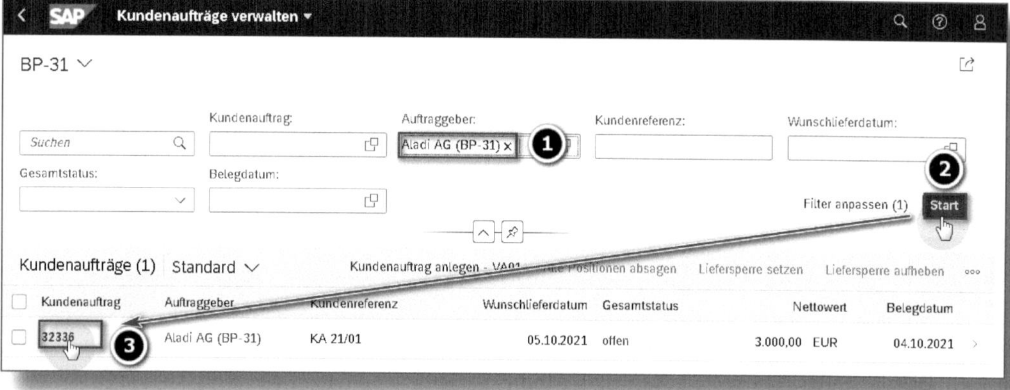

Abbildung 12.8: App »Kundenaufträge verwalten« – Auswahl Auftraggeber

Mit einem Doppelklick auf die Kundenauftragsnummer 32236 werden die Details zum Auftrag aufgerufen (siehe Abbildung 12.9).

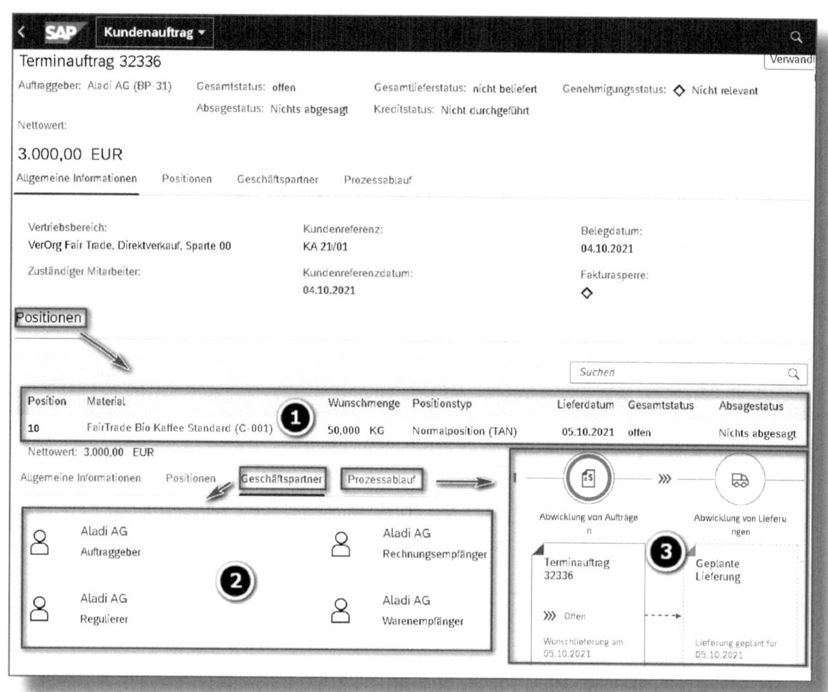

Abbildung 12.9: Anzeige Kundenauftrag

Sie können sich beispielsweise die POSITIONEN ❶, die GESCHÄFTSPARTNER ❷ und den PROZESSABLAUF ❸ mit *Terminauftrag offen* und *Lieferung geplant für 05.10.2021* anzeigen lassen.

12.2 Lieferung, Kommissionierung und Warenausgang

Der Lieferprozess besteht in unserem Beispiel aus den Teilschritten:

1. Lieferung anlegen,
2. Kommissionieren,
3. Warenausgang buchen.

Im ersten Schritt des Lieferprozesses legt der Vertriebsmitarbeiter die Lieferung an. Dazu ruft er die App »Auslieferung anlegen« (siehe Abbildung 12.10) auf, gibt zunächst den WARENEMPFÄNGER ❶ sowie das geplante ANLEGEDATUM ❷ ein und drückt dann auf den Button START ❸. Daraufhin wird der zu liefernde Kundenauftrag 32326 unter VERKAUFSBELEG ❹ angezeigt. Nun markiert er diesen Auftrag in der ersten Spalte ❺ und betätigt die Schaltfläche LIEFERUNG ANLEGEN ❻. Das System generiert daraufhin die Lieferung mit der Belegnummer *80023602*, auf die im nächsten Schritt Bezug zu nehmen ist.

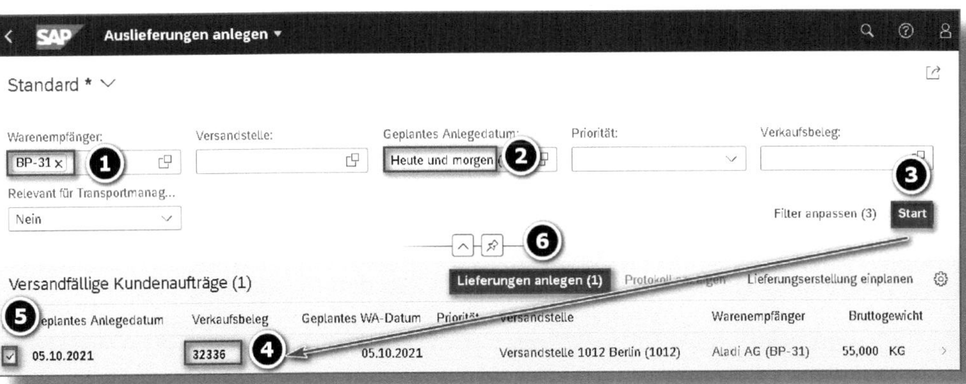

Abbildung 12.10: App »Auslieferung anlegen«

In diesem Schritt ruft der für die Kommissionierung zuständige Mitarbeiter die App »Auftrag kommissionieren« auf (siehe Abbildung 12.11) und gibt entweder die Liefernummer ❶ direkt ein oder drückt rechts vom Eingabefeld auf das Suchsymbol ❷ und wählt dann die entsprechenden Suchkriterien.

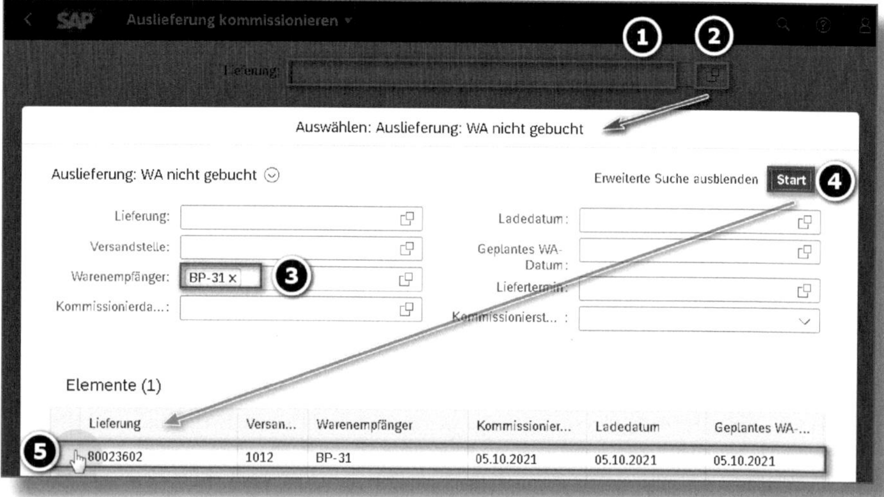

Abbildung 12.11: App »Auftrag kommissionieren«

In unserem Fall erfasst er den WARENEMPFÄNGER ❸ *BP-31* und drückt dann auf START ❹. Daraufhin wird unterhalb die LIEFERUNG angezeigt. Ein Doppelklick auf die Belegnummer *8002360* ❺ verzweigt in die Detailmaske (siehe Abbildung 12.12).

An den Icons im mittleren Bildbereich kann er ablesen: Der STATUS ist derzeit *0 von 1 Kommissionierung* und *WA nicht bereit*. Er gibt das Datum des Warenausgangs in das Feld IST-WA-DATUM ❶ und die KOMMISSIONIERUNGSMENGE ❷ ein und drückt dann SICHERN ❸. Es erscheint ein neuer Eingabeschirm für die Buchung des Warenausgangs (siehe Abbildung 12.13).

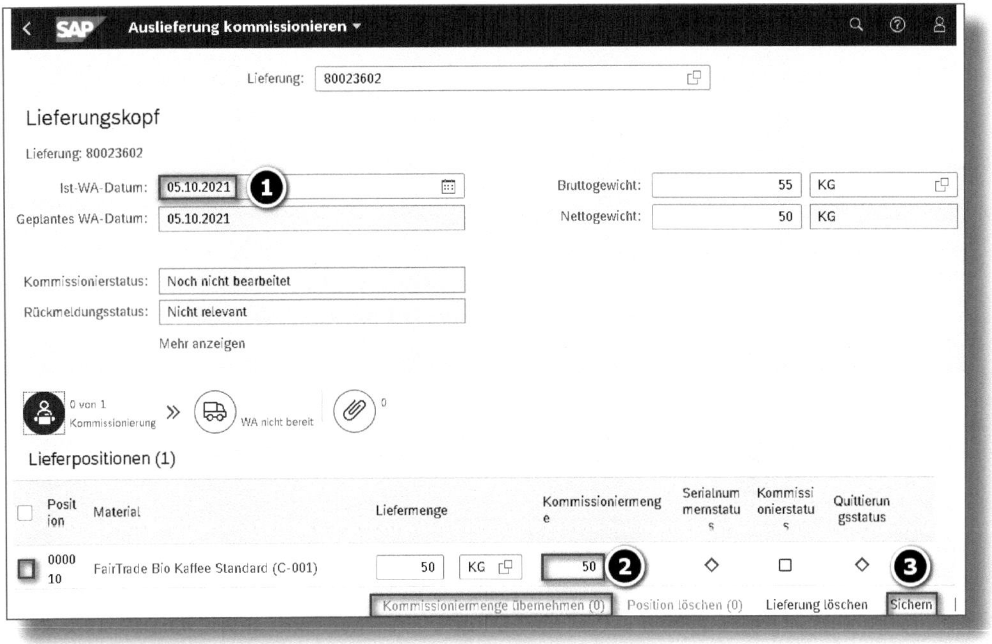

Auslieferung kommissionieren

Lieferung: 80023602

Lieferungskopf

Lieferung: 80023602

Ist-WA-Datum: 05.10.2021 1

Geplantes WA-Datum: 05.10.2021

Bruttogewicht: 55 KG

Nettogewicht: 50 KG

Kommissionierstatus: Noch nicht bearbeitet

Rückmeldungsstatus: Nicht relevant

Mehr anzeigen

0 von 1 Kommissionierung

WA nicht bereit

0

Lieferpositionen (1)

Position	Material	Liefermenge		Kommissioniermenge	Serialnummernstatus	Kommissionierstatus	Quittierungsstatus
000010	FairTrade Bio Kaffee Standard (C-001)	50	KG	50 2	◇	□	◇ 3

Kommissioniermenge übernehmen (0) Position löschen (0) Lieferung löschen Sichern

Abbildung 12.12: Kommissionierung – Detailbild

Abbildung 12.13: Warenausgang buchen – Detailbild

Der STATUS hat sich jetzt auf *1 von 1 Kommissionierung* und *WA bereit* geändert. Der Mitarbeiter prüft das vorgeschlagene NETTOGEWICHT und BRUTTOGEWICHT, ändert diese bei Bedarf und bucht dann den Warenausgang, indem er auf die Drucktaste WA BUCHEN ❶ klickt.

Sehen wir uns in Abbildung 12.14 den Materialbeleg 4900026251 aus dem Jahr 2021 an: Hier können wir unter PROZESSABLAUF die Schritte LIEFERUNG, MATERIALBELEG und BUCHUNGSBELEG erkennen und feststellen, dass das System beim Warenausgang im Modul Materialwirtschaft den MM-Beleg *4900026251* ❶ und in der Buchhaltung den FI-Beleg *49000* ❷ erzeugt hat.

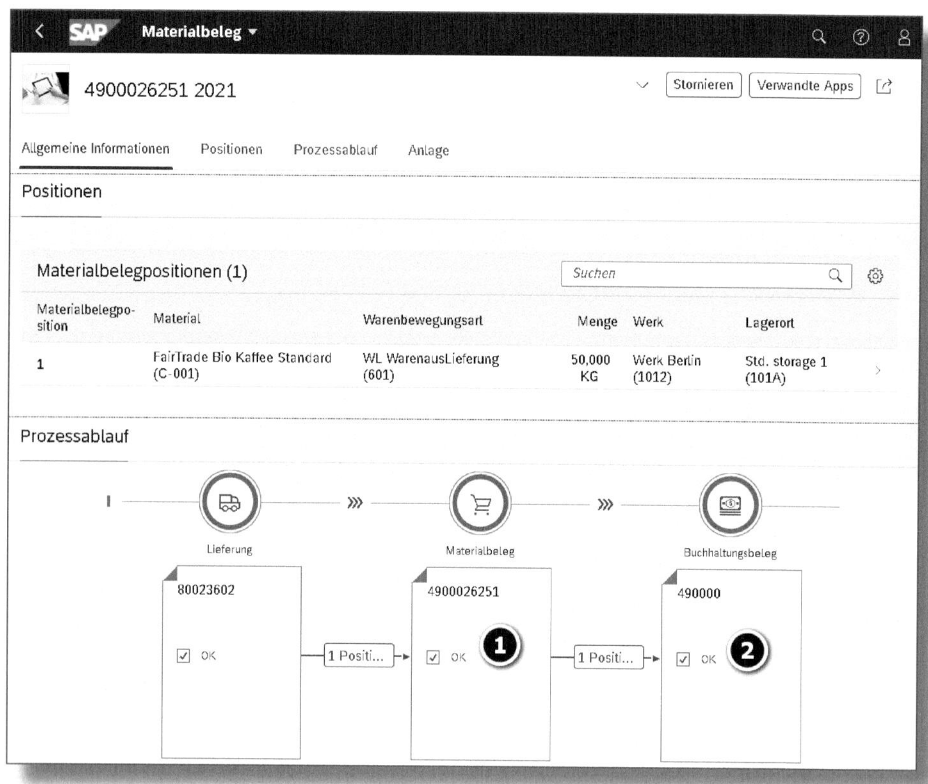

Abbildung 12.14: Materialbeleg – Prozessablauf anzeigen

Durch Doppelklick auf die FI-Belegnummer können Sie sich den Beleg mit der Materialverbrauchsbuchung ansehen (siehe Abbildung 12.15).

Abbildung 12.15: FI-Beleg mit Materialverbrauchsbuchung

12.3 Faktura (Ausgangsrechnung)

Um die Faktura anzulegen, ruft der Vertriebsmitarbeiter die App »Fakturen anlegen« auf und beschränkt die Auswahl durch Eingabe geeigneter Selektionskriterien (siehe Abbildung 12.16). In unserem Beispiel schränkt er auf den AUFTRAGGEBER *BP-31* ❶ und das FAKTURADATUM BIS ein. Dadurch wird der Vertriebsbeleg für die Lieferung *80023602* als FAKTURAVORATSPOSITION ❷ angezeigt. Mithilfe des Buttons ANLEGEN ❸ erstellt er die Faktura.

Alternativ kann auch die klassische App »Faktura anlegen« (entspricht der GUI-Transaktion *VF01*) verwendet werden (siehe Abbildung 12.17).

In dieser Umgebung gibt der Anwender die Belegnummer der Lieferung ❶ ein und drückt dann auf die Taste AUSFÜHREN ❷.

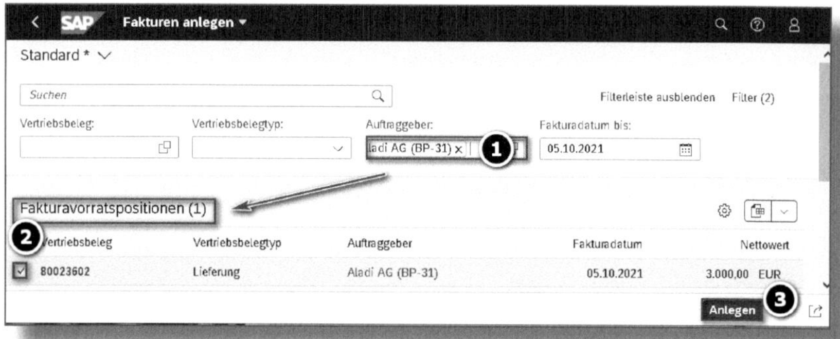

Abbildung 12.16: Neue App »Fakturen anlegen«

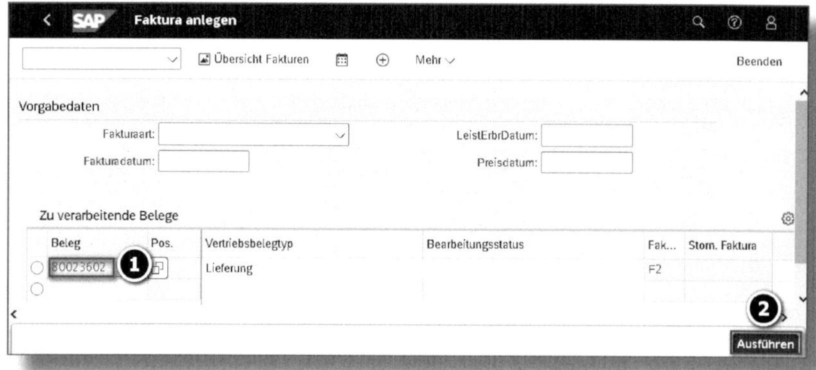

Abbildung 12.17: Klassische App »Faktura anlegen«

Im anschließend erscheinenden Screen ist nochmals auf SICHERN zu drücken. Das System erzeugt daraufhin im Vertriebsmodul die Rechnung *90017565*.

Wenn wir uns abschließend über die App »Kundenaufträge verwalten« den gesamten Belegfluss ansehen, so erkennen wir, dass der Terminauftrag und die Rechnung abgeschlossen sind, die Ware ausgeliefert und der Buchhaltungsbeleg noch nicht ausgeziffert, d. h. nicht bezahlt wurde (siehe Abbildung 12.18). Weiterhin ist ersichtlich, dass im Rahmen der Fakturierung die RECHNUNG 90017565 ❶ automatisch durch die Fakturenübernahme der BUCHUNGSBELEG 90017565 ❷ erstellt wurde.

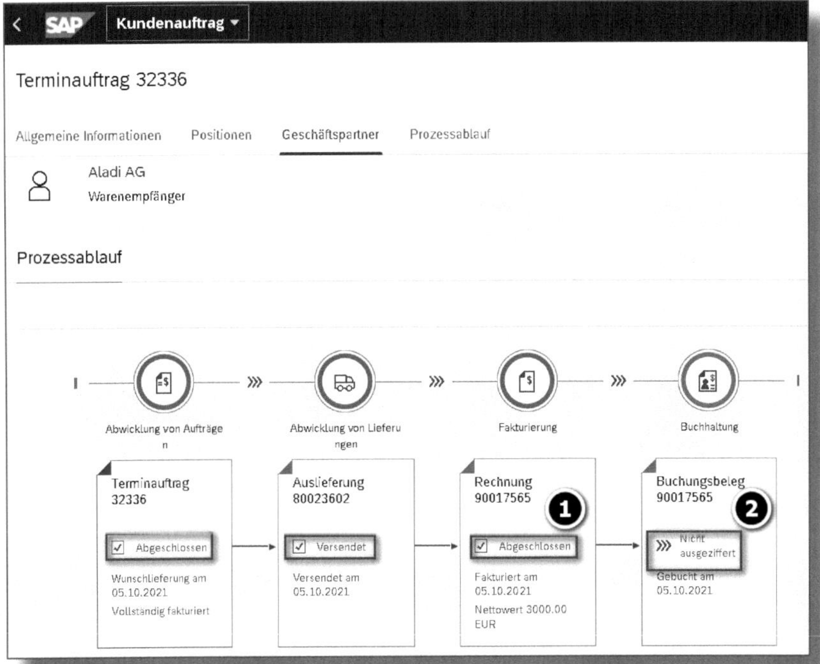

Abbildung 12.18: Belegfluss Terminauftrag nach Fakturierung

Rechnungsnummer = Buchungsbelegnummer

Überlegen Sie, ob Sie Ihr System so einstellen wollen, dass die FI-Belegnummer der SD-Rechnungsnummer entsprechen soll. Eine identische Belegnummer für Vertrieb und Buchhaltung vereinfacht viele Prozesse.

Klicken wir auf die FI-Belegnummer *9017565*, so können wir uns in Abbildung 12.19 den FI-Beleg mit den bebuchten Werten der Kundenforderung von *3.210 EUR*, den Umsatzerlösen von *3.000 EUR* und der Mehrwertsteuer von *210 EUR* ansehen.

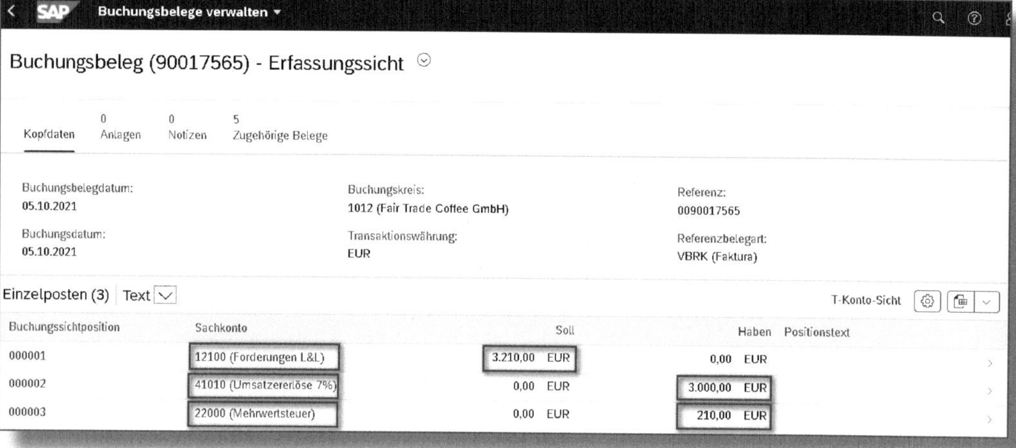

Abbildung 12.19: Faktura – Buchungsbeleg

> **Überleitung der Fakturen in die Buchhaltung**
>
> Überprüfen Sie zumindest an jedem Monatsende, ob alle Fakturen ordnungsgemäß (d. h. vollständig und richtig) in die Buchhaltung übernommen wurden. Auf die unterschiedlichen Möglichkeiten, die es hierzu im SD-Modul gibt, gehen wir in diesem Buch jedoch nicht ein. Diskutieren Sie das Thema mit Ihrem Vertriebskollegen oder SAP-Berater.

Neben dem FI-Beleg hat das System einen für das Controlling sehr wichtigen künstlichen CO-Beleg erzeugt, der im Rahmen der Margin Analysis eine Deckungsbeitragsanalyse nach Produkten und Kunden ermöglicht.

12.4 Zahlungseingang

Der letzte Schritt des End-to-End-Prozesses »Order to Cash« ist die Bezahlung durch den Kunden. Die Verbuchung des Zahlungseingangs erfolgt nicht im Vertriebsmodul, sondern in der Finanzbuchhaltung (siehe Kapitel 8) und ist davon unabhängig, ob die Rechnung im Modul SD erstellt und automatisch in die Buchhaltung übergeleitet oder manuell in der Buchhaltung verbucht wurde.

13 Periodenabschluss Debitoren

Nachdem wir Sie kurz in alle erforderlichen Periodenabschlussarbeiten in der Debitorenbuchhaltung eingeführt haben, durchlaufen wir diese Aktivitäten für unsere Beispielfirma »Fair Trade Coffee GmbH«.

Am Ende eines Monats, Quartals oder Jahres sind in der Debitorenbuchhaltung verschiedene Abschlussarbeiten durchzuführen, die teilweise durch den Gesetzgeber oder Wirtschaftsprüfer vorgegeben sind. Abbildung 13.1 gibt Ihnen einen Überblick über die wichtigsten dieser Abschlussaktivitäten.

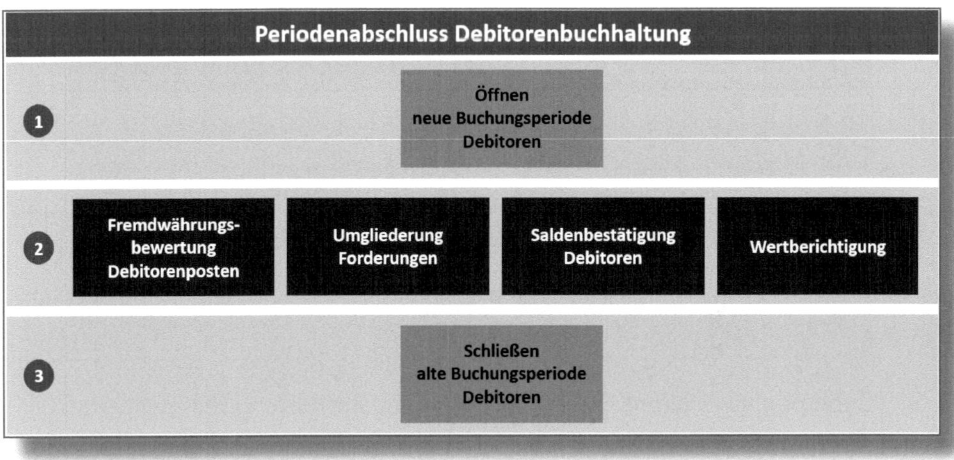

Abbildung 13.1: Periodenabschluss Debitoren

Die *Buchungsperioden* für FI-Buchungen können in SAP S/4HANA getrennt nach Sachkonten, Debitoren, Anlagen und Kreditoren geöffnet und geschlossen werden. Die erste Aufgabe im Zuge des Periodenabschlusses in der Debitorenbuchhaltung besteht darin, zu Beginn des Monats die neue Buchungsperiode zu öffnen ❶.

Anschließend werden die operativen Abschlussarbeiten in der Debitorenbuchhaltung durchgeführt ❷:

- Eine *Fremdwährungsbewertung* ist dann durchzuführen, wenn es offene Debitorenposten in Fremdwährungen gibt.
- Verschiedene Rechnungslegungsvorschriften verlangen eine *Umgliederung*, in der Lieferforderungen nach ihrer Restlaufzeit gegliedert und Debitoren mit einem Habensaldo im Konto »Kreditorische Debitoren« ausgewiesen werden.
- Wirtschaftsprüfer verlangen im Rahmen der Jahresabschlussprüfung meist, dass *Saldenbestätigungen* an alle oder an ausgewählte Debitoren verschickt werden.
- Ein weiterer wichtiger Prozess ist die *Wertberichtigung von Forderungen*, deren Einbringung zweifelhaft ist.

Sind alle Abschlussaktivitäten erledigt, wird die alte Buchungsperiode geschlossen ❸.

! Buchungsperioden in FI / CO / MM

Buchungsperioden können nicht nur im Modul FI, sondern auch in den Modulen CO und MM geöffnet oder geschlossen werden. Falls Sie nicht buchen können und eine Meldung zur Buchungsperiode erhalten, muss die Ursache nicht allein in der Finanzbuchhaltung liegen.

In »Szenario 14« führen wir im Zuge des Periodenabschlusses in der Debitorenbuchhaltung eine Fremdwährungsbewertung, eine Umgliederung der Forderungen sowie eine Wertberichtigung der Forderungen zum Monatsende (Ultimo) mit jeweiligem Storno am 1. des nächsten Monats durch (siehe Abbildung 13.2). Zusätzlich erstellen und versenden wir eine Saldenbestätigung.

Nr.	Abschnitt	Datum	Geschäftsfall	Konto	Bezeichnung	Soll	Haben
1	13.1	31.10.2021	Fremdwährungsbewertung	72040	Aufwand FW-Bewertung	190,99 €	
				12102	Korr Forderung L&L		190,99 €
2	13.1	01.11.2021	Storno Fremdwährungsberwertung	72040	Aufwand FW-Bewertung		190,99 €
				12102	Korr Forderung L&L	190,99 €	
3	13.2	31.10.2021	Umgliederung Forderung	21180	Kreditorische Debitoren		214,00 €
				12102	Korr Forderung L&L	214,00 €	
4	13.2	01.11.2021	Storno Umgliederung Forderung	21180	Kreditorische Debitoren	214,00 €	
				12102	Korr Forderung L&L		214,00 €
5	13.3	31.10.2021	Einzelwertberichtigung	62010	Zuweisung EWB Forderung	3 000,00 €	
				12401	Einzelwertberichtigung Forder.		3 000,00 €
6	13.3	31.10.2021	Simulieren pauschale Einzelwertberichtigung	62010	Zuweisung EWB Forderung	79,91 €	
				12102	Korr Forderung L&L		79,91 €
7	13.3	01.11.2021	Storno pausch. Einzelwertberichtigung	62010	Zuweisung EWB Forderung		79,91 €
				12102	Einzelwertberichtigung Forder.	79,91 €	

Abbildung 13.2: »Szenario 14« – Periodenabschluss Debitorenbuchhaltung

13.1 Fremdwährungsbewertung

Das *Programm zur Fremdwährungsbewertung* dient dazu, offene Posten der Debitoren, Kreditoren und Sachkonten sowie Sachkontensalden in Fremdwährung zu bewerten.

☛ Alle Fremdwährungsbewertungen in einem Programmlauf

Legen Sie sich eine Variante mit Selektionskriterien an, mit der Sie die Bewertung sowohl für das Hauptbuch als auch für die Nebenbücher in nur **einem** Programmlauf durchführen können.

Da sich zum Periodenende der CHF-Kurs stark verändert hat, werden wir eine Fremdwährungsbewertung durchführen, um für einen offenen Debitorenposten in CHF die Auswirkungen dieser Kursänderung auf das Ergebnis ermitteln und buchen zu können.

Rufen Sie die App »Fremdwährungsbewertung durchführen« auf. Im daraufhin erscheinenden Eingabebildschirm (siehe Abbildung 13.3) erfassen Sie im Bereich der ALLGEMEINEN ABGRENZUNG den BUCHUNGSKREIS ❶, wählen als STICHTAG DER BEWERTUNG ❷ den letzten Tag des abgeschlossenen Monats und geben den gewünschten BEWERTUNGSBEREICH ❸ ein. Über den Bewertungsbereich, der einer Bewertungsmethode und der Rechnungslegungsvorschrift zugeordnet ist, steuern Sie, wie die offenen Posten in Fremdwährung bewertet und in welches Ledger die Ergebnisse der Bewertung gebucht werden sollen. Der Bewertungsbereich *IF* steht in unserem Fall für »Immer bewerten nach IFRS«.

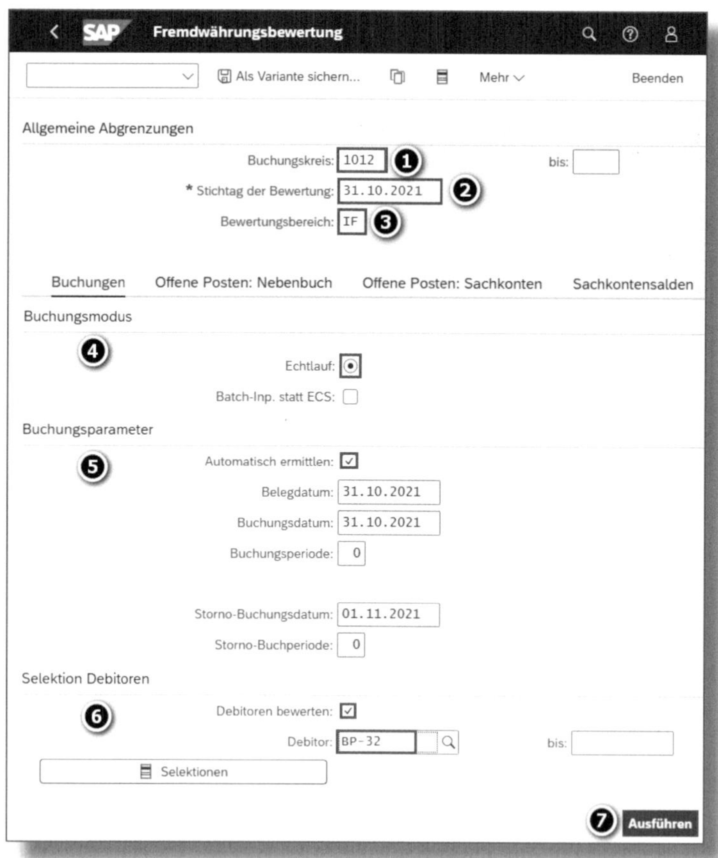

Abbildung 13.3: Fremdwährungsbewertung

Über den BUCHUNGSMODUS ❹ steuern Sie, ob Sie einen TESTLAUF, SIMULATIONSLAUF oder ECHTLAUF durchführen wollen. Im Bereich BUCHUNGSPARAMETER ❺ setzen Sie das Kennzeichen bei AUTOMATISCH ERMITTELN, um automatisch das BELEGDATUM und das BUCHUNGSDATUM jeweils mit dem Stichtag der Bewertung und das STORNO-BUCHUNGSDATUM mit dem ersten Tag des Folgemonats zu übernehmen. Da Sie eine Fremdwährungsbewertung für Debitorenposten durchführen wollen, markieren Sie im Bereich SELEKTION DEBITOREN ❻ das Feld DEBITOREN BEWERTEN. Für den Fall, dass Sie die Bewertung auf einzelne Debitoren einschränken wollen, geben Sie das Intervall der gewünschten Debitoren ein. Abschließend klicken Sie auf die Schaltfläche AUSFÜHREN ❼.

Daraufhin wird Ihnen das Ergebnis des Bewertungslaufs im Protokoll angezeigt (siehe Abbildung 13.4). Da der Kurs am Stichtag nicht mehr *1,20* sondern *1,2234* beträgt, ergibt sich eine Bewertungsdifferenz in Höhe von *190,99 EUR*.

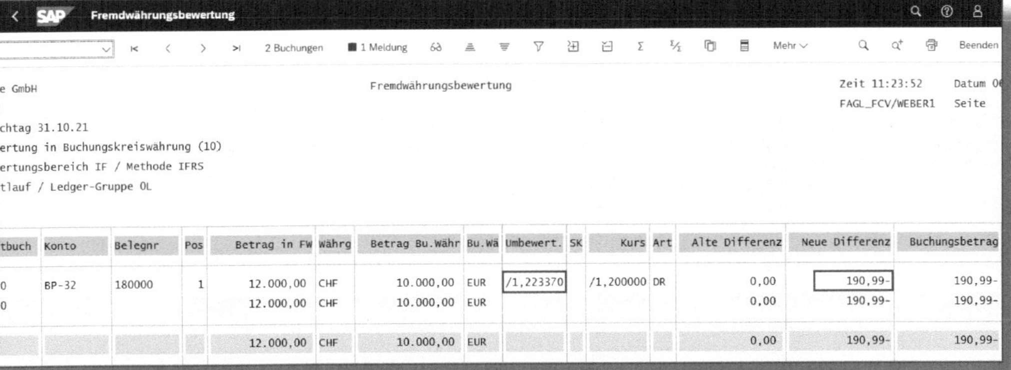

Abbildung 13.4: Fremdwährungsbewertung Ergebnis

Über die Schaltfläche 2 BUCHUNGEN können Sie sich die erzeugte Buchung der Bewertungsdifferenz per 31.10. sowie die Stornobuchung per 01.11. anzeigen lassen (siehe Abbildung 13.5).

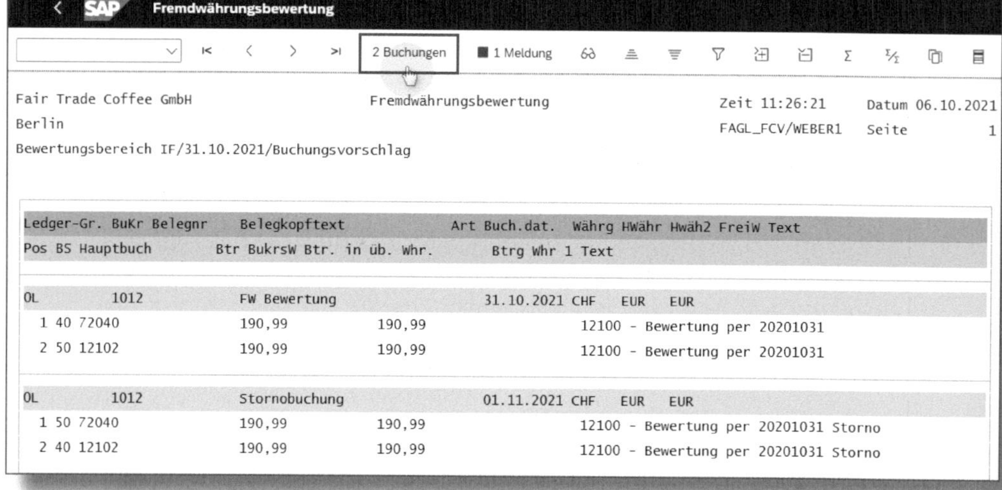

Fair Trade Coffee GmbH Fremdwährungsbewertung Zeit 11:26:21 Datum 06.10.2021
Berlin FAGL_FCV/WEBER1 Seite 1
Bewertungsbereich IF/31.10.2021/Buchungsvorschlag

Ledger-Gr.	BuKr	Belegnr	Belegkopftext		Art	Buch.dat.	Währg	HWähr	Hwäh2	FreiW	Text
Pos	BS	Hauptbuch	Btr	BukrsW Btr. in üb. Whr.		Btrg Whr 1	Text				
0L	1012		FW Bewertung			31.10.2021	CHF	EUR	EUR		
1	40	72040	190,99	190,99			12100 - Bewertung per 20201031				
2	50	12102	190,99	190,99			12100 - Bewertung per 20201031				
0L	1012		Stornobuchung			01.11.2021	CHF	EUR	EUR		
1	50	72040	190,99	190,99			12100 - Bewertung per 20201031 Storno				
2	40	12102	190,99	190,99			12100 - Bewertung per 20201031 Storno				

Abbildung 13.5: Buchungen Fremdwährungsbewertung

Wir haben die Fremdwährungsbewertung in unserer Beispielfirma nach IFRS vorgenommen. Natürlich können wir sie alternativ oder zusätzlich nach deutschem Handelsrecht durchführen.

13.2 Umgliederung Forderung

In unserem Fall weist der DEBITOR *BP-33*, aufgrund einer gewährten GUTSCHRIFT über *214 EUR*, am Periodenende (31.10.2021) einen Habensaldo aus. Diesen Saldo müssen wir im Zuge des Periodenabschlusses in der Bilanz separat auf dem Konto »Kreditorische Debitoren« ausweisen. Zu dieser sogenannten *Umgliederung* rufen Sie die Fiori-App »Forderungen/Verbindlichkeiten umgliedern« auf.

Im Eingabebild (siehe Abbildung 13.6) erfassen Sie zunächst die allgemeinen Daten zur Umgliederung ❶, wie beispielsweise den BUCHUNGSKREIS, die RASTERMETHODE sowie den BEWERTUNGSBEREICH. Unter dem Reiter BUCHUNGEN ❷ markieren Sie BUCHUNGEN ERZEUGEN, wenn Sie die Umgliederung im Echtlauf durchführen wollen, und geben zudem das BUCHUNGS- und BELEGDATUM sowie die BELEGART für die

Buchung und Stornobuchung an. Unter dem Reiter SELEKTIONEN ❸ können Sie die Umgliederung für *Debitoren, Kreditoren* und *Sachkonten* weiter einschränken. In unserem Fall wählen wir als KONTOART *D* für Debitoren aus und selektieren außerdem unseren DEBITOR *BP-33*.

Nachdem Sie die wesentlichen Parameter für die Umgliederung gepflegt haben, drücken Sie die Schaltfläche AUSFÜHREN ❹.

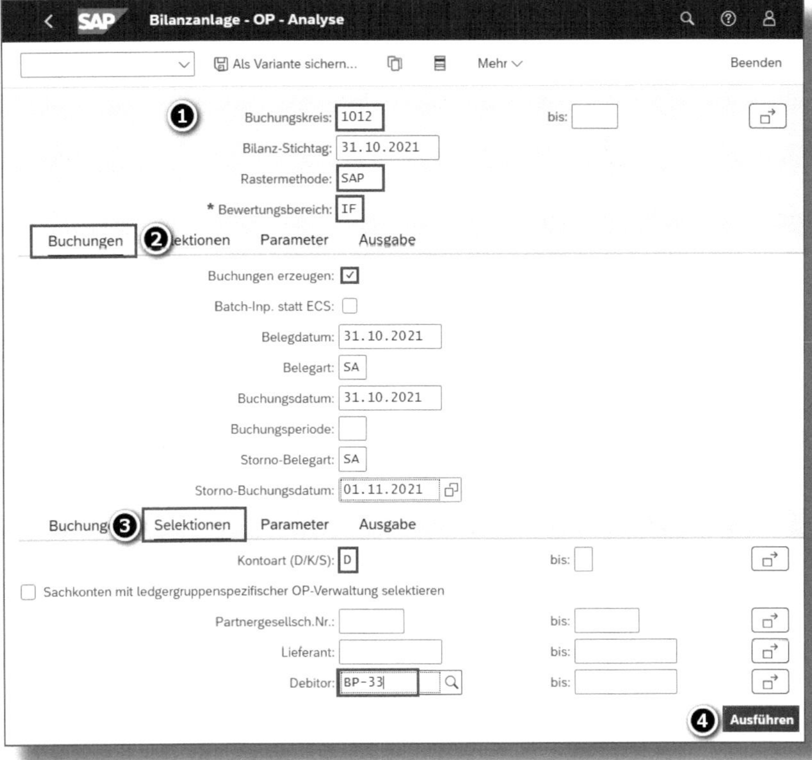

Abbildung 13.6: Parameter Umgliederung

Abbildung 13.7 zeigt das Protokoll mit dem Ergebnis der Umgliederung.

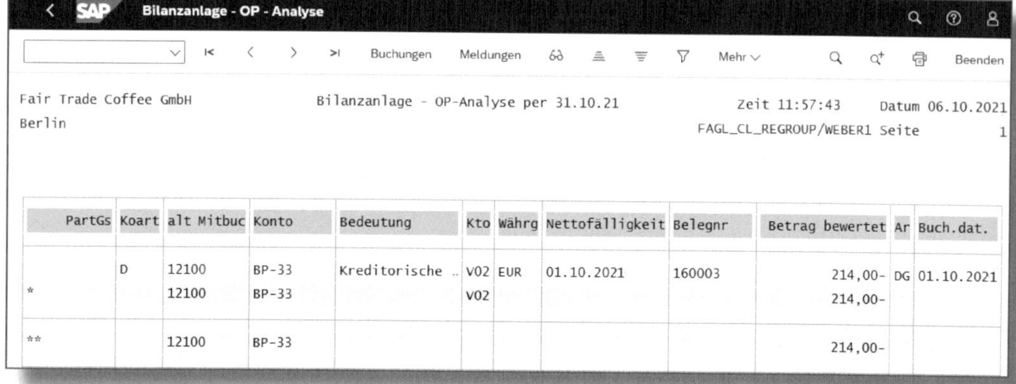

Fair Trade Coffee GmbH — Bilanzanlage - OP-Analyse per 31.10.21 — Zeit 11:57:43 — Datum 06.10.2021
Berlin — FAGL_CL_REGROUP/WEBER1 — Seite 1

PartGs	Koart	alt Mitbuc	Konto	Bedeutung	Kto	Währg	Nettofälligkeit	Belegnr	Betrag bewertet	Ar	Buch.dat.
	D	12100	BP-33	Kreditorische ..	V02	EUR	01.10.2021	160003	214,00-	DG	01.10.2021
*		12100	BP-33		V02				214,00-		
**		12100	BP-33						214,00-		

Abbildung 13.7: Protokoll Umgliederung

Die dazugehörigen Buchungen können Sie sich über die Schaltfläche BUCHUNGEN anzeigen lassen (siehe Abbildung 13.8).

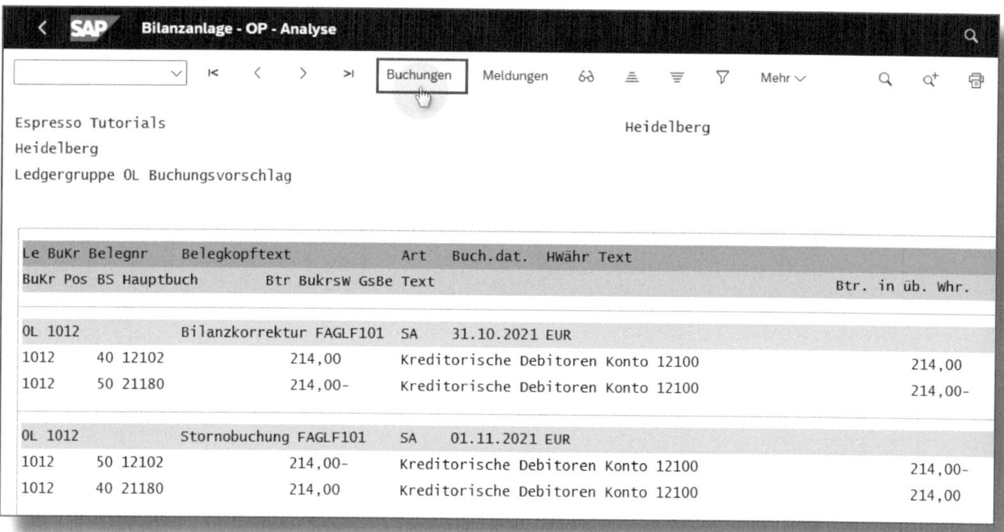

Espresso Tutorials — Heidelberg
Heidelberg
Ledgergruppe 0L Buchungsvorschlag

Le BuKr / BuKr	Belegnr / Pos	BS Hauptbuch	Belegkopftext / Btr BukrsW GsBe	Art / Text	Buch.dat.	HWähr Text	Btr. in üb. Whr.
0L 1012			Bilanzkorrektur FAGLF101	SA	31.10.2021	EUR	
1012	40	12102	214,00	Kreditorische Debitoren Konto 12100			214,00
1012	50	21180	214,00-	Kreditorische Debitoren Konto 12100			214,00-
0L 1012			Stornobuchung FAGLF101	SA	01.11.2021	EUR	
1012	50	12102	214,00-	Kreditorische Debitoren Konto 12100			214,00-
1012	40	21180	214,00	Kreditorische Debitoren Konto 12100			214,00

Abbildung 13.8: Buchungen Umgliederung

13.3 Wertberichtigung

Im Zusammenhang mit der Wertberichtigung von Forderungen stehen Ihnen in SAP folgende Optionen zur Verfügung:

- Einzelwertberichtung
- Pauschalierte Einzelwertberichtung
- Pauschalwertberichtung

Bei einer konkreten *zweifelhaften Forderung* eines Kunden können Sie auf dem Debitorenkonto mithilfe eines Sonderhauptbuchvorgangs eine *Einzelwertberichtigung* buchen. Eine *pauschalierte Einzelwertberichtigung* dient dazu, alle offenen überfälligen Forderungen zum Periodenabschluss über einen beim Debitor zu hinterlegenden Wertberichtigungsschlüssel auf einmal zu bewerten. Bei der dritten Option, der *Pauschalwertberichtigung*, wird der Gesamtbetrag der Wertberichtigung pauschal anhand der gesamten offenen Forderungen berechnet und in einer Summe als manuelle Sachkontenbuchung verbucht.

Einzelwertberichtigung zweifelhafter Forderungen

Unser Schweizer Kunde hat uns mitgeteilt, dass er in Zahlungsschwierigkeiten geraten ist. Aus diesem Grund rechnen wir mit einem Forderungsausfall von 3.000 EUR. Um eine Einzelwertberichtigung der zweifelhaften Forderung vorzunehmen, rufen Sie die Fiori-App »Umbuchung – ohne Ausgleich« auf. Diese entspricht der klassischen GUI-Transaktion F-21.

☛ Multitalent Fiori-App »Hauptbuchbelege buchen«

Sollten Sie die genannte App oder sonst einmal eine spezielle Buchungs-App nicht finden: Mit der Fiori-App »Hauptbuchbelege buchen« (entspricht der klassischen GUI-Transaktion FB01) können Sie jede beliebige FI-Buchung vornehmen.

Im Einstiegsbild (Abbildung 13.9) geben Sie das BELEGDATUM ❶, das BUCHUNGSATUM ❷ und eine REFERENZ ❹ an. Die BELEGART ❸ wird vom System automatisch vorgeschlagen. Für die erste Belegposition wählen Sie den BUCHUNGSSCHLÜSSEL *19* ❺ (Habenposition Sonderhauptbuchvorgang) und geben den DEBITOR *BP-32* ❻ ein. Da Einzelwertberichtigungen über den *Sonderhauptbuchvorgang* mit dem Kennzeichen E erfasst werden, tragen Sie das KENNZEICHEN *E* in das Feld SHBKz ❼ ein.

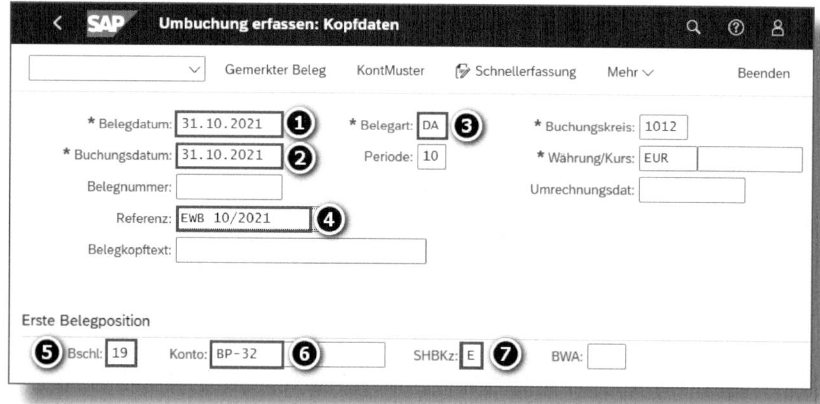

Abbildung 13.9: Erfassung Einzelwertberichtigung – Einstieg

Anschließend erfassen Sie die Details zur ersten Belegposition (siehe Abbildung 13.10), indem Sie den BETRAG ❽ für die Einzelwertberichtigung angeben und STEUER RECHNEN ❾ markieren. Das Datum im Feld FÄLLIG AM ❿ sollte der letzte Tag der aktuellen Periode sein, und als TEXT verwenden Sie wieder eine aussagefähige Beschreibung des Geschäftsvorfalls. Für die zweite Belegposition wählen Sie den BUCHUNGSSCHLÜSSEL *40* ⓫ (Sachkontenbuchung Soll) und geben das KONTO *62010* – Zuweisung Einzelwertberichtigung ⓬ an.

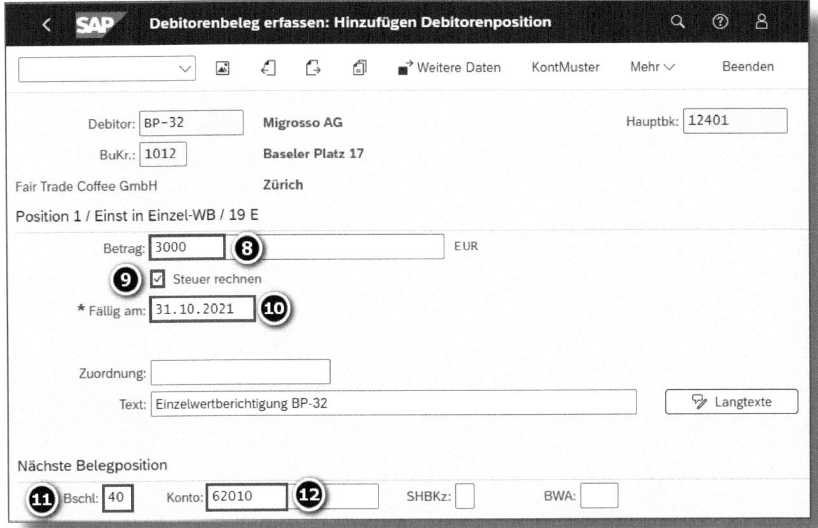

Abbildung 13.10: Einzelwertberichtigung – Details Debitorenposition

Abbildung 13.11 zeigt den unteren Teil der Detailseite. Hier übernehmen Sie noch den BETRAG ⓭ für die zweite Belegposition mit »*«, wählen als STEUERKENNZEICHEN *A0* ⓮ und geben, da es sich beim Konto 62010 um eine primäre Kostenart handelt, eine gewünschte KOSTENSTELLE ⓯ ein. Nachdem Sie alle Daten für die Einzelwertberichtigung erfasst haben, können Sie den Beleg BUCHEN ⓰.

Wenn Sie sich den zugehörigen Beleg gemäß Abbildung 13.12 anzeigen lassen, sehen Sie, dass das System den Betrag für die Einzelwertberichtigung nicht auf das ABSTIMMKONTO *12100 – Forderungen aus Lieferungen und Leistungen* umgebucht hat, sondern auf das abweichende ABSTIMMKONTO *12401 – Einzelwertberichtigung Forderungen*.

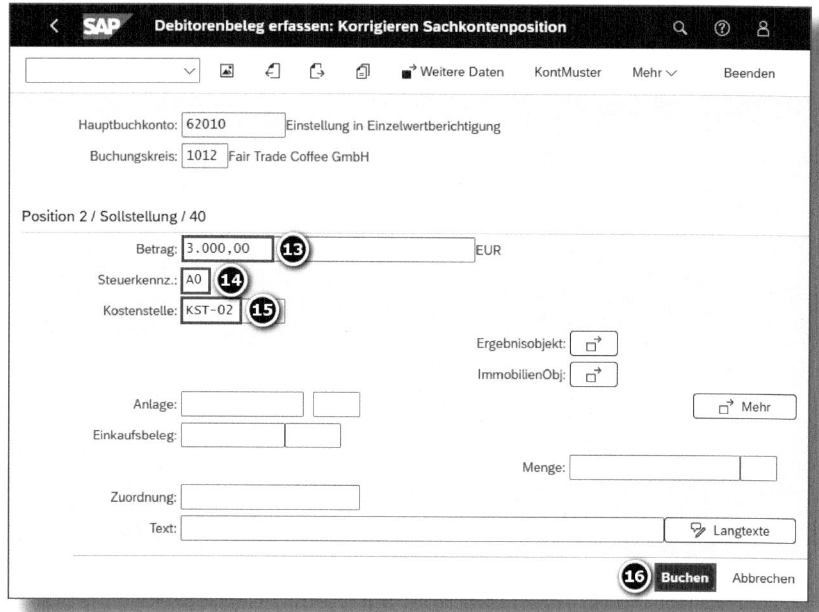

Abbildung 13.11: Einzelwertberichtigung – Details Sachkontenposition

Einzelposten (2) | Text_Innenauftrag * ∨ — T-Konto-Sicht

Buchungssichtposition	Sachkonto	Soll		Haben		Positionstext
000001	12401 (Einzel WB Forderu...	0,00	EUR	3.000,00	EUR	Einzelwertberichtigung BP-32
000002	62010 (Zuw. EWB Forderu...	3.000,00	EUR	0,00	EUR	

Steuer (1) | Standard ∨

Steuerkennzeichen	Sachkonto	Steuerbasisbetrag		Soll		Haben		Steuersatz
A0 (0 % Ausgangssteuer nicht steuerrelevant)	22000 (Mehrwertsteuer)	3.000,00	EUR	0,00	EUR	0,00	EUR	0.00

Abbildung 13.12: Buchungsbeleg Einzelwertberichtigung

Pauschalierte Einzelwertberichtigung

Damit Sie am Periodenende eine pauschalierte Einzelwertberichtigung durchführen können, müssen Sie im Vorfeld im Customizing einen *Wertberichtigungsschlüssel* definieren, der je nach Anzahl der überfälligen Tage einen oder mehrere Abwertungsprozentsätze festlegt. In unserem Fall sollen mit dem Wertberichtigungsschlüssel *AB* alle Forderungen, die eine Überfälligkeit von mehr als 30 Tagen aufweisen, pauschal mit einem Abwertungsprozentsatz von 5 Prozent bewertet werden. Anschließend wird der Wertberichtigungsschlüssel den Debitorenstammsätzen zugeordnet, für die eine pauschalierte Einzelwertberichtigung durchgeführt werden soll (siehe Abbildung 13.13).

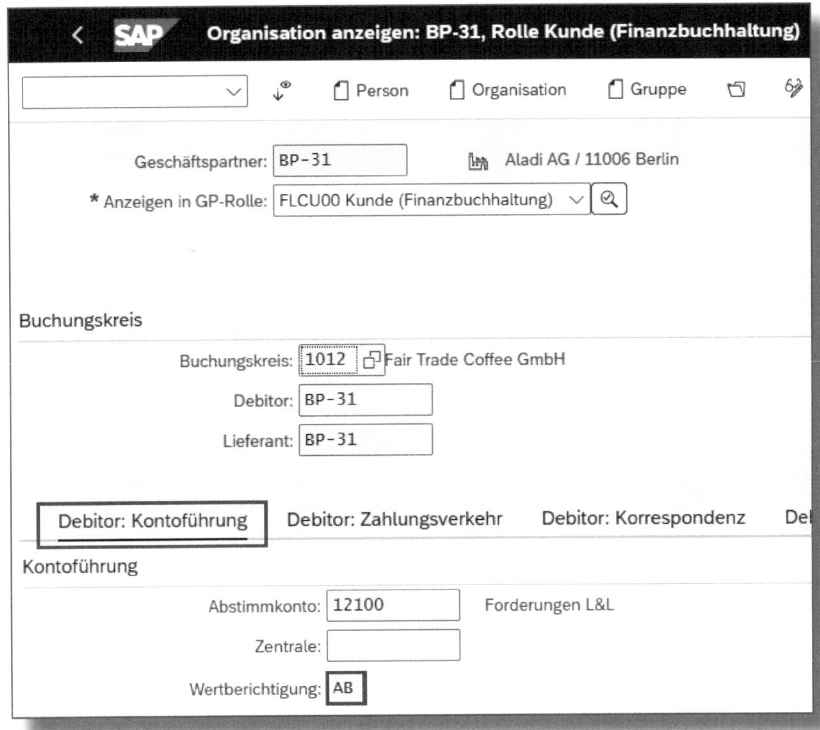

Abbildung 13.13: Wertberichtigungsschlüssel Stammsatz BP-31

Für eine pauschalierte Einzelwertberichtigung rufen Sie die Fiori-App »Weitere Bewertungen« auf. Sie gelangen zu dem Einstiegsbild (siehe Abbildung 13.14), in das Sie im ersten Schritt für den Bewertungslauf den TAG DER AUSFÜHRUNG ❶ und eine IDENTIFIKATION ❷ eingeben. Über die Drucktaste PFLEGEN ❸ erfassen Sie die Parameter für die pauschalierte Einzelwertberichtigung.

Abbildung 13.14: Einstieg Bewertungslauf

Im Einstiegsbild der Parameterpflege (siehe Abbildung 13.15) geben Sie den STICHTAG DER BEWERTUNG ❶ an, wählen die BEWERTUNGSMETHODE *3* für die pauschalierte Einzelwertberichtigung ❷ und den BEWERTUNGSBEREICH ❸ aus. Anschließend markieren Sie BUCHUNGEN ERZEUGEN ❹, um die pauschalierte Einzelwertberichtigung im Echtlauf durchzuführen, und ergänzen zudem das BUCHUNGS- und BELEGDATUM sowie die BELEGART für die Buchung und Stornobuchung. Über die Schaltfläche SELEKTIONSOPTIONEN ❺ können Sie zusätzliche Angaben zum Bewertungslauf vornehmen.

Es öffnet sich ein weiteres Fenster (siehe Abbildung 13.16), in das Sie zunächst den BUCHUNGSKREIS ❻ eingeben und das Feld DEBITOREN ❼ auswählen. Wenn Sie die pauschalierte Einzelwertberichtigung für bestimmte Debitoren eingrenzen wollen, können Sie auch nur einen konkreten Debitor oder ein bestimmtes Intervall eingeben. Ansonsten wird die pauschalierte Einzelwertberichtigung für alle Debitoren durchgeführt, denen der Wertberichtigungsschlüssel im Stammsatz zugeordnet wurde.

Zum Speichern der Selektionsoptionen wählen Sie AUSFÜHREN ❽ und anschließend oben links das PFEIL-Symbol ❾, um auf die Einstiegsmaske der Parameterpflege zurückzukehren (siehe Abbildung 13.15). Dort müssen Sie die Parameter abschließend über die Drucktaste SICHERN ❿ speichern.

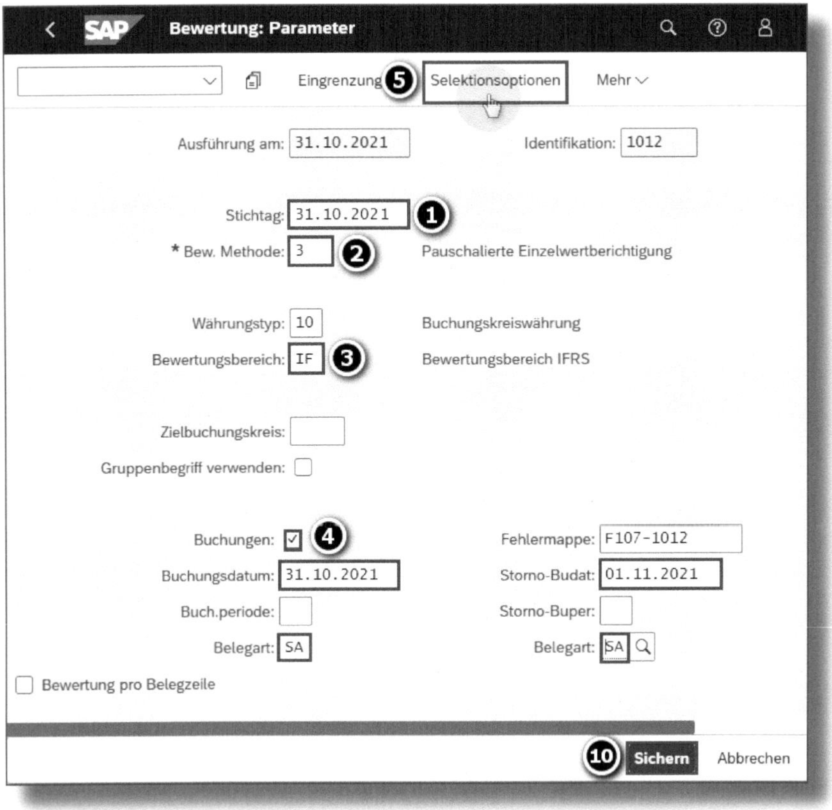

Abbildung 13.15: Parameter für den Bewertungslauf

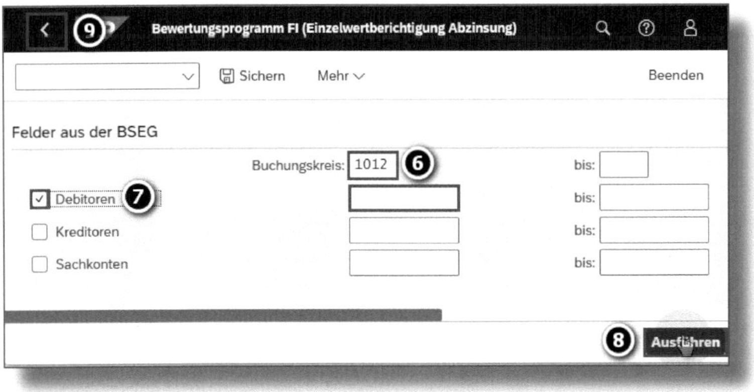

Abbildung 13.16: Selektionsoptionen zum Bewertungslauf

Sie landen daraufhin automatisch wieder im Einstiegsbild zum Bewertungslauf. Dort erhalten Sie im Bereich STATUS die Meldung, dass die Parameter erfasst wurden (siehe Abbildung 13.17). Um den Bewertungslauf einzuplanen, wählen Sie die Schaltfläche EINPLANEN und im daraufhin erscheinenden Pop-up START SOFORT.

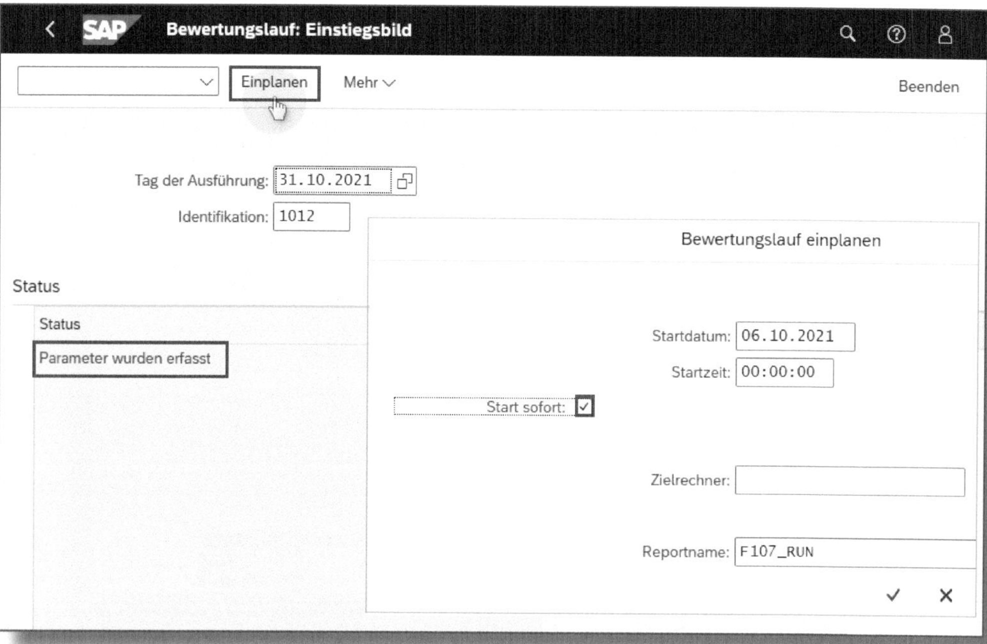

Abbildung 13.17: Einplanen des Bewertungslaufs

Im Bereich STATUS wird Ihnen wieder angezeigt, wann der Bewertungslauf beendet ist. Die Ergebnisse des Bewertungslaufs können Sie sich vor der Überleitung in die Hauptbuchhaltung anzeigen lassen, indem Sie auf die Schaltfläche ANZEIGEN klicken (siehe Abbildung 13.18).

Die offene Forderung des KUNDEN *BP-31* ist zum Zeitpunkt der Bewertung mehr als 30 Tage überfällig. Daher berechnet das System bei der Ausgangsrechnung AR 21/02 vom 04.09.2021 eine BEWERTUNGSDIFFERENZ von *79,91 EUR* (siehe Abbildung 13.19). Da wir für den Kunden BP-32 bereits eine Einzelwertberichtigung der Forderung durchgeführt und deshalb bei ihm keinen Wertberichtigungsschlüssel hinterlegt haben, wird dieser Kunde bei der pauschalierten Einzelwertberichtigung nicht mehr berücksichtigt.

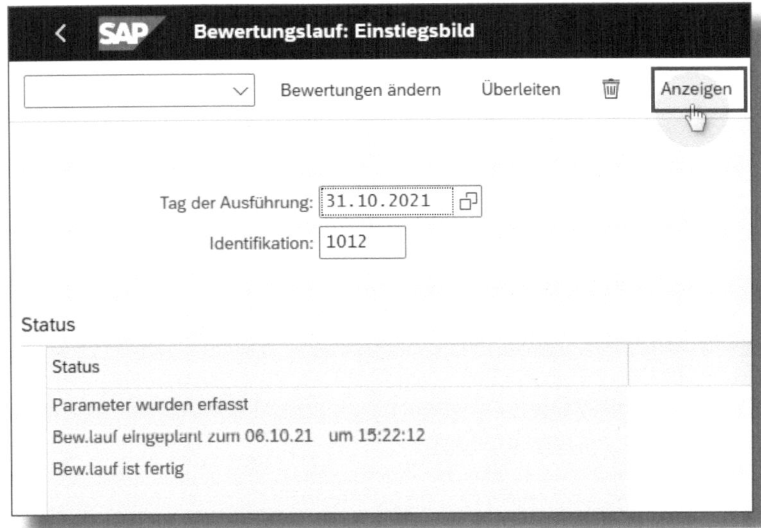

Abbildung 13.18: Statusanzeige Bewertungslauf

Debitoren Bewertung zum Stichtag 31.10.20

Mehr

spresso Tutorials Debitoren Bewertung zum Stichtag 31.10.21
eidelberg Pauschalierte Einzelwertberichtigung in Buchungskreiswährung

bukrs	Koart	BuKr	Bewertungsgruppe	Debitor	S/H	Jahr	Belegnr	Pos	WB Schl	Soll-/Haben-Betrag	S/H Basisbetrag	Brutto Bewdiff	Bewertungsdifferenz
1012	D	1012	BP-31	BP-31	H	2021	140002	2	AB	1.500,00-	1.500,00-	0,00	0,00
1012	D	1012	BP-31	BP-31	H	2021	140006	1	AB	1.000,00-	1.000,00-	0,00	0,00
1012	D	1012	BP-31	BP-31	S	2021	180002	1	AB	3.210,00	1.710,00	85,50-	79,91-
1012	D	1012	BP-31	BP-31	S	2021	90017565	1	AB	3.210,00	3.210,00	0,00	0,00
1012	D	1012	BP-31	BP-31	S	2021	180010	1	AB	10.700,00	9.700,00	0,00	0,00
1012	D	1012	BP-32	BP-32	S	2021	180000	1		10.000,00	10.000,00	0,00	0,00
1012	D	1012	BP-33	BP-33	H	2021	160003	1	AB	214,00-	214,00-	0,00	0,00
1012	D	1012	BP-34	BP-34	S	2021	180006	1	AB	1.190,00	1.190,00	0,00	0,00
1012	D	1012	BP-34	BP-34	S	2021	180008	1	AB	1.190,00	1.190,00	0,00	0,00

Abbildung 13.19: Ergebnis Bewertungslauf

Abschließend wählen Sie die Schaltfläche ÜBERLEITEN, um die Buchungen des Bewertungslaufs zu erzeugen (Abbildung 13.20).

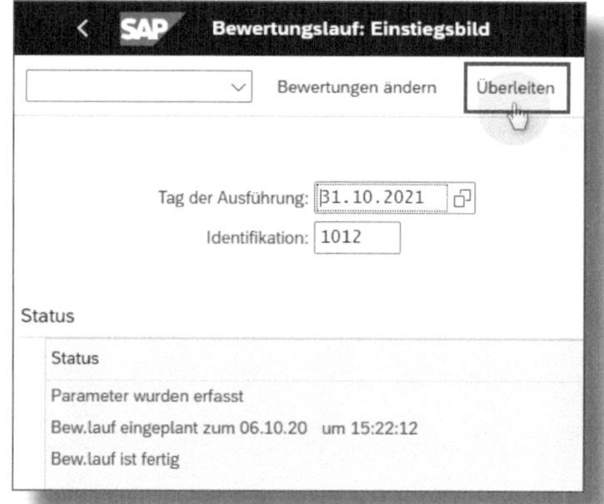

Abbildung 13.20: Überleiten der Ergebnisse des Bewertungslaufs

Das System hat im Zuge des Bewertungslaufs die in Abbildung 13.21 dargestellten Buchungen erzeugt.

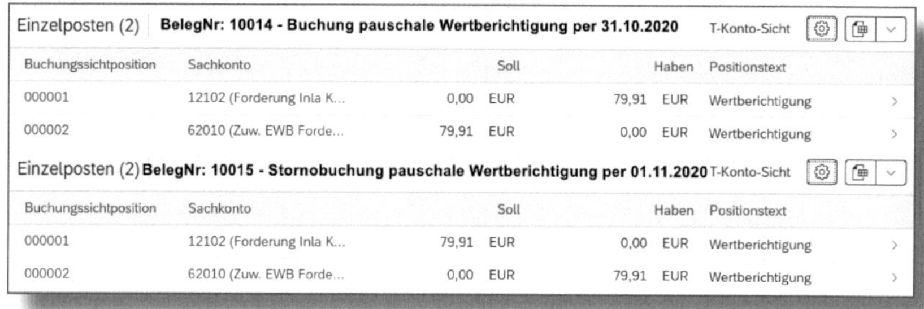

Abbildung 13.21: Pauschale Wertberichtigung – Buchungsbelege

13.4 Saldenbestätigung Debitoren

Saldenbestätigungen für Debitoren inkl. des Rückantwortschreibens erzeugen Sie mit der Fiori-App »Saldenbestätigung anlegen – Für Debitoren«. Im Bereich der ALLGEMEINEN ABGRENZUNGEN ❶ (siehe Abbildung 13.22) geben Sie den BUCHUNGSKREIS sowie den ABSTIMMSTICHTAG ein. Unter WEITERE ABGRENZUNGEN ❷ setzen Sie einen Haken bei EINZELDEBITOREN, um sämtliche Debitoren zu selektieren, die weder CpD-Debitoren noch Zentralen noch Filialen sind. Im Bereich der AUSGABESTEUERUNG ❸ definieren Sie die SORTIERUNG DER KORRESPONDENZ und der EINZELPOSTEN, ergänzen das DATUM für die Saldenbestätigung und das gewünschte RÜCKANTWORTDATUM sowie den gewünschten Empfänger im Feld RÜCKANTWORT AN. In unserem Beispiel haben wir den Schlüssel *WP* für *Wirtschaftsprüfer* eingegeben. Alternativ könnten wir den Schlüssel *1012* für *Fair Trade Coffee GmbH* verwenden. Damit dies möglich ist, müssen diese Schlüssel im Customizing angelegt und mit den entsprechenden Namen und Adressen verknüpft werden.

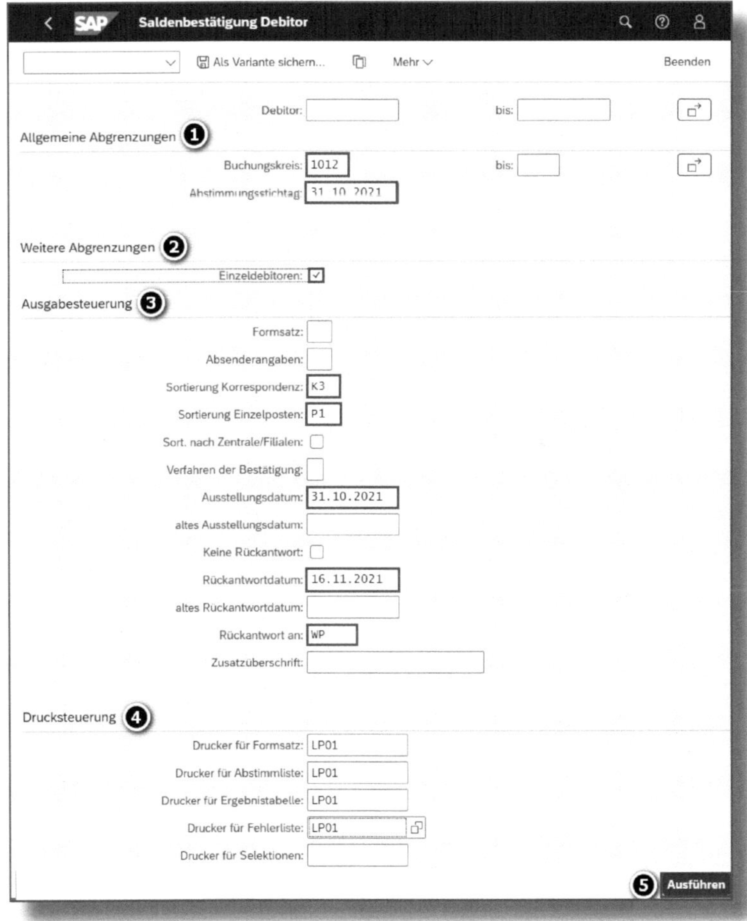

Abbildung 13.22: Saldenbestätigung Debitor

Abschließend müssen Sie unter DRUCKSTEUERUNG ❹ noch jeweils den Drucker für die verschiedenen Ausdruckmöglichkeiten eingeben. Mit einem Klick auf AUSFÜHREN ❺ werden die *Saldenbestätigungen* (siehe Abbildung 13.23) und *Rückantwortschreiben* (siehe Abbildung 13.24) erzeugt.

Fair Trade Coffee GmbH

Saldenbestätigung

Datum
10/07/2021
Ihr Konto bei uns
BP-34

Computer TEC GmbH
Computerstraße 5
10112 Berlin

Saldenbestätigung zum 10/31/2021

Sehr geehrte Damen und Herren,

im Zusammenhang mit der Prüfung unseres Jahresabschlusses bitten wir Sie, die im Einzelnachweis aufgeführten offenen Posten des 10/31/2020 mit Ihren Büchern zu vergleichen und die Übereinstimmung des Saldos au: der letzten Seite dieses Schreibens bis zum 11/16/2020 zu bestätigen. Sollten sich bei der Prüfung Abweichungen ergeben, bitten wir um Ihre Stellungnahme, damit die Ursachen der Differenzen festgestellt werden können.

Für die Rückantwort, einschließlich einer Erläuterung von Abweichungen, verwenden Sie bitte den beigefügten Freiumschlag.

Für baldige Erledigung danken wir Ihnen im voraus.

Mit freundlichen Grüßen

IDES Holding AG

Einzelnachweis der offenen Posten

Beleg-Nummer	Beleg-Datum	Vorgang	GsBer	Währung	Betrag
AR/ANL 06/20	10/05/2021	Debitoren-Rechnung		EUR	1.190,00
AR/ANL 20/07	10/05/2021	Debitoren-Rechnung		EUR	1.190,00
Gesamtsaldo:		Zu unseren Gunsten		EUR	2.380,00

Friedrich-Wagner-Straße 16 · D-60318 Frankfurt/M · Postfach 16 05 29 D-60070 Frankfurt/M · Telefon (0 69) 99-0 · Telex 4 99 009 mus d · Telefax (0 69) 99 12 77
Volksbank Frankfurt · (BLZ 699 922 99) 50 4999 09 SWIFT DXXX DE 6K · Postgirokonto Karlsruhe · (BLZ 660 900 99) 999 366-999
Dresdner Bank Frankfurt · (BLZ 699 800 99) 49999 111 00 SWIFT DRES DE FF699 · Deutsche Bank Hamburg (BLZ 699 700 99) 099 55555 SWIFT DEUT DE SM 699
Vorstand: Thomas Schmidt · Sharon Bishop · Chantal Willemin · Sigeruh Takahashi · Registergericht Frankfurt/M HRB 999-WWW

Abbildung 13.23: Saldenbestätigung BP-34

Gesellschaft
Wirtschaftsprüfer GmbH
Saldenstraße 3
20111 Hamburg

Rückantwort

Datum

Sachbearbeiter

Telefon

Telefax

Ihr Sachbearbeiter

Unser Konto bei Ihnen
BP-34

Diese Saldenbestätigung erfolgt für:

Fair Trade Coffe GmbH
Berliner Ring 17
10017 Berlin

Der von Ihnen zum Stichtag 10/31/2021 ermittelte offenstehende Gesamtsaldo beträgt:

EUR 2.380,00 Zu Ihren Gunsten

Nachfolgend ist unsere Antwort angekreuzt und ggf. erläutert:

__ Der aus unseren Büchern ermittelte Saldo stimmt mit dem oben angegebenen Saldo überein.

__ Der aus unseren Büchern ermittelte Saldo stimmt mit dem oben angegebenen Saldo nicht überein. Eine Erläuterung der Abweichungen finden Sie auf der Rückseite dieses Schreibens oder liegt als Anlage bei.[*)]

Ansprechpartner: Name ____________________

Telefon ____________________

__ Wir sehen zur Zeit aus den folgenden Gründen keine Möglichkeit, Ihr Bestätigungsersuchen zu beantworten:

____

____

____

---

*) Nicht zutreffende Aussage ist durchgestrichen.

Abbildung 13.24: Rückantwortschreiben BP-34

☛ Saldenbestätigung per E-Mail verschicken

Nutzen Sie die Möglichkeit, die Saldenbestätigungen nicht mehr auszudrucken, sondern per E-Mail zu versenden. Dazu hinterlegen Sie in der Rolle Kunde (FI) auf Buchungskreisebene die E-Mail-Adresse des Empfängers, nachdem Ihre IT-Abteilung bzw. Ihr Berater die entsprechenden Systemeinstellungen vorgenommen hat.

14 Analysen in der Debitorenbuchhaltung

Lernen Sie in diesem Kapitel die vielfältigen Analysemöglichkeiten kennen, die Ihnen die Fiori-Apps in der Debitorenbuchhaltung bieten.

Zum Glück ist die Zeit vorbei, als der Debitorenbuchhalter noch eine klassische SAP-Liste mit 15 Spalten und 4.000 Zeilen erstellt und dann am Abteilungsdrucker ausgedruckt hat. Die neu entwickelten Fiori-Apps in SAP S/4HANA bieten Ihnen viele vollkommen neue Möglichkeiten, Ihre Daten zu analysieren (siehe dazu auch die Abschnitte 2.3 und 6.7):

- Grafische Übersichten
- KPIs (Key Performance Indikatoren)
- Mehrdimensionale Analysen
- ...

Aber auch bei Apps, die die Daten in klassischer Listform darstellen, kann der Anwender die Auswertung ohne Probleme an seine Anforderungen anpassen und das Ergebnis jeder Auswertung per Knopfdruck einfach nach Excel exportieren.

> **Unbekannte Analyse-App: einfach ausprobieren**
>
> Rufen Sie die angebotenen Analyse-Apps auf und lassen Sie sich überraschen, welche Informationen bzw. welchen Mehrwert Ihnen die eine oder andere App bieten kann.

In »Szenario 15« der Fair Trade Coffee GmbH werden wir unsere bisherigen Buchungen analysieren.

14.1 Übersicht der Debitorenbuchhaltung

Im Rahmen unseres Fallbeispiels der Fair Trade Coffee GmbH haben wir diverse Geschäftsprozesse in der Debitorenbuchhaltung abgebildet, die wir nun mit der Fiori-App »Übersicht der Debitorenbuchhaltung« analysieren wollen.

Wenn der BUCHUNGSKREIS und die WÄHRUNG schon voreingestellt sind, müssen wir nur noch auf den Button START drücken, um die in Abbildung 14.1 dargestellte Übersicht angezeigt zu bekommen.

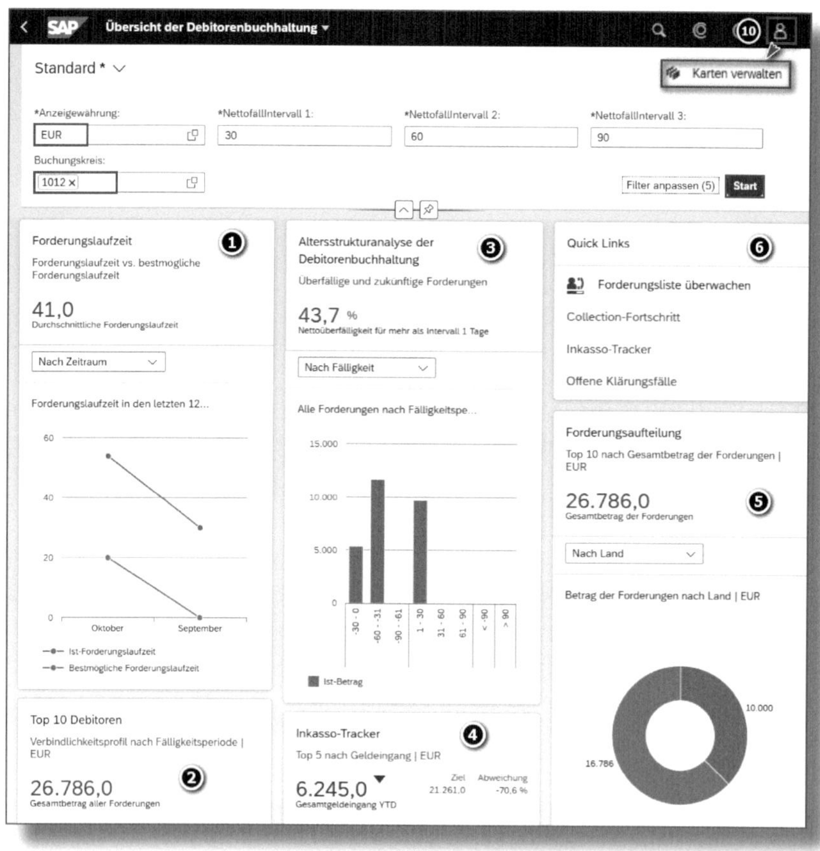

Abbildung 14.1: Übersicht der Debitorenbuchhaltung

Der Bildschirm ist im dargestellten Beispiel in sechs Anzeigebereiche (von der SAP *Karten* genannt) unterteilt, die jeweils für eine eigene Analyse oder sonstige Anwendung stehen und unterschiedliche Aspekte der Debitorenbuchhaltung beleuchten. Über das Symbol ⑩ (rechts oben) und die Auswahl KARTEN VERWALTEN können wir die zur Auswahl stehenden Karten ein- oder ausblenden.

Die Karte FORDERUNGSLAUFZEIT ❶ zeigt die Anzahl der Tage, die zwischen dem Zeitpunkt der Ausgangsrechnungserstellung und dem Zahlungseingang liegen. In unserem Fall beträgt die durchschnittliche Forderungslaufzeit *41 Tage*. Diese App stellt zudem in einer Grafik die derzeit durchschnittliche der bestmöglichen Forderungslaufzeit gegenüber.

Unter TOP 10 DEBITOREN ❷ wird Ihnen der Gesamtbetrag der Forderungen angezeigt, in unserem Fall *26.786 EUR*, gegliedert nach Ihren zehn wichtigsten Debitoren. Sie haben darüber hinaus die Möglichkeit, die Gesamtforderungen nach weiteren Dimensionen, wie beispielsweise nach den Nettoüberfälligkeitsintervallen, zu untersuchen und durch Doppelklick die Details dazu aufzurufen.

Eine weitere Karte, mit der Sie den Gesamtbetrag der Forderungen beispielsweise nach den Fälligkeitsintervallen analysieren können, ist die der App ALTERSSTRUKTURANALYSE DER DEBITORENBUCHHALTUNG ❸. Sie gibt Ihnen zudem Auskunft darüber, wie viel Prozent Ihrer Gesamtforderungen etwa das erste Nettoüberfälligkeitsintervall bereits überschritten hat; in unserem Fall trifft dies auf *43,7 Prozent* der Forderungen zu.

Die Karte zur App INKASSO-TRACKER ❹ vergleicht die Gesamtsumme der ausstehenden Zahlungen mit den bereits erhaltenen Eingangszahlungen. Zudem können Sie in den Details dieser App die ausstehenden Zahlungen und die bereits erhaltenen Zahlungen je Debitor analysieren. In unserem Fall haben wir von den ausstehenden Zahlungen unserer Debitoren erst *6.245 EUR* erhalten, was einem prozentualen Anteil von *29,4 Prozent* entspricht.

Mit der Karte FORDERUNGSAUFTEILUNG ❺ können Sie die Gesamtforderungen nach unterschiedlichen Parametern wie Land, Buchungskreis, Sachbearbeiter oder Risikoklasse analysieren. In unserem Fall betrachten wir die Gesamtforderung nach Land und sehen, dass sich diese auf zwei Länder aufteilt.

Nachdem wir die wesentlichen Bereiche der Debitorenbuchhaltung einfach und schnell analysiert haben, können wir durch Anklicken der gewünschten Karte weitere Analysen anstoßen oder unter QUICK LINKS ❻ entsprechende Maßnahmen direkt einleiten.

14.2 Debitorensalden und Debitorenposten

Um die Debitorensalden analysieren zu können, rufen Sie die App »Debitorensalden anzeigen« auf (siehe Abbildung 14.2).

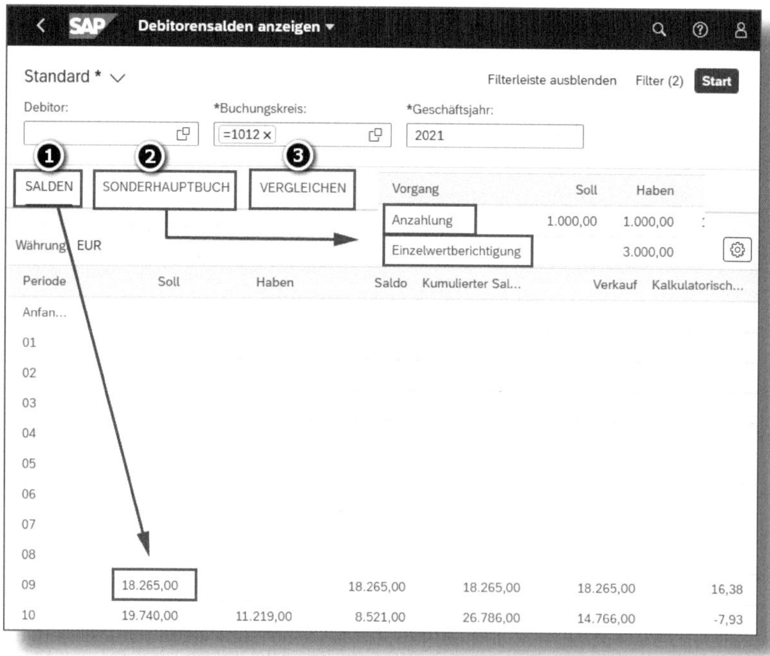

Abbildung 14.2: App »Debitorensalden anzeigen«

Die App **muss** auf BUCHUNGSKREIS sowie GESCHÄFTSJAHR und **kann** auf DEBITOR eingeschränkt werden. Da wir nicht nach Debitor eingeschränkt haben, sehen wir unter dem Reiter SALDEN ❶ den Saldo, der sich aus allen Buchungen ergibt, die wir in den Perioden 09 und 10 des GESCHÄFTSJAHRS 2021 in unserer Beispielfirma gebucht haben, und zwar getrennt nach SOLL, HABEN, SALDO und KUMULIERT. In der Spalte VERKAUF sehen wir zusätzlich den Gesamtbetrag der Verkäufe pro Monat. Unter dem Reiter SONDERHAUPTBUCH ❷ sehen wir die gebuchte Anzahlung in Höhe von *1.000 EUR* und die Einzelwertberichtung über *3.000 EUR*. Unter VERGLEICHEN ❸ können wir die Werte von 2021 mit den Vorjahreswerten vergleichen.

Doppelklicken wir beispielsweise auf den in der Periode 09 ausgewiesenen Saldo-Sollbetrag von 18.265 EUR, so rufen wir die App »Debitorenposten bearbeiten« auf (siehe Abbildung 14.3).

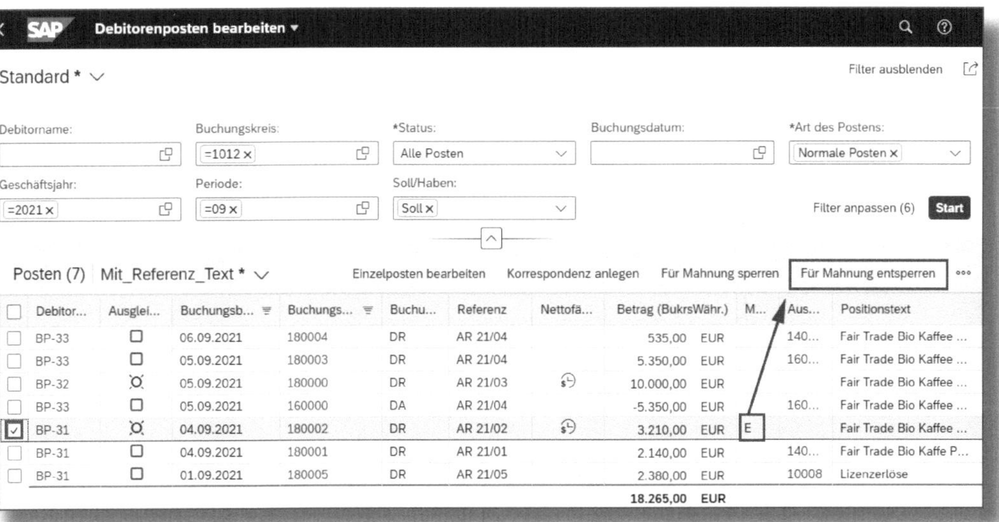

Debitor...	Ausglei...	Buchungsb...	Buchungs...	Buchu...	Referenz	Nettofä...	Betrag (BukrsWähr.)		M...	Aus...	Positionstext
BP-33		06.09.2021	180004	DR	AR 21/04		535,00	EUR		140...	Fair Trade Bio Kaffee ...
BP-33		05.09.2021	180003	DR	AR 21/04		5.350,00	EUR		160...	Fair Trade Bio Kaffee ...
BP-32		05.09.2021	180000	DR	AR 21/03		10.000,00	EUR			Fair Trade Bio Kaffee ...
BP-33		05.09.2021	160000	DA	AR 21/04		-5.350,00	EUR		160...	Fair Trade Bio Kaffee ...
BP-31		04.09.2021	180002	DR	AR 21/02		3.210,00	EUR	E		Fair Trade Bio Kaffee ...
BP-31		04.09.2021	180001	DR	AR 21/01		2.140,00	EUR		140...	Fair Trade Bio Kaffe P...
BP-31		01.09.2021	180005	DR	AR 21/05		2.380,00	EUR		10008	Lizenzerlöse
							18.265,00	**EUR**			

Abbildung 14.3: App »Debitorenposten bearbeiten«

Wir sehen jetzt alle Rechnungen, die in dieser Periode gebucht wurden, und erkennen, dass die Rechnung AR 21/02 vom Kunden BP-31 für Mahnungen noch gesperrt ist, da der Kunde uns zugesagt hat, den noch offenen Restbetrag zu begleichen.

Nachdem der Kunde den offenen Betrag trotz Zusage noch nicht beglichen hat, wollen wir die Mahnsperre aufheben. Dazu müssen wir die entsprechende Zeile markieren und auf den Button FÜR MAHNUNGEN ENTSPERREN drücken. Über weitere Buttons können wir einen bzw. mehrere EINZELPOSTEN BEARBEITEN und eine KORRESPONDENZ ANLEGEN, um dem Debitor einen Kontoauszug oder ein Schreiben mit den offenen Posten in Form eines PDF-Dokuments zusenden zu können.

14.3 Analyse der gebuchten Erlöse

Zur Analyse der Erlöse, die durch die Debitorenrechnungen verbucht wurden, stehen dem Debitorenbuchhalter verschiedene Auswertungen in der Hauptbuchhaltung (siehe Abschnitt 3.2.2) sowie im Controlling zur Verfügung.

Um beispielsweise die auf dem Innenauftrag *IA-03* im Jahr 2021 gebuchten Erlöse zu analysieren, rufen Sie die App »Innenaufträge Ist« auf, füllen im Selektionsbild die entsprechenden Felder und drücken dann die Taste OK (siehe Abbildung 14.4).

Abbildung 14.4: Auswertung gebuchte Erlöse Innenauftrag

Es werden Ihnen die am Innenauftrag IA-03 gebuchten Erlöse je Erlösart sowie die Erlösschmälerung durch den gewährten Kundenskonto angezeigt (siehe Abbildung 14.5).

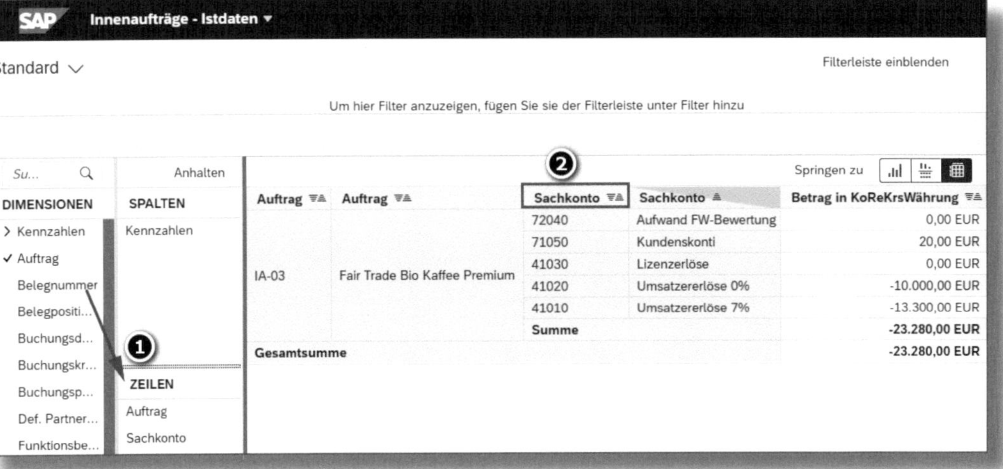

Abbildung 14.5: Erlöse des Innenauftrags IA-03

Im linken Bereich ❶ können Sie beispielsweise die BELEGNUMMER als zusätzliche Information in die ZEILEN ziehen und nicht benötigte Informationen aus den Zeilen mittels Drag-and-drop entfernen. Im rechten Bereich ❷ können Sie die Werte sortieren bzw. die Reihenfolge der Anzeige verändern. In unserem Beispiel haben wir bei den Spalten SACHKONTO Schlüssel und Bezeichnung vertauscht.

Wenn der Controller zu den Deckungsbeiträgen zusätzliche Analysen differenziert nach Kunden oder Produkten durchführen möchte, kann er viele Fiori-Apps nutzen sowie Standard- als auch individuelle Berichte mithilfe von SAP Analysis for Microsoft Excel aufrufen.

15 Periodenabschluss Hauptbuch

Im letzten Kapitel schließt sich aus buchhalterischer Sicht der Kreis der Prozesse in der Finanzbuchhaltung und damit auch für unser Demobeispiel der »Fair Trade Coffee GmbH«. Es beginnt mit einem Überblick über den Periodenabschluss in der Hauptbuchhaltung. Für unsere Beispielfirma schließen wir die alten und öffnen die neuen Buchungsperioden. Krönender Abschluss ist dann die fertige Bilanz bzw. Gewinn- und Verlustrechnung. Wird uns hier ein Gewinn ausgewiesen, können wir hoffnungsvoll auf die nächsten Perioden blicken.

15.1 Überblick Periodenabschluss Hauptbuch

Ist das Monats-, Quartals- oder Jahresende erreicht, ist auch in der Hauptbuchhaltung der Periodenabschluss durchzuführen. Einen vereinfachten Überblick über die dafür notwendigen Aktivitäten erhalten Sie in Abbildung 15.1:

❶ Zunächst öffnen Sie die neue Buchungsperiode.

❷ Einmal jährlich ist der *Saldovortrag* durchzuführen. Im Unterschied zu SAP ERP gibt es in SAP S/4HANA und dem Universal Journal nur noch ein Saldovortragsprogramm und eine App »Saldovortrag durchführen«. Das Saldovortragsprogramm überträgt Bestandskonten auf sich selbst und Erfolgskonten auf ein in den Systemeinstellungen hinterlegtes Saldovortragskonto. Außerdem wird der Saldo aller Debitoren, Kreditoren und Anlagen übertragen.

❸ Zu den betriebswirtschaftlichen Abschlussarbeiten gehören u. a. die

- *Fremdwährungsbewertung* – die in Fremdwährung im Hauptbuch geführten offenen Posten und Salden (z. B. Bankkonten in Fremdwährung) werden neu bewertet;

- *Abgrenzung* – die Aufwendungen und Erträge werden den Perioden zugeordnet, in denen sie sich aus Sicht der Buchhaltung wirtschaftlich auswirken. Abgrenzungsbuchungen können Sie manuell vornehmen oder über die sogenannte *Accruals Engine* automatisieren;
- weitere Aufgaben.

❹ Wenn alle Buchungen für die abgeschlossene Periode im System gebucht worden sind und das Ergebnis nicht mehr verändert werden soll, ist die alte Periode zu schließen.

❺ Anschließend sind noch Aufgaben des *Meldewesens* (wie Umsatzsteuervoranmeldung oder Zusammenfassende Meldung) zu erfüllen und sonstige Berichte anzufertigen.

❻ Da die Erstellung der Bilanz sowie der Gewinn- und Verlustrechnung das Hauptziel der Finanzbuchhaltung ist, führen wir diese als letzten Schritt des Periodenabschlusses gesondert durch.

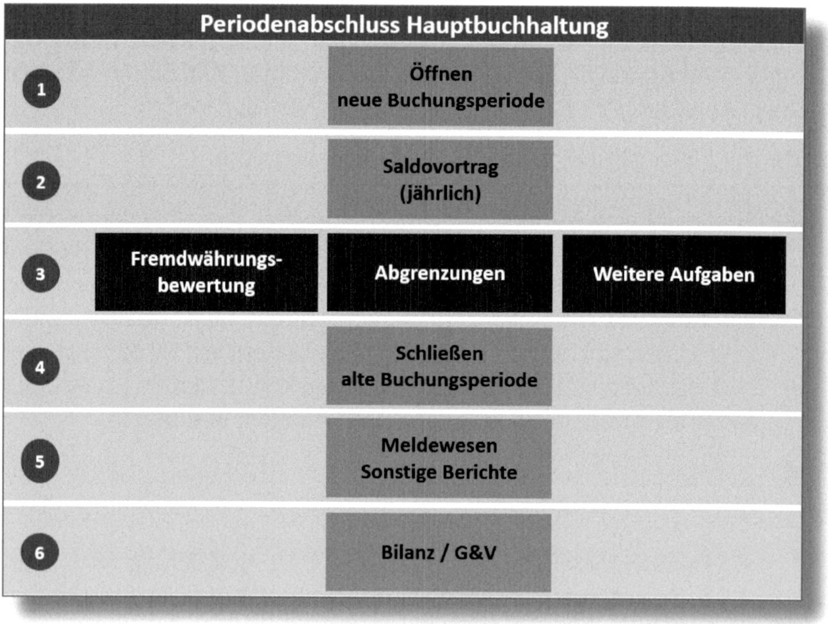

Periodenabschluss Hauptbuchhaltung			
1		Öffnen neue Buchungsperiode	
2		Saldovortrag (jährlich)	
3	Fremdwährungs-bewertung	Abgrenzungen	Weitere Aufgaben
4		Schließen alte Buchungsperiode	
5		Meldewesen Sonstige Berichte	
6		Bilanz / G&V	

Abbildung 15.1: Periodenabschluss Hauptbuch

In »Szenario 16« unserer Beispielfirma »Fair Trade Coffee GmbH« werden wir keine zusätzlichen Buchungen vornehmen, sondern nur die neue Buchungsperiode öffnen und abschließend die Bilanz bzw. Gewinn- und Verlustrechnung erstellen.

15.2 Buchungsperioden verwalten

Das Öffnen und Schließen von Buchungsperioden erfolgt über die *Buchungsperiodenvariante*. Diese wird in den Systemeinstellungen angelegt und dann einem oder mehreren Buchungskreisen zugeordnet.

In unserem Fallbeispiel wird die *dezentrale Steuerung* eingesetzt, bei der die deutsche und die amerikanische Firma die Buchungsperioden jeweils selbstständig öffnen und schließen. Daher haben wir die Varianten 1012 (für Deutschland) und 1710 (für die USA) angelegt und mit dem jeweiligen Buchungskreis verknüpft.

Eine Buchungsperiodenvariante besteht aus drei Zeiträumen, die in Form von Intervallen im System zu pflegen sind (z. B. 2021 010 bis 2021 011 für Oktober 2021 bis November 2021):

- Das erste Intervall ist primär für die Sonderperioden 13 bis 16.
- Das zweite Intervall umfasst die normalen Buchungsperioden.
- Das dritte Intervall ist für CO-Buchungen, die in S/4HANA auch einen FI-Beleg erzeugen.

Die Einstellungen für das Öffnen und Schließen von Perioden können Sie für Anlagen, Debitoren, Kreditoren und Materialien getrennt nach Sachkonten und Abstimmkonten vornehmen. Zusätzlich wird über das +-Symbol der Belegkopf geprüft.

Um Buchungsperioden zu öffnen oder zu schließen, rufen Sie die App »Buchungsperioden verwalten« auf (siehe Abbildung 15.2). Geben Sie die gewünschte BUCHUNGSPERIODENVARIANTE ❶ (in unserem Beispiel *1012*) ein und drücken Sie den Button START ❷. Wenn Sie die neue Buchungsperiode für sämtliche Buchungen öffnen wollen, setzen Sie einen Haken für alle Einträge ❸. In der Übersicht sehen Sie, dass für den Belegkopf (Symbol +) ❹ und für Debitoren (Symbol D) ❺ derzeit die Normalbuchungsperiode *10/2021* geöffnet ist. Um nun auch die Buchungsperiode 11/2021 zu öffnen, drücken Sie die Taste BUCHUNGSPERIODEN EINSTELLEN ❻ und geben unter NORMALPERIODEN in das Feld BIS *011* ein.

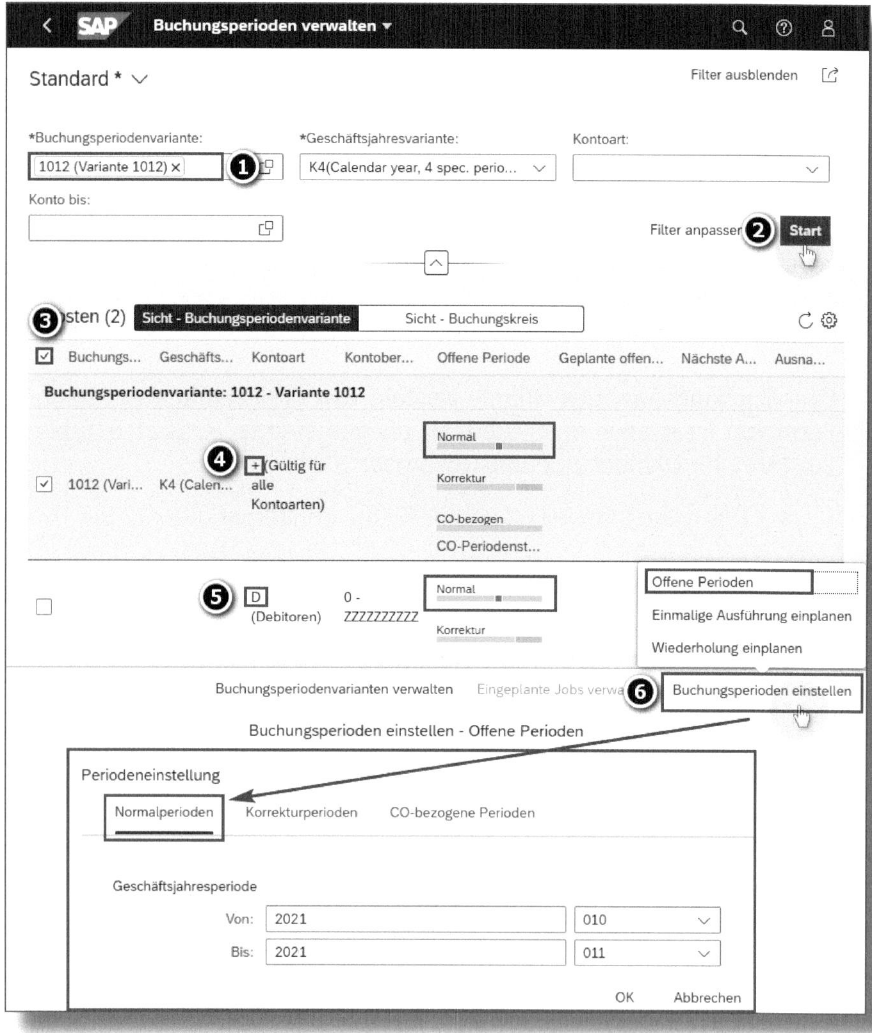

Abbildung 15.2: Buchungsperioden verwalten

15.3 Bilanz/Gewinn- und Verlustrechnung

Der krönende Abschluss in der Finanzbuchhaltung (nicht nur für unsere Beispielfirma »Fair Trade Coffee GmbH«) ist die Erstellung einer *Bilanz/Gewinn- und Verlustrechnung*. Dazu rufen Sie die App »Bilanz/GuV anzeigen« auf.

Im Auswahlbildschirm (siehe Abbildung 15.3) geben Sie zunächst Ihre Selektionskriterien ❶ ein und drücken dann den Button START ❷. BUCHUNGSKREIS, LEDGER und BILANZ/GUV-STRUKTUR können vorbelegt sein und bei Bedarf überschrieben werden. Die Bilanz/GuV-Struktur zeigt die Gliederung der Bilanz sowie der Gewinn- und Verlustrechnung. In SAP S/4HANA können Sie die Bilanz/GuV-Struktur sehr einfach über die App »Globale Hierarchien verwalten« pflegen.

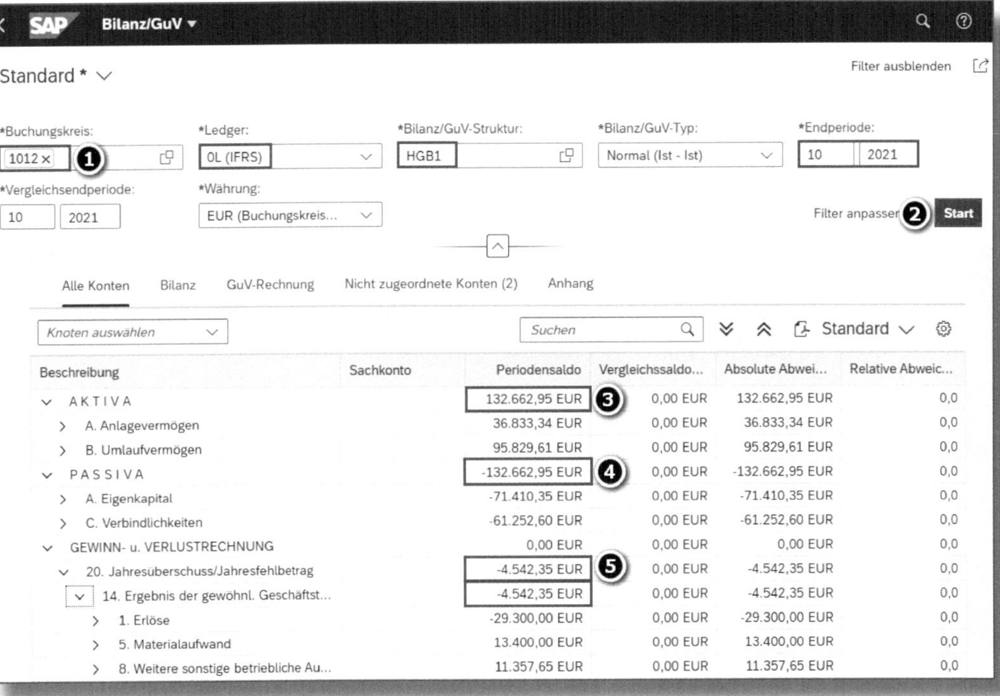

Abbildung 15.3: App »Bilanz/GuV anzeigen«

In unserem Beispiel sehen wir, dass die Summen AKTIVA ❸ und PASSIVA ❹ je *132.662,95 EUR* betragen und ein JAHRESÜBERSCHUSS von *4.542,35 EUR* erzielt wurde. Beachten Sie, dass Erträge mit dem Vorzeichen »Minus« und Aufwendungen mit »Plus« gebucht sowie dargestellt werden, und daher ein Betrag von -4.542,35 EUR bedeutet, dass die Firma einen Gewinn erwirtschaftet hat. Klicken Sie auf GUV-RECHNUNG, um die Gewinn- und Verlustrechnung genauer analysieren zu können (siehe Abbildung 15.4).

Alle Konten | Bilanz | GuV-Rechnung | Nicht zugeordnete Konten (2) | Anhang

Knoten auswählen | Suchen | Standard

Beschreibung	Sachkonto	Periodensal...	Vergleichss...	Absolute Ab...	Relative Ab...
GEWINN- u. VERLUSTRECHNUNG		0,00 EUR	0,00 EUR	0,00 EUR	0,0
20. Jahresüberschuss/Jahresfehlbetrag		-4.542,35 E...	0,00 EUR	-4.542,35 E...	0,0
❶ 14. Ergebnis der gewöhnl. Geschäftstätigkeit		-4.542,35 E...	0,00 EUR	-4.542,35 E...	0,0
❷ 1. Erlöse		-29.300,00 ...	0,00 EUR	-29.300,00 ...	0,0
Umsatzererlöse 7%	41010	-19.300,00 ...	0,00 EUR	-19.300,00 ...	0,0
❸ Umsatzererlöse 0%	41020	-10.000,00 ...	0,00 EUR	-10.000,00 ...	0,0
5. Materialaufwand		13.400,00 E...	0,00 EUR	13.400,00 E...	0,0
8. Weitere sonstige betriebliche Aufwendungen		11.357,65 E...	0,00 EUR	11.357,65 E...	0,0
Zuweisung Einzelwertberichtigung	62010	3.000,00 EUR	0,00 EUR	3.000,00 EUR	0,0
Stromkosten	63001	1.500,00 EUR	0,00 EUR	1.500,00 EUR	0,0
Miete	63005	980,00 EUR	0,00 EUR	980,00 EUR	0,0
Werbung	63006	5.000,00 EUR	0,00 EUR	5.000,00 EUR	0,0
Mindererlös aus Anlagenabgang	71010	666,66 EUR	0,00 EUR	666,66 EUR	0,0
Kundenskonto	71050	20,00 EUR	0,00 EUR	20,00 EUR	0,0
Aufwand FW-Bewertung	72040	190,99 EUR	0,00 EUR	190,99 EUR	0,0

Abbildung 15.4: Gewinn- und Verlustrechnung

Sie sehen das ERGEBNIS von *-4.542,35 EUR* ❶. Nach Klick auf das Symbol > zeigt die nächste Ebene die ERLÖSE ❷ über *29.300 EUR*. Wenn Sie vor Erlöse wiederum auf das >-Symbol gehen, erscheinen in der nächsten Ebene die einzelnen Konten und für das Konto 41020 UMSATZERLÖSE 0 % ein Betrag von *10.000 EUR* ❸.

Wir können mit unserer Beispielfirma zufrieden sein. Wir haben im Zeitraum Mai bis Oktober einen Gewinn von *4.542,35 EUR* und eine Umsatzrendite von über 15 Prozent erzielt. Da die Auftragslage ausgezeichnet ist, gehen wir davon aus, das Ergebnis bis Jahresende noch steigern zu können.

☛ Aufruf der Bilanz/GuV direkt aus Excel

Unser letzter wichtiger Tipp für Sie: Verwenden Sie möglichst oft SAP Analysis for Office und beispielsweise die Query */ERP/SFIN_V01_Q2901 – GuV – Istdaten*, um die Bilanz/GuV direkt aus Excel aufzurufen und die Hauptbuchsicht hinsichtlich für die Debitorenbuchhaltung relevanter Dimensionen wie Debitor, Datum oder gebuchter Belegnummern eingehender zu analysieren (siehe dazu auch Abschnitt 2.3.2).

16 Fazit / Ausblick

Danke, dass wir Sie mithilfe dieses Buches durch die Debitorenbuchhaltung in SAP S/4HANA führen und begleiten durften.

Wir hoffen, dass Ihnen das durchgängige Fallbeispiel der »Fair Trade Coffee GmbH« (von der Gründung über unterschiedliche Vertriebsprozesse bis zum Jahresabschluss) geholfen hat, die Prozesse in der Debitorenbuchhaltung in SAP S/4HANA sowie deren Integration mit der Hauptbuchhaltung, der Anlagenbuchhaltung, dem Controlling und dem Vertrieb besser zu verstehen.

Nutzen Sie die neuen Möglichkeiten, die Ihnen SAP S/4HANA bietet, um Ihre Geschäftsprozesse in der Debitorenbuchhaltung optimal zu gestalten. Das beginnt mit dem im Universal Journal zusammengewachsenen externen und internen Rechnungswesen sowie der Haupt- und Nebenbuchhaltung, setzt sich fort in den neuen Analysemöglichkeiten »Embedded Analytics« und findet ein weiteres Highlight in der modernen Benutzeroberfläche »SAP Fiori«.

17 Anhang

17.1 Fiori Launchpad

Falls Ihnen die Arbeit mit SAP Fiori noch nicht so vertraut ist, haben Sie in dieser kurzen Einführung die Möglichkeit, die zentralen Funktionen sowie den Umgang mit der neuen Oberfläche kennenzulernen und einige Tipps zur Anwendung zu erhalten.

17.1.1 Anmelden am Fiori Launchpad

Um sich am *Fiori Launchpad* anzumelden, rufen Sie die Anwendung über das folgende Icon auf:

Alternativ können Sie die von der IT definierte Internetadresse direkt in den von Ihnen bevorzugten Browser eingeben. Es erscheint die in Abbildung 17.1 gezeigte Eingabemaske.

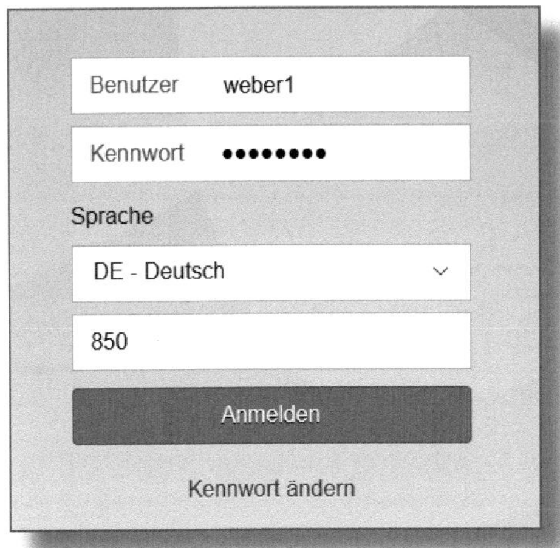

Abbildung 17.1: Anmeldung am Fiori Launchpad

Dort geben Sie Ihren USER sowie Ihr PASSWORT ein, wählen die gewünschte Sprache über LANGUAGE, in unserem Fall *DE – Deutsch*, den MANDANTEN und klicken dann den ANMELDEN-Button.

Es erscheint das Fiori-Launchpad-Einstiegsbild. Im Vergleich zur SAP-GUI-Oberfläche gibt es kein SAP-Standardmenü, in dem alle SAP-Anwendungen angezeigt werden; stattdessen werden Ihnen in Form von Kacheln nur die Apps präsentiert, die Ihrer Rolle zugeordnet sind.

Die in Abbildung 17.2 dargestellten Kacheln entsprechen der Beispielrolle eines Buchhalters, der bestimmte Aufgaben in der Hauptbuchhaltung und in den verschiedenen Nebenbuchhaltungen zu erfüllen hat. In der Menüzeile sind die Apps verschiedenen Themengruppen wie HAUPTBUCHHALTUNG, DEBITORENBUCHHALTUNG, KREDITORENBUCHHALTUNG oder ANLAGENBUCHHALTUNG zugeordnet. Wollen Sie beispielsweise einen neuen Geschäftspartner anlegen, wählen Sie DEBITORENBUCHHALTUNG und klicken anschließend auf die Kachel GESCHÄFTSPARTNER PFLEGEN.

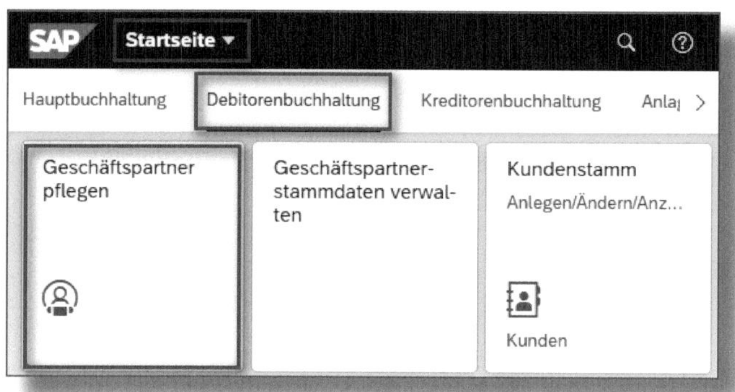

Abbildung 17.2: Startseite SAP Fiori Launchpad

17.1.2 Navigationsmöglichkeiten und Anzeige eines Kundenstammsatzes

Idealerweise sind Ihnen die für Ihre Arbeit notwendigen Apps als Kacheln schon im Launchpad zugeordnet, und Sie brauchen nur auf die Kachel der aktuell benötigten App zu klicken. Als Beispiel wollen wir uns den Kunden BP-31 (die Ihnen im Buch schon häufiger begegnete Aladi AG) näher ansehen.

Wenn Sie die gewünschte App nicht unter DEBITOREN oder einer anderen App-Gruppe finden, können Sie sie auch suchen. Dazu wählen Sie das LUPEN-Symbol rechts oben, beschränken dann die Suche auf APPS ❶ und geben ein Thema wie z. B. *Geschäftspartnerstammdaten* ein ❷. Sie werden noch nicht alle Buchstaben geschrieben haben und bekommen bereits eine oder mehrere mögliche Apps zur Auswahl vorgeschlagen – in unserem Beispiel die App GESCHÄFTSPARTNERSTAMMDATEN VERWALTEN (siehe Abbildung 17.3).

Abbildung 17.3: Suche mit App »Geschäftspartnerstammdaten verwalten«

Mit Klick auf diese App erscheint das Abbildung 17.4 gezeigte Eingabebild.

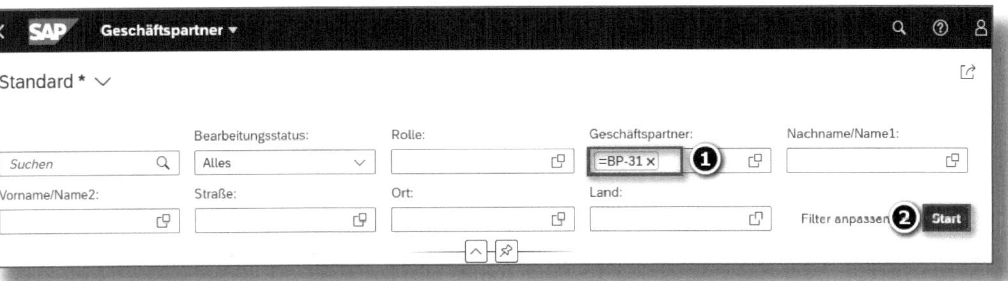

Abbildung 17.4: Eingabe »Geschäftspartner BP-21«

Tragen Sie unter ❶ den GESCHÄFTSPARTNER *BP-31* ein und bestätigen Sie anschließend Ihre Eingabe über den START-Button ❷. Daraufhin wird Ihnen der Geschäftspartner angezeigt (siehe Abbildung 17.5).

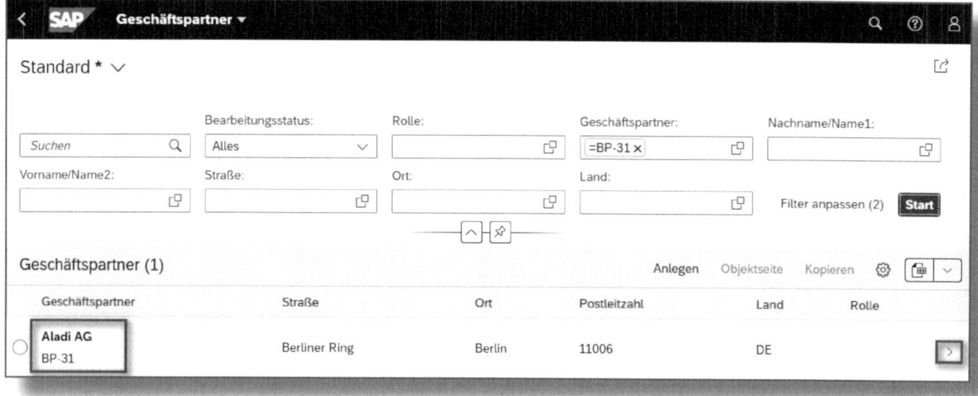

Abbildung 17.5: Auswahl »Geschäftspartner BP-31«

Über das >-Symbol am rechten Bildschirmrand gelangen Sie zu den Detaildaten des Geschäftspartners. Dort werden Ihnen grundlegende Informationen zum Geschäftspartner angezeigt (siehe Abbildung 17.6).

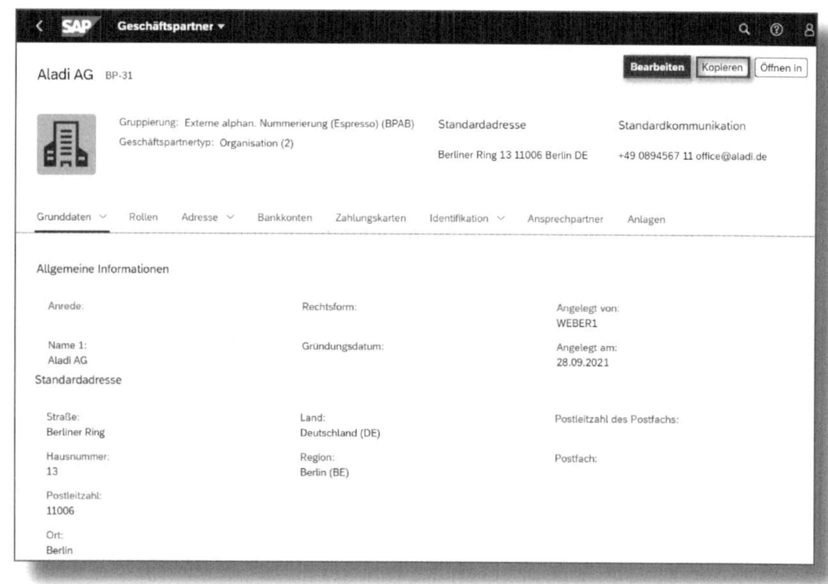

Abbildung 17.6: Anzeige »Geschäftspartner BP-31«

Wenn Sie die Geschäftspartnerstammdaten ändern wollen, drücken Sie den BEARBEITEN-Button, wollen Sie den Geschäftspartner kopieren, drücken Sie den KOPIEREN-Button.

17.1.3 Suchfunktion im Fiori Lauchpad

Sie kennen bestimmt die Suchfunktion von Google. Ähnlich verhält es sich mit der Suchfunktion im Fiori Launchpad. Mit ihrer Hilfe können Sie die gesamte HANA-Datenbank des angebundenen SAP-Systems nach diversen Businessobjekten durchsuchen. Rufen Sie dazu im Fiori Launchpad rechts oben das Symbol mit der Lupe auf:

Außer für Apps, wie oben dargestellt, haben Sie außerdem die Möglichkeit, die Suche beispielsweise auf Belege oder Stammdaten einzugrenzen (siehe Abbildung 17.7).

Abbildung 17.7: Suche nach Geschäftspartner BP-31

In unserem Fall suchen wir nach Objekten, die mit einem bestimmten Geschäftspartner zusammenhängen. Wir belassen daher die Standardeinstellung ALLE und geben in die Suchleiste den Geschäftspartner *BP-31* ein. Nachdem wir die Suche mit der `Enter`-TASTE bestätigt haben, werden uns mit dem Stammsatz des Kunden und den gebuchten Belegen sieben Ergebnisse ausgegeben (siehe Abbildung 17.8). Sie können nun über das Suchergebnis beispielsweise den Debitorenstammsatz aufrufen ❶, eine EINGANGSZAHLUNG AUSGLEICHEN ❷ oder sich den im Vertrieb angelegten KUNDENAUFTRAG sehen ❸.

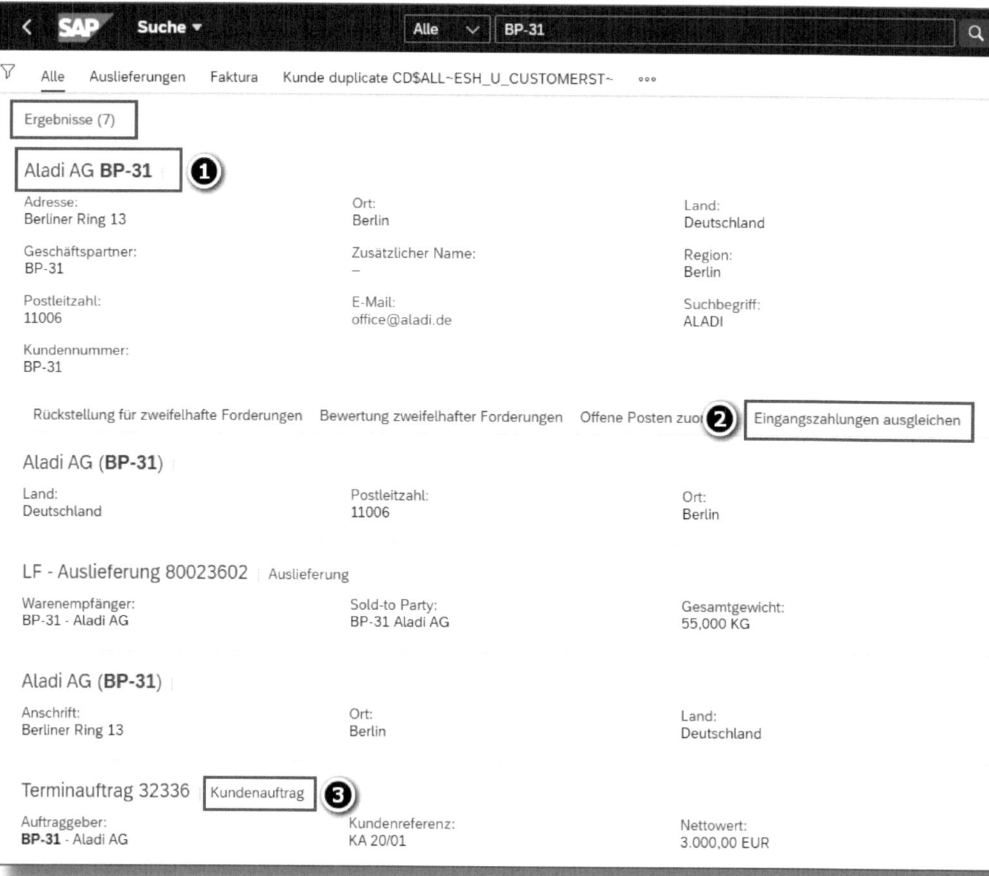

Abbildung 17.8: Suchergebnis zum Geschäftspartner BP-31

17.1.4 Hilfefunktion im Fiori Launchpad

Die Hilfefunktion unterstützt Sie bei der Bedienung einer App. Um sie zu starten, rufen Sie im Fiori Launchpad in der Symbolleiste oben rechts das Fragezeichen auf:

Wenn Sie beispielsweise einen neuen Geschäftspartner über die Fiori-App »Kundenstamm« anlegen wollen und dazu die Hilfefunktion aktivieren, dann werden Ihnen passende Erklärungen zum Anlegen bzw. Kopieren eines bestehenden Kundenstammsatzes eingeblendet (siehe Abbildung 17.9).

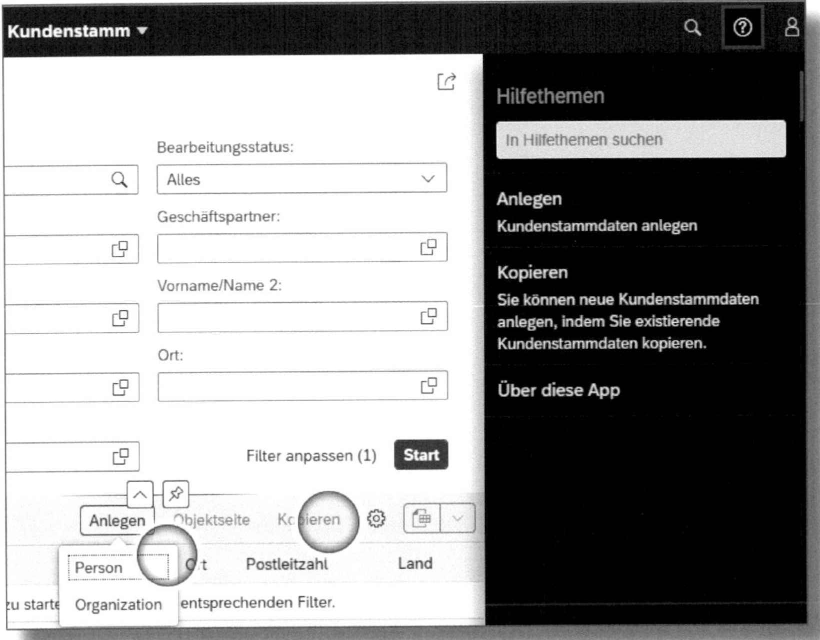

Abbildung 17.9: Hilfefunktion im Fiori Launchpad

17.1.5 Einstellungen im Fiori Lauchpad

Das dritte Icon der Symbolleiste – das kleine Männchen – dient dazu, das Fiori Launchpad an Ihre persönlichen Anforderungen anzupassen:

Hier haben Sie Zugriff auf den APP-FINDER, können persönliche EINSTELLUNGEN vornehmen und die STARTSEITE BEARBEITEN (siehe Abbildung 17.10).

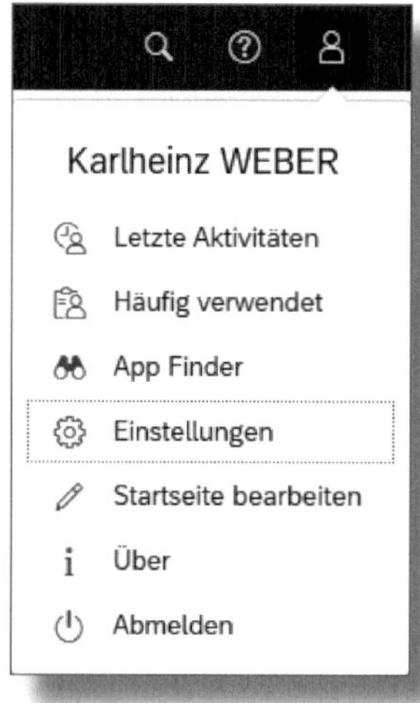

Abbildung 17.10: Einstellungen im Fiori Launchpad

Wählen Sie zunächst das Symbol EINSTELLUNGEN.

Über das Symbol ERSCHEINUNGSBILD wählen Sie die farbliche Darstellung, auch »Theme« genannt, aus (siehe Abbildung 17.11).

Das Theme »SAP Belize« ist von SAP voreingestellt. Wegen seines höheren Kontrasts haben wir für die Abbildungen in diesem Buch das Theme »SAP Quartz Light« ausgewählt.

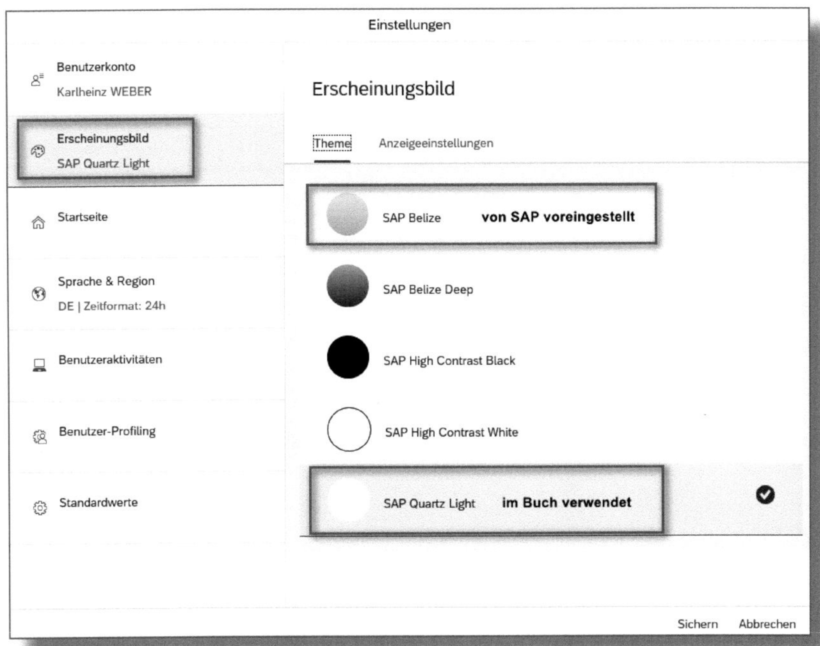

Abbildung 17.11: Auswahl »Erscheinungsbild«

☛ Wahl des geeigneten Erscheinungsbildes für optimales Arbeiten

Vergleichen Sie die zur Auswahl stehenden Erscheinungsbilder und wählen Sie das Theme, mit dem Sie Kontraste gut wahrnehmen und mit dem Sie längere Zeit ermüdungsfrei arbeiten können.

Über den Button STANDARDWERTE lassen sich bestimmte Felder wie der BUCHUNGSKREIS oder das GESCHÄFTSJAHR vorbelegen (siehe Abbildung 17.12).

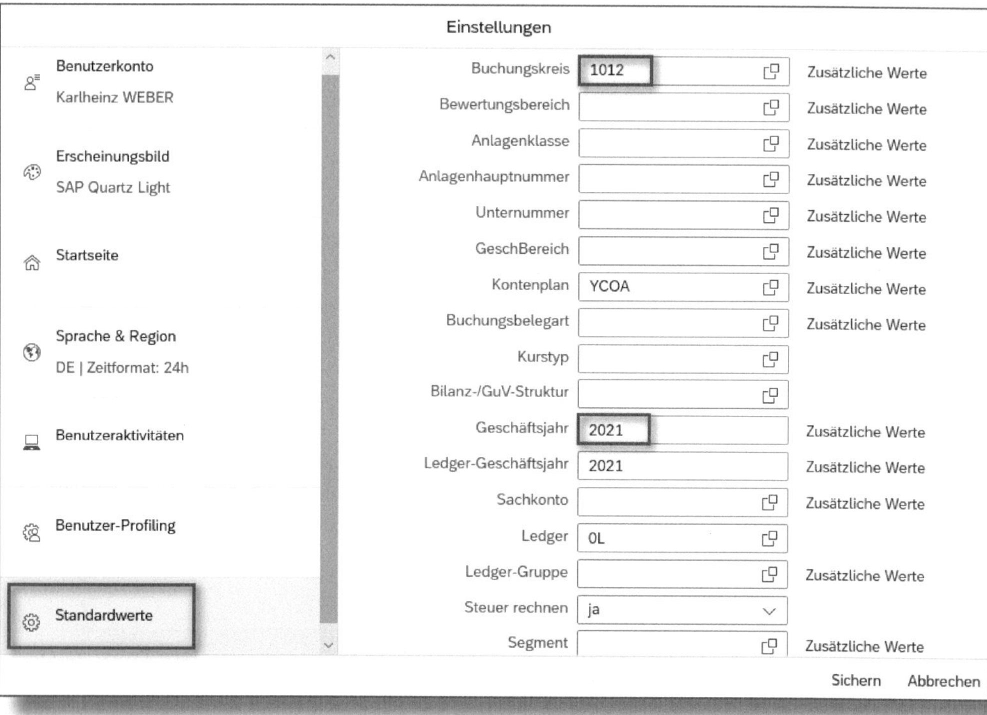

Abbildung 17.12: Voreinstellung für Buchungskreis und Jahr

Sie können das Fiori Launchpad an Ihren individuellen Bedarf anpassen, indem Sie z. B. Kacheln für Apps, die Sie zusätzlich benötigen, hinzufügen oder solche, die Sie nicht brauchen, entfernen. Außerdem lassen sich die Kacheln innerhalb des Bildschirms an andere Positionen verschieben.

Dazu rufen Sie die Drucktaste STARTSEITE BEARBEITEN auf (siehe Abbildung 17.13).

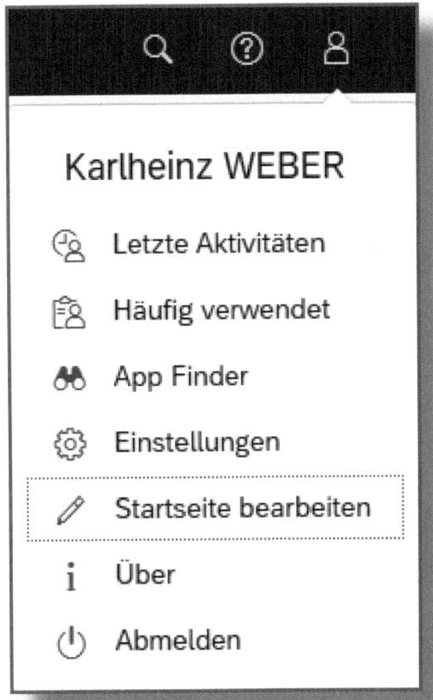

Abbildung 17.13: Startseite bearbeiten

Alle Apps sind, abhängig von den ihnen zugewiesenen Rollen, in Gruppen wie »Hauptbuchhaltung« oder »Debitorenbuchhaltung« gegliedert. Sie können auch eigene Gruppen anlegen. Die Gruppe »Meine Startseite« lässt sich mit den in der SAP GUI üblichen »Favoriten« vergleichen.

Wenn Sie die Berechtigung dazu haben, können Sie eine benötigte App jeder beliebigen Gruppe hinzufügen. Alternativ legen Sie eine neue Gruppe an und ordnen ihr die App über die Drucktaste + GRUPPE HINZUFÜGEN (siehe Abbildung 17.14) zu.

Wenn Sie beispielsweise häufig Geschäftspartnerstammdaten bearbeiten müssen, empfiehlt es sich, diese App – quasi als Favorit – in der Gruppe MEINE STARTSEITE zu ergänzen. Dazu wählen Sie diese Gruppe aus und klicken dann auf das Symbol +.

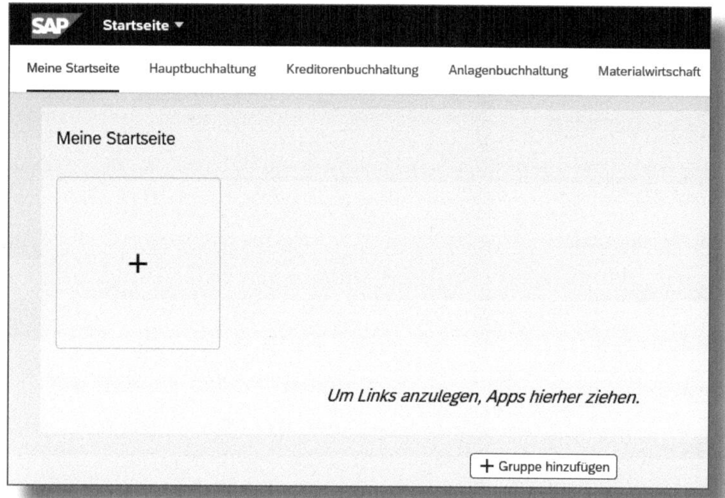

Abbildung 17.14: Hinzufügen einer neuen App zur Startseite

Geben Sie anschließend einen passenden Suchbegriff unter ❶ ein und suchen Sie in den ERGEBNISSEN die gewünschte App durch Wahl des PIN-Symbols ❷ aus (siehe Abbildung 17.15).

Abbildung 17.15: Auswahl der neuen App »Geschäftspartnerstammdaten verwalten«

Wählen Sie im nächsten Schritt erneut das Symbol mit dem Männchen (am Bildschirm ganz oben rechts) und anschließend BEARBEITUNGS-

MODUS VERLASSEN. Die neu hinzugefügte App wird Ihnen jetzt, wie Abbildung 17.16 zeigt, unter MEINE STARTSEITE zur Auswahl angeboten.

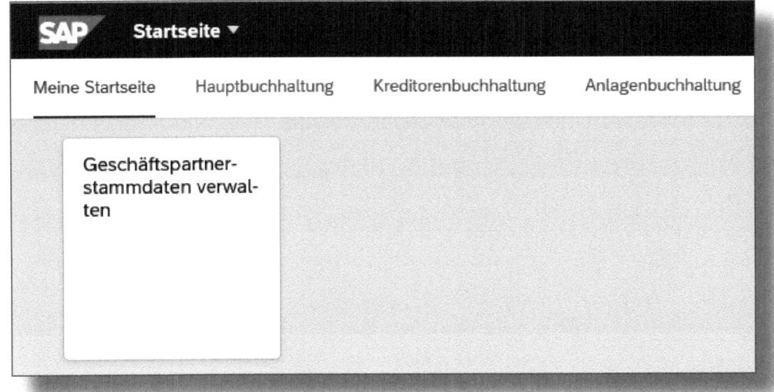

Abbildung 17.16: App unter »Meine Startseite« hinzugefügt

Wollen Sie eine App von Ihrem Launchpad löschen, gehen Sie wieder auf STARTSEITE BEARBEITEN und löschen die App durch Anklicken des kleinen Kreuzes in der rechten oberen Ecke. Möchten Sie eine Kachel verschieben, geht dies sehr einfach mittels Drag-and-drop.

Passen Sie das Fiori Launchpad Ihren Anforderungen gemäß an

Fügen Sie alle Apps, die Sie täglich verwenden, der Gruppe »Meine Startseite« hinzu. Dann haben Sie diese Apps, ähnlich wie Favoriten im Internet oder in der SAP-GUI-Oberfläche, einfach und schnell im Zugriff.

17.2 SAP CoPilot und SAP Notification Service

Zwei interessante von der SAP angebotene Anwendungen, die in diesem SAP-Demosystem aber nicht eingerichtet sind, sind der *SAP CoPilot* bzw. der zentrale *SAP Notification Service*. Mit dem SAP CoPilot steht Ihnen ein digitaler Assistent mit künstlicher Intelligenz zur

Verfügung. Diesen können Sie beispielsweise mittels Sprach- oder Texteingabe fragen: »Wie lege ich einen neuen Geschäftspartner an?« (siehe Abbildung 17.17).

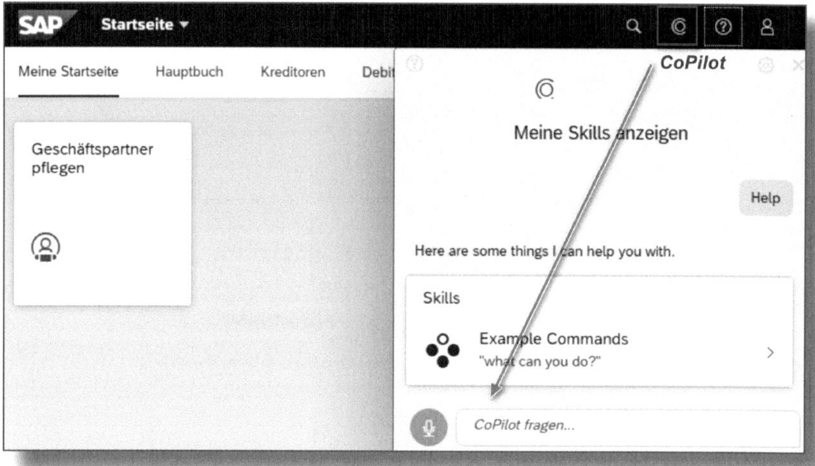

Abbildung 17.17: Zugriff auf den SAP CoPilot

Mit dem SAP Notification Service verfügen Sie über eine zentrale Inbox, in der Ihnen alle wichtigen Nachrichten und sonstigen Informationen angezeigt werden.

17.3 Übersicht der verwendeten Apps

Name der Fiori-App	App-ID	GUI-Transaktion
Abgang buchen (integriert) – Mit Debitor		F-92
Abgang buchen (nicht integriert) – Ohne Debitor		ABAON
Anlage anzeigen		AS03
Ausgangsrechnung anlegen		FB70
Ausgleich zurücknehmen	F2223	

Name der Fiori-App	App-ID	GUI-Trans-aktion
Auslieferung anlegen – Aus Kundenaufträgen	F0869A	
Auslieferung kommissionieren	F0868	
Banken verwalten	F1574	
Bankkonten verwalten	F1366A	
Batch-Input-Mappe verarbeiten		SM35
Batch-Input-Mappen in meinem Bereich		SM35SA
Belegfluss anzeigen	F3665	
Bilanz/GuV	F0708	
Buchungsbeleganalyse	F0956A F0956	
Buchungsbelege anzeigen		FB03
Buchungsbelege anzeigen – In T-Konto-Sicht	F3664	
Buchungsbelege verwalten	F0717	
Buchungsperioden verwalten	F2293	
Dauerbuchung erfassen		FBD1
Dauerbuchungen ausführen		F.14
Dauerbuchungsbelege verwalten	F1598	
Debitorenanzahlungen buchen		F-29
Debitorenanzahlungsanforderungen buchen		F-37
Debitorenanzahlungsanforderungen verwalten	F1689	
Debitorenposten bearbeiten	F0711	
Debitorensalden anzeigen	F0703 FIS_FPM_OVP_IPIQ4	
Debitorenverzeichnis anzeigen	F2640	
Eingangszahlungen ausgleichen – - Manueller Ausgleich	F0773	
Eingangszahlungen buchen	F1345	

Name der Fiori-App	App-ID	GUI-Transaktion
Einzelposten im Hauptbuch anzeigen	F2217	
Einzelpostenerfassung anzeigen	F2218	
Fakturen anlegen	F0798	VF01
Forderungen/Verbindlichkeiten umgliedern		FAGLF101
Fremdwährungsbewertung durchführen		FAGL_FCV
Geschäftspartner pflegen		BP
Geschäftspartnerstammdaten verwalten	F3163	
Hauptbuchbelege buchen	F0718	
Innenaufträge Ist	F0941A	
Korrespondenz anlegen	F0744A	
Kundenaufträge verwalten	F1873	
Kundenstamm	F0850A	
Mahnungen anlegen		F150
Material anzeigen		MM03
Materialbelegübersicht	F1077	
Meine Mahnvorschläge	F2435	
Offene Posten automatisch ausgleichen		F13E
Sachkontensalden anzeigen	F0707	
Sachkontenstammdaten verwalten	F0731A	
Saldenbestätigungen anlegen – Für Debitoren		F.17
Saldovortrag durchführen	F1596	
Summen- und Saldenliste	F0996A FIS_FPM_OVP_TRAIL1	
Überfällige Forderungen	F1747	
Übersicht der Debitorenbuchhaltung	F3242	
Verteilung auf Mahnstufen	F1742	
Weitere Bewertungen durchführen		F107
Zahlungsverzug in Tagen	F1739	

Sie haben das Buch gelesen und sind mit unserem Werk zufrieden? Bitte schreiben Sie uns eine Rezension!

A Die Autoren

Karlheinz Weber hat in Graz (Österreich) Betriebswirtschaft und Wirtschaftspädagogik studiert und war zunächst einige Jahre bei einem Industrieunternehmen als Leiter des Controllings tätig.

Seit 1994 ist er SAP-Berater und -Trainer für die Bereiche Finanzwesen und Controlling. In dieser Zeit konnte er zahlreiche SAP-Projekte für Unternehmen in unterschiedlichen Branchen und Ländern mit ihren jeweils eigenen Anforderungen erfolgreich umsetzen und dadurch Know-how auch über die angesprochenen SAP-Bereiche hinaus erwerben.

Als SAP-Trainer hat er dieses Know-how bis heute in mehr als 500 SAP-Schulungen an mehrere Tausend Teilnehmer kompetent und praxisorientiert weitergegeben. Dabei ist es ihm stets wichtig, die betriebswirtschaftliche Sicht mit der IT-Sicht zu verbinden und damit einen zusätzlichen Mehrwert für Unternehmen und seine Schulungsteilnehmer zu erreichen.

Seit 2015 beschäftigt sich Karlheinz Weber intensiv mit SAP S/4HANA und hat in den letzten Jahren einige Unternehmen bei der Einführung begleitet. Aufgrund seiner Expertise wird er häufig zu Schulungen und Vorträgen zum Thema »Accounting in S/4HANA« eingeladen.

Dieses Wissen möchte er gerne in diesem Buch mit seinen Lesern teilen.

Christine Werschitz hat Betriebswirtschaft in Graz (Österreich) studiert und sammelte schon während ihres Studiums erste Erfahrungen mit SAP ERP.

Seit 2018 ist sie SAP-Trainerin und zertifizierte SAP-Beraterin in den Bereichen Finanzwesen und Controlling. Von 2018 bis 2021 hat sie verschiedene SAP-S/4HANA-Projekte begleitet und sich dabei ein umfangreiches Know-how angeeignet, das sie seither als SAP-Trainerin in der SAP-S/4HANA-Akademie weitergibt. Seit 2021 arbeitet sie als SAP-Inhouse-Beraterin bei einem internationalen österreichischen Industrieunternehmen.

B Index

L

M

N

O

P

Q

R

S

C Disclaimer

Weitere Bücher von Espresso Tutorials

Claus Wild:

Praxishandbuch Cash Management in SAP S/4HANA® Finance

- Grundlagen der neuen Bankkontenverwaltung (BAM)
- Funktionsmerkmale von Cash Operations, ELKO und Liquiditätssteuerung
- One Exposure from Operations als zentraler Datenspeicherort
- Inkl. grundlegender Einstellungen im SAP S/4HANA-Customizing

http://5250.espresso-tutorials.de

Karlheinz Weber:

Schnelleinstieg ins Finanzwesen (FI) mit SAP S/4HANA®

- Zusammenwachsen des externen und internen Rechnungswesens
- Prozesse in der Hauptbuchhaltung und den Nebenbüchern (Kreditoren, Debitoren, Anlagen)
- Universal Journal als zentrale Datenquelle für Embedded Analytics
- Vermittlung an einem durchgängigen Fallbeispiel

http://5339.espresso-tutorials.de

Sebastian Brunner, Philipp Reichhardt, Martin Munzel:

Schnelleinstieg in SAP S/4HANA®

- Modulübergreifende Darstellung der Geschäftsprozesse
- SAP-Grundbegriffe einfach und verständlich erklärt
- Einführung in die neue Benutzeroberfläche SAP® Fiori
- Inklusive 4 Stunden Videomaterial

http://5341.espresso-tutorials.de

Robin Schneider:

Praxishandbuch SAP®-Geschäftspartner (Business Partner) – Funktionen und Integration in SAP S/4HANA® –
2., erweiterte Auflage

- Das Geschäftspartnerkonzept der SAP
- Integration des SAP-Geschäftspartners in SAP ERP und SAP S/4HANA
- Synchronisation von Geschäftspartnern und Customer Vendor Integration (CVI)
- Überblick zu Einstellungen im Customizing und in der Stammdatenpflege

http://5468.espresso-tutorials.de

Karlheinz Weber, Christine Frühwirth:

Praxishandbuch Kreditorenbuchhaltung in SAP S/4HANA®

- Purchase-to-Pay: von der Bestellung bis zur Zahlung
- Periodenabschluss und Analysemöglichkeiten im Kreditorenbereich
- Details und Tipps zu den relevanten Fiori-Apps
- Vermittlung anhand eines durchgängigen Praxisbeispiels

http://5471.espresso-tutorials.de

Janet Salmon:

Schnelleinstieg in SAP S/4HANA® Finance – 2., erweiterte Auflage

- Grundlagen von SAP S4/HANA Finance
- Die neue Architektur und SAP Fiori
- Migrationsschritte für SAP S4/HANA Finance
- Alternative Bereitstellungsoptionen

http://5554.espresso-tutorials.de